予你翻越峻岭
的力量

编　长安宁

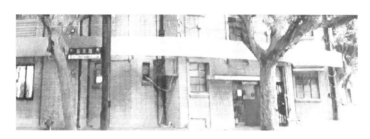

100 ZHIXINKE

上海人民出版社

序　言

党的十九大指出："要加强社会心理服务体系建设，培育自尊自信、理性平和、积极向上的社会心态。"2017年，中央综治办决定将上海市长宁区等12个地区作为"社会心理服务体系建设"全国联系点，探索形成符合我国国情的社会心理服务体系。

上海市长宁区把建设全国首批社会心理服务体系建设联系点作为践行"坚持以人民为中心"发展思想，建设平安长宁的一项重要任务来抓，作为增强人民群众获得感、幸福感、安全感的民心工程来抓，将社会心理服务主动融入社会治理各领域。经过多年不懈的努力，长宁区已逐步形成了以社会化、专业化、制度化"三化"为主要特征的社会心理服务体系，成为全市心理服务体系最完善、社会心态日趋健康的城区之一。

加强社会心理服务体系建设有利于建立和谐的社会运行秩序，是实现国家长治久安的一项源头性、基础性工作。本书总结长宁区社会心理服务体系四年实践探索，整合了8家心理服务机构发挥心理专业和人文情怀优势、春风化雨解心结的100个典型案例，分为亲子教育、婚恋家庭、职业成长、重点关爱、危机干预、情绪困扰6个篇章。同时，为更好发挥本书对心理服务中遇到的问题和困惑的答疑解惑作用，每个案例均有专业心理学家进行点评，并通过小贴士的方式，有针对性地传授心理学的知识和解决心理问题的方法。通过本书，大家可以看到长宁区社会心理服务体系建设的成果，感受到长宁区各级党委政府对心理服务对象的关爱，领略到心理服务志愿者们爱心奉献的风采，更能收获到如何针对不同对象因需制宜开展心理帮扶的启迪。

作为社会心理服务体系建设的探路者，本书编委会热忱希望本书的出版能有助于大家更好地关注和了解社会心理健康，有助于切实深化长宁区心理服务体系建设，有助于更好帮助广大志愿者丰富心理服务经验，有助于有力促进社会和谐、城区安定、人民安康。

编委会

2021年6月

目 录

知心课

第四章　重点关爱

第一章

亲子教育

读懂你的世界

爱护我的妈妈不见了

通过与小丁的多次接触，我了解到，初中刚毕业的小丁，曾经有过快乐幸福的童年。那时候的他，有爸爸妈妈的关心，也有爷爷奶奶的疼爱。当说到自己的童年时，小丁的脸上洋溢着笑容。

然而，从上小学开始，一切就都改变了。老师的批评和父母的责难成了小丁的家常便饭。尤其是妈妈的反复唠叨、指责和爸爸的教训，让小丁越来越受不了。

升到初中后，小丁开始对抗父母，他迷恋上了网络游戏，又经历了稀里糊涂的初恋，其间还有两次离家出走的经历，这一切让父母伤透了心。于是，妈妈的责骂不断升级，爸爸表现出了疏离，动不动一顿教训，让小丁更加痛苦和孤独。"那个把我说得一无是处的女人是我妈吗？原来那个关心和爱护我的妈妈到哪里去了？"小丁不断问自己。

多想靠近你

咨询室里，小丁不断讲述着自己的故事，我一直在用心倾听，感受着他的痛苦、孤独和无助，也听到了小丁对父母不满的背后，实际上是对父爱、母爱的渴望和期待。于是，我邀请小丁的父母一起倾听孩子的心声。

在我的推动下，经历了几个回合的激烈争吵和多次"冷战"后，小丁的父母慢慢地走进了儿子的内心。他们开始明白儿子的痛苦和挣扎，看到了蛮横霸道、冷漠无情只不过是儿子的自我武装，实际上这个孩子的内心是那么脆弱，一直在渴求父母的和善与温暖，包容和支持。

而另一边，我也让小丁第一次站在父母的角度去理解父母的举动。当父母向小丁表达了他们对儿子的爱，对儿子的担心和期待时，小丁禁不住哭了，他体会到了浓浓的父爱和母爱。

当爱在他们的心中流动起来的时候，儿子和父母终于和解了，他们开始心平气和地对话，开始试着理解对方的行为和背后的情感，开始反省和检讨自己的行为，也开始学习如何理性地表达与沟通，用更恰当的方式传达自己的心声。

几次咨询结束后，小丁的父母不再只盯着他的缺点，他们开始尊重孩子，欣赏孩子，并对孩子身上的优点给予认可和诚恳的鼓励；而小丁也会学着主动关心父母。对彼此的改变，他们都很满意。

专家点评

　　家有青春期的孩子，很多家长会感觉非常的无力，那个认真好学、听话懂事的孩子不见了。面对青春期孩子的叛逆，家长会着急、担心、生气、害怕，也很容易和孩子形成对抗，但是孩子叛逆行为的背后是孩子成长的诉求，所以家长需要跟随孩子成长的节奏，更好地读懂孩子。孩子进入青春期独立性增强，希望得到他人的承认和尊重，希望摆脱成人的约束，一旦有被控制的感觉就会表现出强烈的情绪反应，所以家长需要换种方式和孩子相处，尊重并允许孩子表达自己的想法，耐心引导孩子思考自己的要求是否合理。青春期的孩子感情变化非常显著，他们既多愁善感又喜怒无常，这常常令家长手足无措，感情的多变是与感情的深化共同发生的，在这一时期孩子们已经开始产生和感受到许多细腻复杂的感情，所以家长需要更多地倾听、理解和支持孩子，引导孩子把负面的情绪释放出来。此外，青春期的孩子处于性意识萌动与性别角色深化的阶段，无论男孩还是女孩，都非常关心自己性别角色的完美程度、被他人接受和欣赏的程度：够不够帅、是不是漂亮、能不能引人注意等，所以家长要看到孩子对于自我价值追求的需要，尝试认可、欣赏孩子，并做好性教育工作。孩子的健康成长，一定是家长努力陪伴、科学引导的结果，孩子的叛逆行为，是他渴望长大又完成不了自我整合而产生的内在冲突的表现。

爸爸，请别只爱妹妹

请多看看我

小云今年 11 岁，有一个刚上小学的亲妹妹，但是她仍感到很孤单，因为家人都喜欢妹妹，甚至偏袒妹妹，没有人关心她，说着说着，小云情绪开始激动起来。

我秉承人本主义的理念，耐心倾听小云的故事。人本学派强调人的尊严、价值、创造力和自我实现，把人的本性的自我实现归结为潜能的发挥，而潜能是一种类似本能的东西。同样人本主义也指导人们如何建立关系：真诚、专注、无条件地积极关注、共情和温暖，当咨询师持这个态度时会更容易和来访者建立关系和信任。

我一边倾听小云的烦恼，与她共情，感受并理解其当下的孤单和愤怒，一边不断询问一些具体的细节，鼓励其讲述更多家庭情况。小云表示自从妹妹出生后，全家人对自己的态度都变了，例如爷爷奶奶经常会骂自己，周末自己多休息时会被说懒，有时候想帮忙做家务，家人却觉得她不以学习为重，不被大人认可；她有些偏科，喜欢语文，不喜欢数学，所以数学考不好的时候会被责骂，也经常会被父亲拿来和别的孩子作比较。

我听着小云的话，引导其表达自己内心的委屈。小云表示最令她难受的是，家人对妹妹特别好，却没人关心她的生日。她的生日当天，家人到傍晚才想起来，就在家里吃了顿饭；而妹妹的生日，家人会特意去饭店庆祝，并会邀请很多亲戚朋友。

小云和我说，自己很想得到爸爸的爱，但当自己和妹妹出去玩耍，爸爸会在妹妹身边，而不在自己身边。谈到这里，我发现小云一直没有谈及自己的妈妈，我以好奇的姿态询问，小云告诉我，她的妈妈因病去世了，就在今年。说到这里，小云开始哭泣。

妈妈，我想你

听到这里，我内心咯噔一下，特别心疼小云——目前，小云正经历着丧亲的哀伤期，这个年纪，妈妈的突然离开，原本需要更多关爱的她，却因为家中还有小妹妹，没有及时得到家人的付出和关爱。

按照马斯洛（Abraham Harold Maslow）的需要层次理论，小云有着对归属和爱的需求。因此，社会支持对她是极其重要的，而当下家庭的给予却非常欠缺。由于热线咨询的局限性，我无法完整了解她的家庭，因而针对小云的困惑，我更多的是从哀伤辅导角度去给予帮助。

悲伤分为五个阶段，当事人可能会先否认已经发生的事实，然后会产生愤怒情绪，有时候会发生伤人或自伤。有的人之后还会经历沮丧和忧郁等，直到最后接受。

悲伤的阶段发展，不是一个平坦的过程，而是愤怒与耍赖等情绪交织，如潮水般翻滚。有时候是否认，有时候是沮丧，有时候暂时接受了，但有时候又会退回到否认的感受。但是最终，它会像潮水一样不断往前，会越来越靠近"接受"的状态。

听了小云的故事后，除了帮助小云表达对母亲的思念之外，我也积极发掘小云自身的资源。我发现她是一个很乖巧懂事的孩子，学习成绩很好，在学校是班长，在家里会照顾妹妹，这些都是小云可以利用的自我资源。我帮助小云看到，她妈妈虽然离开了，但是这份爱一直在，妈妈要是看到小云当下的努力，她也会很欣慰，她也希望小云过得好。

最后，我和小云制订了计划，例如给她妈妈写信，记录自己每天的进步和愉快的事情。同时如果有可能，也希望小云可以邀请爸爸给我打电话。

专家点评

对于一个 11 岁的孩子来说，失去母亲，意味着在生活、情感上再也得不到充分的照顾，性格容易变得孤僻、自卑，对安全感、自信心的建立和健康人格、人际关系的塑造也会有一定的负面影响。青少年在经历重要的亲人离世后，家庭应及时给予情感支持，关注孩子心理状态的变化，用爱陪伴他度过哀伤期，让他感受到虽然失去了一个重要的亲人，但还有其他人在爱着他、关心着他。必要的时候，借助心理辅导协助孩子完成与逝者之间的未竟之事，完成与逝者的爱的链接。

小贴士

共情：又叫同感、同理心、感同身受等。在咨询中，咨询师获得对求助者内心世界的理解和体验，并用心理咨询的沟通技术准确地把这种理解和体验传递给对方，通过形成彼此情感上的共鸣，加深相互理解，最终帮助当事人做出有效的改变。

不肯上学的优等生

"天之娇女"的烦恼

小琳一直是父母的骄傲，她的父母都是普通的工人，但是她从小特别好学懂事，虽然从没有补过课，在普通学校上学，可是学习成绩一直名列前茅，老师们宠爱她，同学们都崇拜她。

今年她顺利考上了被称为四大名校之一的某所高中，可以说半只脚踏入了名牌大学的大门。可是半学期下来，小琳不肯去上学了，因为之前成绩一直遥遥领先的她，在高中的第一次期中考试中，排名只在班级的中下游，小琳一下子接受不了。开家长会时，习惯了被老师表扬的父母脸上也挂不住了，回到家只是唉声叹气，说些像女孩到了高中就不行了之类的话。小琳更加闷闷不乐，觉得自己没有价值，她不再是父母的骄傲，在学校没有了老师宠爱，也没有了同学崇拜。她变得害怕上学，平时不是发烧就是拉肚子，总之，有各种各样的理由不去上学。小琳的父母急得团团转，于是居委推荐他们到心理服务站来寻求帮助。

由于小琳不肯来咨询，我首先和她的父母进行了沟通交流，通过倾听共情，引导小琳父母表达了他们的焦虑和担忧，同时还让父母站在小琳的角度感受孩子的痛苦，以及孩子多么渴望父母给予她支持。我也让小琳父母看到了自己的虚荣心和自卑心理对孩子造成的压力，知道了高中学习和初中学习内容难度差别很大，特别是四大名校高手云集，竞争压力非常大，只要在高一能适应高中的生活和学习就已经特别好了。

鉴于此，父母要先调整好自己的心态，分步骤、分阶段引导孩子完成现在面临的任务。在这个阶段，父母要把孩子的心理健康和快乐放在第一位，做好孩子坚强的后盾，鼓励孩子发展兴趣爱好，在紧张的学习之余调节身心，不要一味地盯着学习。此外，我讲解了青春期孩子的特点，父母要多信任尊重孩子，多鼓励孩子，注意沟通方式，不要唠叨和控制。小琳父母不住点头，表示回去会调整自己的教育方式，支持孩子。我鼓励他们通过自身的改变，让孩子也愿意来我这里说说心里话。

无条件地接纳自己

两周后，小琳在妈妈陪同下来到了咨询室。妈妈说孩子现在愿意和父母说话了，也想去上学了，但是信心还不够。我让妈妈先离开一会，留孩子单独和我聊聊。

我简单介绍了心理咨询的方式和保密原则，先跟孩子分享了自己曾经有过的相同经历，以及那段时间自己的痛苦感受，就这样我拉近了与孩子的距离，进一步引导孩子把自己的痛苦、失落、迷茫和害怕表达出来。并且，我让孩子回忆在成长过程中曾经遇到过的困难，想想那时自己是如何通过努力一步步克服的，感受到每一次战胜困难时，自己的能力都在增强，激起孩子挑战困难的信心和决心。让孩子想象未来的自己是怎样的一个人。当孩子说自己想成为一名老师时，我鼓励她以未来老师的身份和现在作为学生的自己进行对话。通过与自己对话，小琳明白了自己真正的目标，接受了自己暂时的落后。尝试把学习当作自己的马拉松，学习的过程是开心而满足的，学习的目的是锻炼自己的意志力和本领，而不是盯着分数和别人的夸奖，应该无条件地接纳自己、欣赏自己、鼓励自己。

最后，在我的指导下，小琳通过情景想象，练习重返学校时的状态调整，做好回归课堂的心理准备。后来听小琳妈妈说，一周后孩子又回到了学校，适应得还可以，并对我的帮助表达了感谢。

专家点评

孩子在成长中，会通过自我与环境的互动慢慢形成对自我的认知，一个小学、初中成绩优秀，经常被老师、同学、家长夸奖的孩子很自然会形成"我成绩好—我能获得别人的认可—我优秀"这样的认知链接。进入高中，成绩突然滑坡，打破了这样的认知链接，孩子会觉得我的成绩不好了，别人肯定不再认可我了，所以我就不优秀了，便出现了自我怀疑。这是因为孩子尚未形成稳定、客观的自我认知与自我接纳的状态。当个体对自我及其一切特征采取一种积极的态度，如"我成功了，我有价值；我失败了，我依然有价值"，并能欣然接受现实自我时，就会形成稳定的自我接纳状态。自我接纳包含两层含义：一是能确认和悦纳自己身体、能力和性格等方面的正面价值，不因自身的优点、特长和成绩而骄傲；二是能欣然正视和接受自己现实的一切，不因存在某种缺点、失误而自卑。家长在养育孩子的过程中，需要帮助孩子接纳自己，才能增加对现实的耐挫力和面对失败的勇气。

"对不起，总忍不住揍你"

游走在暴躁边缘

黄女士的儿子在读幼儿园中班，以前是在老家由爷爷奶奶带，和她不是很亲。到了读幼儿园年龄，儿子来到上海由黄女士亲自带。这一年中，黄女士非常痛苦，她对儿子的教育比较重视，帮儿子报了些兴趣班，但是经常因为儿子贪玩不听话而勃然大怒，对儿子拳脚相加，事后又后悔痛苦不已。老公和公公婆婆都心疼儿子，劝她不要这样，说孩子爱玩是天性，吓唬吓唬就好，不要下手这么重。黄女士心里也想好好跟儿子交流，可是一看到儿子表现不合她的心意，就忍不住大发雷霆暴揍儿子。

就这样，儿子越来越疏远她，她也天天像个火药桶，随时爆炸，一家人都被卷入痛苦之中。黄女士开始觉得自己无法承担妈妈这个角色，心里非常痛苦，向好友诉说，好友也感觉她的行为实在过分了，但不知道如何开导她，就鼓励她去找心理咨询师聊聊。于是，黄女士在好友和家人的支持下，走进了咨询室。

陷入自我质疑

在我用心倾听和耐心的陪伴下，黄女士倾诉了她的这些烦恼和痛苦，觉察到了这些愤怒后面有着巨大的恐惧，她害怕儿子如果不好好学习，就会有可怕的后果；害怕儿子不按照她说的做，就会发展得不好，没有一个好的未来。

我通过与黄女士共情深入她的内心，感受她的这些恐惧和焦虑的情绪，鼓励她继续探索这些信念和想法来自哪里。黄女士回忆了自己的成长经历，发现这些想法和父母从小灌输给她的一模一样，而且自己的教育方法和父母竟然如出一辙。

回忆起小时候父母对自己的教育，黄女士泣不成声，她的父母是外来务工人员，在上海做小生意，文化程度不高，生活非常辛苦，两夫妻经常为了经济吵架、打架，还打骂孩子。特别是妈妈对她一直很苛刻，总是抱怨责打，她从小就没有安全感，总害怕自己做错了事引起母亲的打骂。而父亲希望她和哥哥能通过读书考上大学，在上海有更好的生活，因此对他们要求非常严厉。

她的哥哥身体不好，禁不住父母的严格管教，患了重病差点死去，于是父母不敢把压力放在儿子身上，转而把所有希望寄托在女儿身上，拿她和别的孩子比较，对她的学习特别关注，学习不好就一顿拳打脚踢。黄女士背负父母全部的期望，学习成绩一直不错，但是到了高考时，由于心理压力过大，只考了一个普通的本科。父亲非常失望，让她重读，但她已承担不起父母的重负，不愿重读，让父母很不满意。她也对自己非常不满，认为自己辜负了父母的期望，所以导致现在发展得不够好。

从小在这样的环境中，黄女士养成了要强的性格，处处要和别人比，甚至和丈夫比。谈起现在的家庭，她还是比较满意的，公公婆婆都知书达理，对她很好。黄女士甚至觉得比自己的亲生父母对自己还好，丈夫忠厚老实，是个典型的理工男，收入也丰厚。可是她就是会觉得自己不够好，暗暗和丈夫比，怕丈夫瞧不起自己，虽然丈夫从来不会这样对她。当我好奇地问起她哥哥的状况时，她对哥哥充满了佩服之情，她说哥哥虽然读书不好，父母对他不抱任何期望，但他发展得却很好，读了函授大学，现在自己开了家公司，收入很丰厚，性格也开朗。而自己作为父母重点培养对象，却生活得如此痛苦。

自卑与超越

在对过去原生家庭的回忆中，黄女士觉察到了父母的教育方式让她好强却又自卑，深深感到痛苦的同时却又不由自主认同了父母"非打即骂"的教育方式和对未来生活的恐惧心理，还将痛苦延续到了教育下一代的过程中。同时也看到哥哥虽然没有得到父母的重点培养和管教，没有考上大学，但同样能有属于自己的幸福人生。这也引起了她的反思，让她对未来的恐惧减少了许多。

"觉察带来选择的可能性，选择带来改变的可能性。"通过与黄女士建立相互信任的咨询关系，我引导她在倾诉烦恼后，探索内心的痛苦根源。黄女士对自己的想法和行为模式有了较多的认识，并尝试着将原生家庭带来的枷锁解开，放下恐惧害怕，开始新的生活，重新享受做妈妈的幸福，建设好新生家庭。我们接着探讨了孩子心理发展的一些特点，以及和孩子相处的方式，黄女士显得不再那么焦虑痛苦了，紧锁的眉头舒展开来，脸上也有了几分笑意。

在后面的几次咨询里，她发现过去由于父母的高压教育，让她积压了很多愤怒，我们继续通过空椅子技术和催眠疗法修复了她和父母之间的关系，宣泄积压多年的愤怒悲伤，同时也通过角色交换，去理解父母内心的真实想法和爱意，谅解父母，感恩父母，放下过去，重新学习对自己的人生负责，用爱去创造属于自己的生活。

现在的黄女士，虽然有时还会对儿子发火，但已经对自己的行为有所自我觉察，不再是无名之举了。家里的气氛开始变得平和，时不时出现有说有笑的

温馨时刻。黄女士也经常在朋友圈晒晒她和宝贝儿子、丈夫相处的快乐时光，看到她享受着做妈妈的乐趣，享受和孩子家人在一起的幸福生活，真的为她的转变感到高兴。

专家点评

原生家庭是自己出生和成长的家庭。家庭的气氛、传统习惯、子女在家庭角色上的学效对象、家人互动的关系等，都会影响子女日后在自己新家庭中的表现。人要认识自己原生家庭的影响，才不致将原生家庭一些负面的元素带到新家庭去，才能更好地建设新家庭，享受幸福生活。在本案例中，咨询师和来访者建立了相互信任的咨询关系，通过耐心的倾听和充分的共情让来访者深入自己内心进行探索。来访者通过倾诉，觉察到自己思维和行为模式与原生家庭的关系，找到痛苦的根源，从而产生了改变的想法和信念，这是非常重要的。同时帮助来访者处理过去积压的情绪，调整对父母的认知，放下来自原生家庭的束缚，并学习新的思维和行为模式，学习对自己负责，积极成长，创造自己想要的新家庭生活，这些更为重要，否则就会有一种"父母皆祸害"的怨天尤人、怪三怪四和消极的心理状态。

小贴士

自卑与超越：心理学家阿德勒（Alfred Adler）认为，当现状不能满足自己的需要和期待的时候，人就会自卑，而且自卑感会促使我们做出改变从而获得优越感。追求优越感是一种力量，促使我们做一些事情超越对当下的自我的束缚，让自己的处境变得更好。阿德勒把优越感称为是对自卑感的一种补偿机制，是超越自卑的一个重要路径。

发出怪声的男孩

学鸟叫的乖孩子

王女士的儿子小彬今年读小学一年级，长得很清秀，也比较乖巧，只是最近不知怎么回事，嘴里总是不由自主地发出像鸟叫般的怪声音，还挤眉弄眼的，特别是在王女士批评他的时候。起初，王女士以为儿子在故意开玩笑，就不在意，后来次数越来越多，她很恼火，就干脆揍了儿子几顿，没想到情况越来越严重，他在课堂上有时也会情不自禁地发出怪声。

老师觉得很奇怪，因为小彬在学校虽然有点好动，但还算听话的学生，比较遵守课堂纪律，老师感觉孩子不是故意捣乱的，和孩子谈心后，孩子也说不出为什么会这样。于是老师就和王女士联系，反映了孩子的问题，希望家长带孩子去医院检查一下。经老师这么一提醒，王女士也有点着急，发现孩子的状况的确是更严重了，而且也感觉孩子确实不是故意的。她赶紧带孩子去五官科医院检查，结果显示眼睛、鼻子和喉咙都发育正常，没有问题。那是怎么回事呢？医生建议她带孩子看看心理医生，说这可能是心理问题。王女士正好得知街道心理服务站的咨询师来居委坐班，赶忙前去咨询。

远离简单粗暴的教育

我耐心倾听王女士的述说，与她共情，感受并理解她的焦虑，观察到她是个比较快言快语的人，就问她平时和孩子相处时的模式是怎样的。王女士很不好意思地说，自己是单亲妈妈，性格急躁，没有耐心，很少和孩子交流，平时忙于工作，回到家很累，经常看到孩子就觉得烦，不顺心时就经常揍孩子，所以孩子比较自卑。特别是孩子现在刚上小学，在陪孩子学习的过程中，王女士责骂孩子比较多。说到这，王女士很自责，眼圈有点红。与她共情，感受并理解她独自带孩子的艰辛后，我告诉王女士孩子患的很有可能是儿童抽动，严重的情况会演变为抽动症，并耐心解释了这种病是家庭教育方式不当所产生的心理问题。我建议王女士带孩子一起到街道心理服务站来做心理咨询，学习处理自己的情绪和问题，改变粗暴简单的教育方法，学习如何科学地养育孩子、尊重孩子、鼓励孩子，让孩子感受到父母温暖的爱，这个病症自然就会缓解。

王女士听取了我的建议，自己先来到心理服务站接受了几次心理咨询，觉察到自己粗暴的教育方式与原生家庭有关。通过我的引导，她逐渐修复了自己

与原生家庭的关系，调整好心理状态，积极地改变自己的教育方式。并与儿子父亲沟通交流，一起关心鼓励儿子，让儿子感觉到父母虽然离异但依然都爱着他。就这样，王女士越来越有耐心和儿子交流沟通，儿子与父母的关系也越来越好，嘴里的怪声也变少了。

最后一次咨询，王女士带着儿子一起来到服务站，我看到孩子和妈妈在一起有说有笑，始终没有听到孩子嘴里冒出奇怪的鸟叫声。

专家点评

儿童抽动是心理上的矛盾冲突在运动系统方面的反应，常见的诱因有环境对儿童过高的期望、要求，过多的责备，感情上的忽视；长期家庭氛围紧张，家长情绪不稳定、争执不断；经历重大事件，如父母离异、亲人去世、环境突然改变等。另外，过分限制儿童的活动也可成为儿童抽动的诱因。如果没有及时介入和干预，儿童抽动会演变为儿童抽动症，这是临床较为常见的儿童行为障碍综合征，以眼部、面部、四肢、躯干部肌肉不自主抽动伴喉部异常发音及猥亵语言为特征。如频繁挤眉、弄眼、皱鼻子、噘嘴、摇头、耸肩、扭颈，喉中不自主发出异常声音，似清嗓子或干咳声，少数患儿会控制不住地骂人、说脏话。帮助儿童改善抽动的行为，需要从内在心理系统着手，家长宜降低对孩子不合理的要求，允许孩子犯错并给予关爱，改变和孩子的沟通方式，变命令、指责、挑剔为欣赏、鼓励、认可和等待，并提供孩子情绪释放的途径，允许孩子表达自己的负面情绪，家长则回应以接纳、理解和支持。一段时间之后，孩子的负面情绪得到释放，自信心提升，抽动的现象就有好转的可能。

小贴士

儿童抽动症：临床上被称为儿童抽动障碍，指儿童经常产生一种无目的、不自主的、突发的、快速的、非节律性的、刻板重复性的肌肉运动和片刻性发声的精神障碍。大多起病于4到7岁，但也可以小至2岁大至18岁起病。其临床表现主要是运动性抽动和发声性抽动。运动抽动和发声抽动不一定同时存在，但严重时可以同时出现。抽动症状不超过一年为短暂性抽动障碍，超过一年为慢性抽动障碍。心理咨询和治疗一般以行为疗法进行矫治，改善儿童的家庭环境、家长的家教方式也能起到积极的矫治作用。

花季少女的新生

2020 年 5 月的某一天，疫情仍在继续，学校还没有开学，学生都在家上网课，路上行人稀少。一位男访客找到了我，请求心理咨询。他的年龄大约是 45 岁，脸色憔悴，显得很焦虑。"我的女儿 12 岁，正在读六年级。自 2019 年下半年起，学习成绩逐渐下降，做功课拖拉，与同学交往少，关系也紧张……"据这位父亲表示，女儿之前的成绩还不错，但从今年疫情暴发到现在，就会通宵玩手机，白天网上上课时睡觉，不和父亲交流，给她讲道理也听不进去。这次返校上课也是如此，老师反映女儿成绩明显下降，上课睡觉，被老师批评后不愿上学，在家整日沉迷手机，日夜颠倒，不与任何人联系。有两次割腕自残的现象，幸而被父亲及时发现，她称不想活了，没意思，也曾想通过服药和跳楼自杀，但因害怕没有采取行动。老师建议父母带她去看心理医生。于是，这位男访客通过居委会干部联系了长宁区司法局社会心理服务中心，寻求帮助。

网瘾"成灾"

听完男访客的叙述，我觉得他女儿的问题是：学习烦恼，导致厌学，网游上瘾，有自残行为和强烈的负面观念，人际关系紧张等。我劝其回家后，先观察，别逼女儿，偶尔提醒她作息制度、上学、写作业等日常。过几天陪她一起来面对面咨询。

第一次咨询时，女孩在父亲陪同下，来到心理咨询室咨询。父亲在前面走，女儿在后面跟着。她身着校服，头发披散在肩，戴着口罩，瘦高个儿，神色萎靡，脸有点发黄。透过口罩，我感觉到了她的紧张和忧虑。我请他们坐下，那女孩侧身坐着，父亲坐在她的边上。女孩抬头看了我一眼，接着低头继续玩手机，看上去有阻抗的情绪。她说话语速很慢，声音非常轻，必须侧耳倾听。

我立刻请她父亲先暂时回避一下。父亲走出去后，我与女孩的咨询开始了。

我问："你先作一个自我介绍好吗？"

女孩答："我不想告诉您。"

我又问："为什么不告诉我呢？看着我好吗？"

女孩听了我的话，又一次抬起了头，眼神有些迷离，看了我一会儿，轻轻地作了自我介绍。

我略带褒奖地说："一个花季的女孩，正值青春美好的年龄，前面的生活满是阳光和灿烂，有什么难事，过不去了呀？刚才你回答我提问的时候用了一个'您'字，看得出，你是一个懂礼貌的好孩子。"

听了我的话，女孩的脸上顿时飘过一丝不经意的笑。我立刻抓住了这一个细节，继续发问："生活中什么事让你最高兴，或者说过去的日子里有什么让你最开心？"我借此不断地暗示她，让她回忆小时候开心的生活，以此来找到问题的症结。在不断的暗示和交流中，女孩慢慢地敞开了她的心扉，好像对我有了些许信任。从她的叙述中，我发现导致女孩产生心理问题的原因在于家庭的变故。

原来在2019年10月，女孩的父母经由法院判决离婚了，女孩随父亲和一只小泰迪共同生活。母亲回了广西老家，偶尔和女孩以打电话或语音的方式联系，其母只聊学习的事，至于生活上的事情，很少涉及，发现孩子成绩下降的话，就会在电话里责怪、批评她，每次电话联系都以不愉快结束。而父亲在家经常唉声叹气，因为上班时间为中午十二点到晚上十二点，女孩每天的晚餐基本由父亲叫外卖送到家里，她平时和父亲几乎没有什么交流。心事重重时，也没人说话，时间一长，就和网络成了朋友。

走向"新生"

事实上，这名女孩并没有走出父母离婚的变故，她也不知道怎么处理与父母的关系。父母离异前，一家三口虽然生活条件一般，但在父母的呵护下，女孩觉得自己很幸福。表面上看，对父母离婚，女孩似乎抱着无所谓的态度。事实上，她内心沮丧，不快乐。因此，她从来不跟家里的任何亲戚联系，只是和同班的一位女同学关系比较好。

通过她的描述，我遵守咨询过程中保持中立的原则，通过具体的方法关注她的情绪，一起探讨她的人际关系。我还在辅导中采用了认知行为疗法和人际心理疗法等综合疗法，运用稳定技术，寻找资源，借用资源，引导女孩学习，让她意识到自己的情绪，提高自控能力。我又坚持邀请父亲一起走进女孩的内心世界，发现她的优点，多鼓励少批评，也让父亲告诉女孩母亲，多关心女孩的生活琐事，学习上要看到她的努力，也请父亲告诉家里的长辈，多关心女孩，多回家看看她，因为女孩也渴望被家人们关心。

咨访中我倾听父女二人的诉说，给予他们支持和希望。我还建议父亲在严格做好监护和看管工作的同时，可以陪同女孩去上海市精神卫生中心就诊。此外，我也告诉女孩父亲，需逐步调整女孩的作息时间，成绩上的提高及老师对她的肯定，能使她情绪逐渐稳定，接受按时上学这件事。

在两次咨询结束后，我又与女孩的父亲进行了两次面谈。爸爸觉得女儿进步很大：生活作息时间已逐步调整，尽管暑假前期末考试成绩一般，但比此前已有很大进步，特别是英语成绩提升很快，假期外辅导课也能配合去上了。自接受心理辅导以来，女孩与父亲的交流取得了显著进展。女孩有意识地每天上学，按时放学，心情稳定，没有消极的想法。暑期每天按时完成暑假作业，也可以走出家门，开心地和两个同学好友一起出去玩。

所以，健康的家庭发展，可以使一个花季少女健康成长；而若未能妥善应对家庭变故，则可能将其导向极端。

专家点评

青少年抑郁症正呈现低龄化发展的趋势。孩子出现自残自伤的行为，本质上是因为在成长中自身现有的应对环境模式、技能无法产生作用，当问题积累到一定程度，便转向对自我的攻击和惩罚。这种对自我的攻击和惩罚，一般伴随着心理甚至精神上的问题或疾病，比如抑郁消极，感到做什么事情都提不起精神，对自己评价太低、不自信，认为自己这里不好、那里不好，甚至一无是处。本案女孩在经历家庭变故后，因为安全感的缺失，使其内心处在一种不安、紧张的状态中，而这时，妈妈的情绪不稳定加重了孩子内在负面的感受，当这种负面感受积累到一定程度后，孩子便渐渐失去了学习动力。越是这样，家长越是生气并加重指责，孩子就越走不出负面情绪的怪圈。离异后父母需要关注孩子的心理变化，特别是情绪，持续关心孩子，给予积极的陪伴，帮助孩子慢慢度过这段时期。被确诊为抑郁症的青少年还需要接受医院的治疗，必要时配合药物治疗，边治疗边心理辅导，以帮助青少年度过危机时期。

化悲伤为怀念

难以言明的悲伤

小安，今年 13 岁，就读某初中国际部七年级。

自五年级起，小安开始有自伤行为，手腕上偶尔可见刀割的浅痕。近一年来，自伤频率增加，易哭、情绪低落。每天放学后，一个人在家时，小安常常觉得心里特别难受，有一种难以言明的难过，没有任何具体的原因，就是一种无边无际、无法言说的悲伤吞噬着她。每每这个时候，她就会拿起小刀开始割自己，在右手下臂内侧割出一道道浅浅的伤痕。最早发现伤痕的是奶奶。这可把年迈的奶奶吓坏了，急忙告诉小安的父亲，父亲也是又惊又无奈。

自小安出生以来，父亲就十分疼爱这个女儿。小安 4 岁的时候，她的母亲因癌症住院治疗，一年后不治身亡。父亲极力保护这个女儿，避免年幼的孩子参与母亲后事的处理，也再不和孩子谈论有关她母亲的一切，避免其伤心。母亲去世之后，小安就一直和爸爸、奶奶生活在一个屋檐下。2014 年年初，父亲再婚。2015 年年末，小安的妹妹出生了。自此，平日小安依然与爸爸、奶奶同住，而每个周末，继母便会带着妹妹搬入家中，一家五口同住。父亲常常会单独抽出时间来陪伴小安，陪她做作业，每每这个时候小安都觉得十分幸福。

日子平稳地过着，直到 2019 年，父亲接到工作调动，需要被派至异地，只能周末回家。父亲和小安的关系就越来越疏离了，独处的机会也越来越少。父女俩还时常为了玩手机、打游戏等事起冲突。父亲对于如今的状态本就很无奈，现在听奶奶说，孩子有自残行为，更是又惊又慌，明明孩子在学校的各项反馈都挺好，怎么就变成了这样呢？烦恼之际，他突然想起在一次北新泾街道便民服务中，收到过一张关于北新泾街道心理服务工作站的宣传单页，他决定打电话试试看。

电话那端的小安父亲，语气焦急，诉说着孩子的自伤行为。"目前还没有自杀表现，伤痕不严重，但近期自伤频率增加，情绪低落易哭。"父亲担心不已，认为孩子可能得了心理疾病。但当我进一步询问细节的时候，父亲好像也表述不清，只是表示，由于家庭环境相对复杂，平时孩子与奶奶一起居住，自己只能电话联系，对孩子的具体情况和相关细节并不清楚，部分情况也是从奶奶这儿得知。目前来看，孩子在与同学关系等方面尚可。

初次咨询结束后，我建议父亲尽早带孩子前往精神专科医院就诊评估，并建议父亲与孩子一同前往北新泾街道心理服务站进行家庭治疗。

被压抑的情绪在"抗议"

次日，小安的父亲就带着孩子一同来到咨询室。初次见面，我向他们介绍了心理咨询设置及保密原则，并评估了小安自伤及自杀的风险。

小安自述目前没有任何自伤自杀的想法与行动。同时，小安向我表示，自己也想摆脱自残的行为，只是控制不了自己，愿意和我与父亲一起合作，努力不伤害自己。在确立了共同努力的目标后，我们便约定每周进行一次常规咨询。

在咨询的过程中，我发现小安自残行为的原因是无法处理内在复杂情绪，进而只能通过身体痛苦来外化与应对。由于长期以来，小安都是用情感隔离的方式进行自我保护，对一些令自己不满的事情所引起的不愉快或焦虑常采用忽视、压抑和隔离自己情感的方式来减轻痛苦，试图用理性克制情感。长期压抑的情绪没有适当的宣泄出口，留驻在潜意识中，成为一团情绪的乱麻。我要求小安留意自己情绪乱麻出现的频率、环境和程度等，以帮助她识别情绪。

幸运的是，小安与父亲的感情非常好，虽然目前父亲外派异地，13 岁的小安处于青春期早期，常有一些叛逆行为，与父亲屡起冲突，但父女间的感情依然很好。于是，我建议父亲在外派异地期间，多与女儿电话沟通，询问孩子是否需要什么支持与帮助。我还告知小安的父亲："孩子的母亲虽然早早去世，但是在孩子心里，母亲永远拥有她独特的位置，在家庭中也需要给小安的母亲留出位置。"其实，小安很需要父亲的陪伴与支持，一同面对和处理失去母亲的痛苦及缺失母爱的孤独。父亲对母亲的避而不谈，恰恰不是一种对孩子的保护，反而压抑了孩子思念母亲的悲伤情绪。针对此，我建议父亲可以和孩子一起谈谈母亲。父亲也很配合，愿意和孩子一起看看母亲的照片，聊聊与母亲之间的故事。

哀伤辅导是一个过程，有些人需要几个月的时间，有些人需要几年，有些人可能一生都在处理哀伤。"我们应该允许这个过程发生，不催促，慢慢来。"我向小安父亲提议，很快要到小安母亲去世十周年的日子了，不妨为孩子准备一个仪式化的形式，来和母亲告别。

经过一段时间的心理咨询后，小安的自残行为减少了，她和父亲的感情也愈发深厚。父女俩相处时的温馨画面，让人十分动容。

知心课

青少年的自伤自残行为具有极大的负面影响，短期来看孩子无法从当下的现实压力困境中走出来，只有借助自残行为伤害自己以求得一时的情绪释放；中期来看孩子当下的心理困扰会逐渐加重，变成孩子心理或精神上的问题和疾病；长期来看有可能会造成孩子人格上的扭曲，极端的自残行为可能会导致死亡、身体损毁、残障等恶劣的后果，并且这种行为在青少年群体中容易产生负面的感染力，严重危害学生群体的身心健康。

作为父母，平时要留意孩子在身体、社会、学习、心理及行为方面所发出的"警报"。当发现孩子有自伤、自残行为时，需要以冷静的态度来对待，细心地倾听孩子的烦恼，了解他们为什么要刻意伤害自己，要承认和接受他们所遭受的切肤之痛。不要对孩子的自残行为进行评判，更不能进行惩罚，而需要表现出关爱、支持与理解，了解孩子究竟发生了什么事，问问他要怎么做才能协助他。在孩子面前，父母需要乐观一点，像生气、怨恨、痛苦、抱怨与指责这类负面情绪，只会使孩子感到内疚和自卑，让情况变得更糟，陷入恶性循环之中。当然，也建议家长若发现孩子有自残行为，可以向心理学工作者、精神病医生等专业人士寻求帮助，必要时遵医嘱服用药物，帮助有自残行为或倾向的青少年改变消极的认知，学会面对现实困境压力和控制烦恼怨恨，增强社交能力与自信心。

潜意识：心理学家弗洛伊德（Sigmund Freud）首先将人类的心理过程分为意识与无意识，然后又提出两种无意识。一种属于描述意识意义上的潜伏无意识，即前意识；另一种属于动力意义上的潜在无意识，即潜意识。潜意识是指处于人的意识之外的有能量有强度有效率的心理动力系统，是被压抑的、无从觉知的原始本能冲动和欲望。潜意识是人类各种行为的内在驱动力，通过精神分析（即对潜意识的解析）可以理解更多人类自我不了解、无意识的行为背后真正的原因和动机。

恐惧男老师的女孩

青青今年刚考上本市一所大学，学习的专业也正是她喜欢的汉语言文学专业，她每天沉浸在大学丰富多彩的学习和生活中，周末还可以回家和父母团聚，日子过得挺开心的。但是学期过半时，青青的脸开始由晴转阴了。妈妈看她闷闷不乐的样子，就问她有什么不开心的事。原来，大学期末考试大多数科目是交一篇论文或闭卷考试，可是有两位老师要求比较高，要求每位同学上台进行论文的展示和答辩。

本来，这对青青来说并不是一件难事，因为她经常参加演讲辩论等课外活动锻炼自己，上台胆量是有的。可是，这次青青却犯难了。这两位高要求的老师中，一个是女老师，一个是男老师，对于女老师的要求，青青觉得没有任何压力；可是想到男老师的论文答辩，青青却非常恐惧焦虑。青青自己也说不清为什么，妈妈怎么开导她也没用。

于是，青青走进了心理咨询室。

高中梦魇

我简单介绍了咨询的设置和保密原则后，用心倾听青青讲述的烦恼，并适时与她共情。通过诉说，青青觉察到原来这个男老师比较严厉的样子，让她潜意识联想到高中的班主任，他们长得有点像，而且都对同学要求严格。青青记得刚入高中时，她特别活泼，是班级的文艺委员。有一次她组织班级同学参加学校的文艺汇演，忙前忙后，班级取得了一等奖的荣誉。那天下午，她兴奋地向大家报告这个好消息，大家都欢呼雀跃。没想到班主任老师这时黑着脸走进教室，把数学试卷往桌子上狠狠一摔，吓得大家顿时鸦雀无声。原来这次数学考试全班普遍考得很差，平均分年级排名倒数第一，老师认为她带着大家搞文艺活动分散了学习精力，于是把全班狠狠骂了一通，还说以后不准参加此类浪费时间的活动了。

说到这里，青青委屈地痛哭起来，因为老师还专门点了她的名，批评她考得尤其差。当时老师骂完后，她仿佛从天堂掉进了地狱，整整哭了一节课，事后老师也没有特意找她谈心，这件事就成为了一个心结，卡在青青心里。所以想到要在全班面前进行答辩，让这位严厉的男老师评审她的论文，曾经压抑在潜意识中的痛苦又被勾起了……

知心课

老师，我们和解吧

我邀请青青运用空椅子技术和过去的高中班主任进行沟通交流，想象班主任就坐在她面前，让青青把自己的羞辱、委屈和愤怒等情绪表达宣泄出来。然后再通过角色交换，体会班主任的想法和感受。

就这样，青青不断通过交换角色和心目中的班主任进行沟通交流，释放当时的情绪，表达自己的想法，并达成和解。

当青青放下高中的这个心结后，我再邀请她进行情景想象练习，想象自己在大学男老师和全班同学面前进行论文答辩，并运用呼吸放松训练让自己在紧张时放松下来，如此反复训练了几次后，青青感觉自己有点信心了，我鼓励她回去继续练习，相信她一定能成功。

学期末，果然传来好消息，青青顺利通过了这个男老师的论文答辩，她还特意拍了张与男老师的合影发给我，照片上的青青自信灿烂的笑容特别感染人。

专家点评

学校是孩子成长的重要环境影响因素之一，老师的评价、与同学的关系都会对孩子自我意识的形成产生作用。高中老师当着全班同学的面批评孩子，对一个本来想通过自己的努力向同学证明其价值的青春期孩子来说，无疑是当头一棒，羞耻感、挫败感、沮丧感随之而来。青春期的孩子因为和同学、老师的关系出了状况，导致后续一系列严重的问题，甚至厌学、休学、出现情绪障碍的不在少数。

案例中的青青，情绪冻结在高中的场景中，形成对事件的应激恐惧反应，老师的性别、声音、语调、行为都和这个应激状态建立了联系，在这种负面情绪之下，孩子容易形成负面的自我认知，并被这种认知困住。进入大学后，熟悉的画面又出现时，当时的创伤性体验再次被激活。但是从心理学的角度来讲，人都是从自己的视角去看待问题，情绪不一定和事实直接相关，只有从更多角度看待事件，转换思维，才能找到正确的认知。所以，空椅子技术让青青从老师的角度、自己的角度去看待问题，经过多角度切换、表达、呈现和评估，最终形成正确的认知——其实老师是处在自己的情绪状态里，希望学生能取得更好的成绩，并不是在攻击青青。认知改变的同时还需要释放身体对于情绪的记忆，于是咨询师运用放松技术，为青青转换到记忆事件的放松状态。人是否拥有转换式的思维，会影响到他与自己的关系、与他人的关系，以及与这个世界的关系。

离家的少年终回归

离家出走后

天山路街道党建工作室负责人在收到小李妈妈的求助时，第一时间想到了心理援助，我在接到任务后通过工作室与小李妈妈取得了联系，并开始了干预。

小李是一名初三学生，从小由爷爷奶奶带大。在一家人眼里，他就是典型的"别人家的孩子"，学习很好，成绩总是在班级前几名，妈妈说什么都非常认真去做，从来不会与妈妈"对着干"。

但是，在爸爸妈妈离婚之后，爸爸又有了自己的小家庭，而小李则一直跟着妈妈生活。上初中之后，孩子的青春期悄然来临，妈妈感觉到了小李的变化，不再如以前"听话"，反而时不时会对妈妈的话提出反驳意见。直到前不久的一次与妈妈的激烈争吵之后，小李愤然离家出走，让妈妈的情绪一度崩溃，不知道怎样去面对孩子的巨变。

我在前期与小李妈妈的面询中，通过分析孩子离家出走事件后妈妈的情绪以及与孩子的相处模式，启发小李妈妈，让她从中认识到在与孩子的相处中，自己的强势、严厉、不容质疑、脾气暴躁对青春期的孩子造成了影响，这些影响又通过孩子的叛逆行为表现了出来。

通过引导小李妈妈觉察到自己行为模式和情绪，我使她意识到"首先要改变自己"，并对青春期孩子的情绪变化有了正确的理解和认识。

温暖着彼此

在妈妈的动员下，小李愿意和我见面，并敞开心扉向我诉说了自己的困惑和想法，也将离家出走事件的起因和盘托出。

原来是因为在学校与邻座同学之间的一点小事。同学认定就是他"嘴大"才让自己丢脸，结果已经一周没有来上课了，小李因此在学校受到老师、同学的责备，自己的内心也很愧疚。回家之后，小李向妈妈讲了事情发生的过程，也特别对妈妈讲自己不是有意为之，是同学误解了自己。但是强势的妈妈不听小李的解释，反而也认定是小李有错，小李有强烈的被冤枉的感觉，所以才有了争吵和离家出走。

小李述说完之后，终于松了一口气说："妈妈如果这样耐心点听我说完，

我们也不至于吵成这样。"我耐心的倾听和对青春期孩子的共情与理解，让小李在冷静思考之后，萌生给邻座同学道歉的念头，并希望同学能回到学校上学。

三次面询后，首先是妈妈发生了改变。妈妈把自己之前的学业重新拾起，不再将自己所有的精力都放在关注小李的学习上，在言语、行为上，也不再唠叨啰唆，给予孩子充分的自由和信任。小李也发生了改变，学会了和妈妈沟通交流，即便是被误解，也不会再选择离家出走。

之后，妈妈感觉到自身的改变带动了儿子的成长。小李不再事事跟妈妈较劲，也没有辜负她的信任，能很好地安排学习时间。最终，母子俩和和睦睦地生活在一起，感受着彼此的温暖。

专家点评

叛逆期是指青少年正处于心理的过渡期，其独立意识和自我意识日益增强，迫切希望摆脱成人（尤其是父母）的监护，如果这个时候父母的教养方式以控制、命令、强势为主的话，很容易和孩子产生冲突，引发孩子的对抗。由于升学、人际关系等压力增大，处在青春期的孩子心理容易发生变化，如果没有对其进行适当引导，孩子很容易在认知、理解、运用等环节产生技能和心理上的障碍，尤其在一些非正常的外界因素影响下，往往会激发他们潜意识的反抗，刺激他们对外界采取抗拒行为，形成逆反心理。家长要看到孩子的成长，尊重孩子的自尊心，与他们建立一种亲密、平等的朋友关系，相信孩子有独立处理事情的能力，尽可能支持他们，在他们遇到困难、失败时，以鼓励安慰为主，尽量给予信任、支持与理解。家长也需要有勇气向孩子请教，有勇气承认自己的过失，和孩子一起成长，陪伴孩子共同度过这段人生中的激烈动荡期。

留学生妈妈的烦恼

五六十万打了水漂

林女士最近愁云满面，唉声叹气，比起一年前得知儿子考上美国大学时的喜气洋洋，真的是天壤之别。原来林女士的孩子从小聪明要强，学习一直很好，也从来没有在课外机构补习过，考上重点高中后的暑假，父母为了奖励他，让他去美国大学"留学"一个月，爱好机械的小斌一下被国外的先进科技吸引了，决心要去美国读大学。高中毕业，他如愿以偿拿到了美国某名牌大学的录取通知书。

林女士一家是普通的工薪家庭，出国留学一年的费用要几十万元，家里的积蓄只够勉强用来支付四年的大学学费，为了孩子的前途，一家人咬咬牙，支持孩子出国读书。谁知一年多下来，孩子怎么也适应不了国外的生活，身体也出现了很多问题，没有办法坚持下去。如今孩子回到了家里，身体是恢复了很多，但由于疫情影响，也不敢再回美国读书了。孩子的爸爸很想得开，觉得孩子身体健康就好，可是林女士内心过不了这个坎，看到孩子读个书，家里的积蓄流失了五六十万元，结果却像打了水漂，有去无回了。林女士为此非常心疼。还有孩子的学业何去何从，林女士感到很是纠结抑郁，于是来到了心理咨询室。

条条大路通罗马

我陪伴林女士，耐心倾听她的烦恼。通过诉说，林女士表达了自己的伤心难过，辛辛苦苦攒起来的钱，说没就没了，还看不到任何回报，对孩子的身体和未来，她也充满担心。问题多多，烦恼重重。甚至她都不愿看见儿子，看见就觉得心烦。

针对她的情况，我引导她通过空椅子技术，先和孩子进行沟通交流，表达对孩子的担心、忧虑以及隐藏的愤怒、不满等情绪。然后转换到孩子的角度，体会孩子内心的痛苦无助，对父母接纳的渴望，以及孩子内在蕴藏的力量。接下来，我让她和自己进行对话，一个声音是希望孩子继续回美国完成学业，不浪费钱和机会，也顾全父母的面子；另一个声音是接纳孩子无力的现状，尊重孩子的想法和选择，重新规划。

通过与自己的对话，林女士意识到孩子的健康和快乐是最重要的，面子和

金钱是其次。她的孩子内在有发展潜力，需要得到的是家长的鼓励。而且现在中国越来越强盛，在国内学习发展机会也很多，特别是此次疫情更凸显了中国的国力和发展前景。通过艰难的内心对话，林女士终于放下了心理包袱，轻松地走出了咨询室。

回家后的林女士，邀请丈夫和孩子一起开了家庭会议，和孩子认真交流了自己的想法，表达了对孩子的接纳和鼓励。孩子很受触动，也表达了自己最近在考虑未来的发展方向，他想重新参加国内高考，继续朝机械这个专业方向努力，等以后疫情结束或中美关系改善了，也可能考虑再去留学。当一家人又开开心心有说有笑时，林女士感到这才是她真正想要的幸福。

专家点评

天下不缺爱孩子的父母，但是缺知道如何爱孩子的父母。孩子表现不好时，家长会很生气、失望，进而指责。特别是当家长孤注一掷、倾其所有，而孩子却没有达到预期目标时，更令人崩溃。因为孩子的"失败"像是在提醒家长的失败，让家长丢了颜面。面对失败如此之难，是因为在成人的世界里我们错误地把传统意义上的成功等同于价值、成就、被看到、被尊重，失败则代表弱者、低价值、没用、被瞧不起。

但是孩子各有特质，属于他们的成才路径也各有各的不同，成长之路漫长而崎岖，需要具备面对失败的正确认知——成功是一种可能，失败却一定会发生。一件事情的失败不代表整个人生的失败，也不代表人本身的失败。有考试就有可能考砸；有朋友就有可能被排挤；上课听讲就有可能会忘记老师说过的知识点……

有些家长喜欢给孩子画饼，比如参加一个运动项目，就先描述一遍以后他们参加比赛时赢了会有多风光；要出国留学，就畅想在国外取得高学历后未来会有多光明。但实际上，应和孩子说清楚，"赢得比赛，只是一种可能，坚持不放弃、刻苦奋斗却是一种必然"。我们追求目标的过程塑造了一个坚持的、不放弃的、有毅力的自我，把注意力放在过程上，让孩子看到内在的自己，才能朝着自己的梦想去努力。在这个过程中，可以培养孩子面对失败的勇气，把事情的结果和自我价值分离，提升孩子应对挫折、失败的能力，成为敢于面对失败的勇者，那么孩子未来的道路才会越走越宽。

024

家庭教育 从"心"开始

"面对儿子，无计可施"

一天，江苏路街道的心理服务站匆匆走进来一位男士，他满脸愁云，心情沮丧，不知所措地喊着需要求助，需要找一位心理咨询师。恰逢那天是我值班，我招呼他入座，给他倒上一杯热开水，男士手捧茶杯，看上去情绪稳定了些。这时候，他打开了话匣子……

男士姓李，39岁，是某外企的高管。儿子在某小学读二年级，很淘气，上课不认真听讲，写作业马马虎虎，动不动就惹是生非，同学们都不喜欢他，都躲着他，老师经常向家长告状孩子在校的种种不是。在家里他学会了钻空子，爸爸批评他、打他，他就找妈妈，找爷爷奶奶帮忙，并且爷爷奶奶当着孩子的面和他爸爸吵架；和他讲道理他置若罔闻，来硬的他又不买账。久而久之，他的这种教育手段对他的儿子来讲，已经失去了任何作用，再加上妻子、父母对他的这种教育方式又不认同、不支持，为了这个儿子的教育问题，他伤透了脑筋，家里乱得一锅粥，自己也已到了山穷水尽、黔驴技穷的地步了，真的是身心疲惫。他觉得儿子有心理问题，希望心理老师能帮帮孩子。

"教育之前要先了解孩子"

在建立了良好的咨访关系后，我开始了与李先生的讨论，一起探讨如何调整教养模式，然后确定了采用一对一和家庭成员共同参与的家庭治疗模式，先后分别与父亲、儿子、母亲以及爷爷奶奶等展开咨询活动，也约了父母、爷爷奶奶和外公外婆一起讨论关于亲子教育的方法方式和家庭成员的友好、协助对下一代教育的重要性等。

我启发李先生回顾自己对儿子采取的教育手段为什么会失效，从自身的教育理念作出思考，包括每一次的谈话细节，每一次发火动手的原因。通过我不断的引导，李先生道出了原委。

李先生自小听话，父母工作忙，几乎没啥操心，一路走来很顺利。所以，当自己的儿子出生后，他想当然地认为儿子也是这样的。因此，他只顾着自己的工作，对儿子的成长几乎是不管不顾，等到读小学了，他才发现，儿子的坏习惯很多，决定要让他改过来。但是，已经形成的坏习惯要改哪有这么容易？所以，李先生着急、烦躁，好说歹说不行，就开始动粗了。

我边听边引导，帮助李先生走出误区：时代不同，造成养育孩子的要求也不同，孩子从小受到简单粗暴的教养方式，会导致孩子对立抗拒的心态；家长需要改变急躁、暴躁的脾气，理解孩子、用宽容的心态去看待孩子所犯的错误，给予孩子父亲应有的关爱，从"心"开始。

一周后，李先生带着家人一同来到了心理服务站。一进门，一个活泼好动的孩子出现在我的面前。我把孩子带到了沙盘前，引导孩子通过沙盘呈现自己的内心。在孩子摆放沙盘的过程中，我感受到孩子的胆怯不安、急躁的情绪，这反映出孩子平时所遇到问题时的一种应对模式，遇到陌生环境内心会有极大的压力。沙箱里的沙具摆得满而凌乱，显示出孩子内心缺乏规则感、秩序感。在和孩子的沟通中，我了解到是孩子所处的生活环境导致了他的这种表现：在家既压抑又自我，在学校既自卑又捣蛋。

通过家庭治疗，我引导家庭成员共同克服和消除不良因素，使李先生及其家庭成员的情绪波动、行为躁动、学业困难与心身协调得到改善。妻子既不赞成丈夫的教育方法，也不主张公婆对孩子的无原则的爱。而老人不太懂得如何教育第三代，因为自己的儿子不费什么心思，一直发展得很好，对于第三代又特别地宠溺，孩子爸爸打他骂他，老人看在眼里，就如同打在自己的身上，自然就要袒护了。

"改变从家长开始"

一周后的家庭治疗。在舒缓的背景音乐下，我让一家人各自回忆最美好的时光，每人讲述一件家人之间暖心的事情。先由祖辈开始，随后是儿孙辈。刚开始，大家还是相互指责，宣泄怒气，等情绪慢慢平静后，我又引导大家，从细节入手，从亲情着眼，回忆以往，一定会柳暗花明，满园春色。这次是李先生先开始，他讲述了自己小时候的故事，讲到动情处，他不禁潸然泪下，不自觉地拥住了自己的父母，三人相拥而泣。这时候，妻子儿子也走上前去，与他们搂抱在一起，哭泣声、拍打声、暖暖细语声不绝于耳。从"心"开始，做好家庭的亲子教育。

我也被深深地感动了。随后，我让一家人回到座位，展开交流讨论，找出家庭中存在的问题（不良的家庭因素），再在讨论中用书面形式制订家庭干预的具体计划，最后通过家庭实践予以实施，并不断检验家庭实践的效果。

再一周后，李先生带着儿子专诚过来，对我的工作表示感谢，并转告他的妻子和父母的感谢和问候。看着关系融洽的父子俩，我会心地笑了！

　　这是一个家长在教育孩子过程中，因方法不当，导致孩子行为问题不断，家庭成员冲突不断的典型案例。作为家长总是期待孩子各方面表现都好，看到孩子有不良的表现，家长会着急、担心，用讲道理、好言相劝、批评指责的方式试图帮助孩子，往往收效甚微。而家长在做了很多努力后，孩子的行为仍没有很大的改变，此时，家长的情绪可能就会失控，盛怒之下爆粗口、打骂。如此，孩子的行为非但没有改变，反而会更糟糕；同时，因为长期没有得到正确的教养，孩子的自信心也会慢慢下降，对周围环境的信任和内心的安全感也会下降，导致心理状态混乱。正如本案中，面对孩子的问题行为，作为家长，需要去了解孩子问题行为背后的需要是什么，是什么让孩子产生那么多的问题，通过问题孩子想表达的是什么，而不只是简单粗暴地在行为层面进行干预。应给予孩子足够的理解，然后引导孩子思考自己行为带来的后果是什么，并启发孩子通过一些什么样的行为可以帮助自己改变。在这个过程中家长也不应期待孩子行为一下子就能改变，当孩子做不到时依然应给予信任，表示爸爸妈妈和孩子站在一起共同面对问题，给孩子创造"和孩子站在一起打败问题，而不是和问题站在一起打败孩子"的成长环境，孩子行为才会得到最终的改善。作为爷爷奶奶，需要把养育第三代的责任交还给孩子自己的父母，老人只是起到补充作用，切不可过度溺爱，家庭里教育理念和方法的不一致会让孩子在冲突中长大。时代不同，每个年代的孩子也会呈现不同的性格特点，在当今发展速度快、信息量大的社会背景下，孩子的自我意识越来越强，养育孩子，只有了解孩子，走进孩子的内心，才能慢慢化解孩子的问题。

明智妈妈的选择

我家有个小皇帝

周末的午后，社区咨询室来了一家三口。时值寒假前夕，虽然室外有点寒冷，但室内却在阳光照射下，充满暖暖的冬意。

浩浩第一次来到咨询室，沙盘就引起了他的注意。他站在沙盘前，机灵的小眼睛注视着我，我微笑着点了一下头，他心领神会地开始摆弄起来……

这时浩浩妈妈迫不及待地向我述说起浩浩的成长历程。浩浩两个月开始有湿疹，皮肤还时不时渗血，四个月到 1 岁皮肤不渗血了，但会痒痒的，睡觉都是大人轮流抱着睡觉。2 岁开始有好转，3 岁如期进入幼儿园小班，入园后发现哮喘，于是只能入园半天，下午在家里午睡和休息。因为湿疹的困扰，又伴有哮喘，所以开始到龙华医院进行调理。

通过中医调理，浩浩的身体有所好转。而现在困扰父母的是：浩浩的行为是否能适应半年后的小学生活？

因为从小有湿疹，所以成长过程中浩浩所有的要求都能得到满足。吃饭外婆喂，有脾气，大人就让着点，要什么玩具就买什么，在大人眼里就是一个小皇帝。久而久之，大人发现浩浩在幼儿园的行为有点出格。例如一次幼儿园开放活动中，浩浩在做游戏时，会推挤小伙伴，搭乐高积木时，会把同伴搭好的推倒，或者在旁边大喊大叫。近期浩浩又出现不愿上幼儿园的情况。于是，妈妈觉得有必要寻求心理咨询的帮助。

成长是一场未完待续

耐心听完浩浩妈妈的讲述后，我肯定了年轻父母教育孩子的艰辛，也感谢他们选择前来咨询。接着，我从专业角度详细解释了幼儿园时期孩子的年龄、心理和行为特征，请浩浩妈妈回想一下在家里成人身上有没有无意中出现过与浩浩类似的行为？此外针对孩子行为偏差，大人们又做了哪些尝试来纠正？之后，我和浩浩进行了简短对话，问明白了他不想上幼儿园的原因。

虽然是第一次见面，但浩浩对我的接纳度很高。我问他："周末想来玩沙盘没问题，我满足你一个小要求，你也满足我一个小小的要求，行不？"他想了想说："行。"就这样，我们愉快地达成共识，解决了浩浩不愿上幼儿园的问题。

第二次咨询如约而至，浩浩妈妈脸上露出了一丝笑容。"了解了孩子的心理、年龄、行为特征后，现在我们每个大人都在努力。"她表示，如今会在家里时不时做角色扮演游戏，在情景呈现中了解浩浩并纠正他的错误行为，浩浩已有进步。这种改变让大人高兴，但浩浩注意力不集中的事却仍让大人担忧。因为浩浩喜欢挑战，不愿机械地死记硬背，造成注意力分散，"幼儿园老师也不止一次提醒我，为此很是头疼，有时我会莫名地情绪上来"。

面对浩浩表现出来的问题，我们共同探讨起来，设想了很多可能性。同时我们还针对幼小衔接进行了实质性讨论，包括孩子的各项能力如生活自理、时间管理、情绪管理和同伴关系处理，以及学习习惯的培养等。互动以后，这位年轻的家长对孩子的教育问题有了更深的认识。

半个月后，浩浩和妈妈第三次来到咨询室，浩浩依然阳光乐观，浩浩妈妈的脸上也有了自信，笑着与我分享了浩浩的近期变化，比如身体逐渐好转，过敏在减少，也愿意上幼儿园了，甚至能早早起床，赶上幼儿园的户外活动。"各方面都懂事多了，一下子感觉长大了。"浩浩妈妈欣慰地说。不过也有不如人意之处，浩浩从小养成的任性霸道，在与同伴交往中显露无疑：排队时想当排头，活动中想当队长，小组里喜欢发号施令……

经过一番讨论，我们觉得在游戏中改变孩子是最有效的方式。我也适当提醒："参与游戏时，要尊重孩子，保护孩子的自尊心，处处以自己的身教影响孩子，一定会有收获。"

春暖花开时，我迎来了母子二人第四次来访，两个人手拉手，又说又笑。浩浩妈妈表示，孩子几个月来的进步有目共睹。幼儿园里能和小伙伴和平共处，也开始学习照顾自己了，身体平稳过渡，能玩爱吃，睡觉也好了。"现在可以全天上幼儿园，我在单位上班也安心多了。"浩浩妈妈欣喜不已。不过她也带着问题而来，因为浩浩学东西很快，学会就不肯听了，还会吃手指。于是我们又一起探讨孩子倾听问题的解决方法。

功夫不负有心人，浩浩升入小学一年级后很顺利地适应了新环境。在今年疫情前的寒假，母子俩第五次来到咨询室，带来了新的喜讯。浩浩不仅积极地投入课堂学习，还参加了乒乓兴趣班，身体素质也不断好转。不过仍存在一些行为小偏差，对此我们一起讨论了可行的解决方案。临走时，我拉着浩浩的手，对他说："浩浩，认识你真高兴，你是最棒的。谢谢你带来了你有趣的故事，希望以后还有机会听到。加油哦！"浩浩露出了灿烂的笑容，得意地拉着妈妈的手回家了。

浩浩的故事至此按下了暂停键。幼小衔接中还存在很多未知问题，等待着我们和年轻家长一起破解。但我相信，当爱以合适的方式出现在孩子生命中时，许多难题都会迎刃而解。因为爱，是孩子成长中最重要的养分。

成长路上，你我同行。

专家点评

每一个成长中的孩子，似乎总有一大堆的问题等待家长去"升级打怪"。每个家长都渴望自己的孩子各方面都能表现良好，面对这一大堆问题，总忍不住担心、着急、焦虑，做了很多尝试，但常常收效甚微。这是因为缺乏对孩子的了解，缺乏对孩子出现偏差行为的正确认知和恰当的引导方法。在陪伴孩子成长过程中，家长需要做好孩子行为的榜样，孩子的很多行为都是习得的，而好的行为能增加孩子对环境的适应性。同时，儿童、青少年在每个发展阶段会呈现特有的心理与行为特征，一个6岁前的幼儿行为表现以自我为中心，是幼儿的特征，不代表他将来不能适应这个社会。随着年龄增长，孩子会面临去自我中心化的发展阶段。所以，家长需要懂得孩子、理解孩子、接纳孩子，并且引导孩子学会换位思考，学会考虑别人的感受。孩子在做游戏时，会推挤小伙伴，搭乐高积木时，会把同伴搭好的推倒，或者在旁边大叫大喊，也不代表这个孩子就是道德品质有问题，而是需要学习耐心等待、学习欣赏他人、学习表达自己的情绪，家长的任务是慢慢引导孩子发展出这样的能力。面对孩子的问题行为，家长首先需要稳住自己的内心，这样才能接得住孩子的问题。所以，家长也需要不断学习和自我成长，做学习型、成长型家长是一个明智的选择。

升入初中的"宝宝"

家里有个大龄"宝宝"

小刚的妈妈刘女士最近特别焦虑，于是来到心理服务站咨询。她的"宝宝"小刚升入初中后，很不适应初中生活，不愿学习，每天回家后，作业不做，一直玩耍，等父母快回家，才开始装模作样做作业，经常磨蹭到晚上十一二点，还丢三落四，忘记老师布置的作业。虽然成绩考得不好，但是小刚总是会安慰自己和父母说，还有比他更差的同学，整天乐呵呵没心没肺的样子，让人好气又好笑。小刚为人热情，但行为表现幼稚，问他长大以后想做什么，他一脸天真地回答："不知道呀。"虽然人长得高高大大，但是行为还像个小学生。刘女士平时对孩子特别溺爱，总是称呼孩子为宝宝，而小刚爸爸工作很忙，经常出差，很少管孩子。

我耐心倾听了刘女士的诉说，在适当与她共情，感受她的焦虑和担心后，和刘女士一起对孩子目前的状况进行了分析，认为孩子不适应初中学习的原因有几个：一方面，进入初中后，学习科目多，作业量增大，孩子的学习压力一下子增大，出现了不适应，甚至轻微厌学的心理；另一方面，在孩子的培养上，母亲过于宠溺，父亲参与过少，没有培养孩子独立的人格，导致他的心理很不成熟，没有树立理想和目标，仍处于小学生的幼稚心态中。

重回成长的轨道

针对以上原因，我向刘女士提出一些建议。首先，妈妈要学会放手，不要再宠溺孩子，不要再称呼孩子为"宝宝"。平时应尊重孩子，鼓励孩子自理自立，把孩子当作人格独立的青少年对待。孩子爸爸这边，也要调整工作和家庭的关系，尽量回归家庭，多陪伴小刚，特别是小刚作为男孩子，需要从父亲身上学习意志力、责任心等品质。

其次，父母要认识到初中学习的难度加大很多，对孩子要有合理的期待，鼓励孩子一点一滴地进步，让孩子有成就感。

此外，也需有意识地帮助孩子寻找并建立理想和学习目标，节假日多带孩子去图书馆读书，可以看看名人传记等，也可以带孩子参观一下大学的环境，游览各地名胜古迹，这些举动都有助于拓宽孩子的视野，而不是成为井底之蛙。我还提醒刘女士，要带孩子一起探索健康的兴趣爱好，不要让游戏占据了

他的空余时间。平日里与学校老师也应保持常态化的沟通联系，利用老师和同学的力量，帮助孩子培养在校学习的兴趣。

经过此次咨询，刘女士感觉思路一下子清晰了许多，焦虑也减轻了。她决定回去和老公孩子一起，好好开个家庭会议，商量如何协助孩子顺利度过初中的适应期。我相信，有爱的父母一定会运用科学的教育方法助孩子一臂之力，顺利适应中学生活，从"宝宝"转变成积极成长的少年。

专家点评

"独立"是孩子完整人格的一项重要品质，需要从小培养。家庭教育中，往往存在一些误区。孩子小的时候，家长认为孩子还小，会替孩子包办很多事，凡事都亲力亲为。渐渐地，孩子形成了依赖心理，等着爸爸妈妈来照顾自己；孩子长大了，爸爸妈妈觉得应该让孩子独立了，但是这个时候孩子在许多方面的主动性已经丧失，家长开始着急地干预、批评、指责。殊不知，孩子的独立是一个家长需要从小花心思培养的过程，小时候的包办正是长大后无法独立的根源。

再小的孩子总有他能做到的事情，再大的孩子总有他驾驭不了的事情，孩子的独立之路，需要家长在"鼓励"和"放手"的意识交换中把握一个尺度。在学习方面，除了小学刚入学的孩子，孩子在学习、写作业时碰到难题，家长可以引导孩子多读题，有时候通过多读就能找到答案，也可以让孩子翻阅书本，看看老师讲解的知识点，还可以引导孩子进行思考，让孩子为自己的学习负责。孩子体会到成就的满足，就会对自己更加有信心，积极向上的动力就越强。孩子渐渐长大，面临的人、事变得越来越复杂，需要一定的时间去适应新的老师、同学和学习节奏，也需要一定的成长空间，这是任何人无法替代的。家长这时候更应该表现出理解、尊重和支持，放手让孩子去摸索前进是最好的选择。孩子在克服一个个困难的过程中，会逐渐成熟起来。

生命不能承受之重

我的青春"躲"了起来

初三男生小林，平时神情抑郁，表情淡漠，明明青春年少，却没有年轻人该有的活力。旁人眼里的他总是低垂着头，即使偶尔抬起头来，眼神也是空洞的，似乎一切事物都不在他的视野中。沉默寡言是他的常态，偶尔开口说话，声音也小到只有靠近才能听见。他的肢体动作幅度很小很轻，走路时让人几乎感觉不到他手臂的摆动。这样的小林，成绩也不好，缺乏学习主动性，在学校里更是没有朋友，同学们都不愿意和他说话。

还有半年就要中考了，小林的母亲很担心孩子，于是就把他带到心理服务工作站来寻求帮助，母亲希望我们帮助孩子获得学习动力，提高学习成绩，也想了解一下孩子是否有心理问题。但是小林这边却说自己没有什么需要帮助的。说完后便一直沉默，头一直低着。小林的母亲着急了，拉起孩子的手含着泪说："儿子，妈妈希望你快乐。你说妈妈说得对不对？你现在……"小林一直面无表情地看着妈妈，不言不语。我感受到了他对母亲的矛盾情感，便把她请出了咨询室。

半个儿子半个父亲

咨询开始后，我先向小林介绍了咨询的设置，比如保密原则等，告诉他心理咨询是陪着他一起去面对自己的烦恼和困惑，寻找解决的方法，同时也与他分享自己也曾有过的青春期的成长烦恼，如此慢慢打开了小林的心门。在我温柔的陪伴下，小林倾诉了自己的烦恼。

小林已经记不清自己10岁以前发生的事了。父母在他5岁时就离婚了，但一直没有告诉他，因为父亲长期出差在外，自己并没有怀疑，直到10岁的时候，他才从别人的口中得知父母离婚的事。多年来，他和母亲两个人生活在一起，是母亲的全部希望和离婚后的生活重心，也是父母联系的唯一纽带和母亲伤心时唯一可以依赖的对象。母亲其实一直在思念父亲，每次相亲都会拿相亲对象和父亲比较，然后告诉自己还是父亲好。遇到困难时，母亲最早求助的也是父亲，只要母亲需要，比如东西坏了，生病了……父亲仍然是这个家庭的支柱。

这么多年，母亲掌握了小林的点点滴滴，她总是想方设法问清楚有关儿子

的所有事情，弄得小林在母亲面前像个透明人一样。因为很害怕单独和母亲相处，小林节假日在家时就整天泡在网上，不想和任何人说话，不想听任何人的话。"要不是因为父母亲，我真的不想活了，活着很没意思。"小林道出了心声。

在我耐心的引导和解读下，小林逐渐理清了自己的心绪，以及会产生"十万个为什么"的缘由，比如为什么他总是想创造机会和父母一起活动，为什么总是告诉父亲关于母亲生活痛苦的事、并不断叮嘱父亲要关心母亲，为什么他在学校里总是担心母亲、每天不打电话给母亲就心里不舒服，为什么一边害怕长大一边又渴望长大，为什么自己那么想上网却又总感受不到上网的乐趣……因为父母离异，母亲把生活重心全部放在了小林的身上，让他承担了父亲的某些职责，承担了母亲很多脆弱和负面的情绪，于是，小林不堪重负，失去了孩子原本的天真和快乐。由于爱母亲，他又不敢表达自己的不满，生怕伤害她。日积月累中，他的心理压力越来越大，加上学业压力也日益增加，小林感到自己越来越抑郁了，失去了生活的乐趣。

幸福触手可及

我通过共情，感受并理解小林的艰难和痛苦，让小林在咨询室里痛痛快快哭了一场，释放了压抑已久的情绪。此后又通过空椅子技术，让小林分别和心中的父母进行沟通，传达自己的真实想法，把属于父亲的责任还给父亲，让自己回到孩子应有的位置上，并与母亲保持界限，保有自己的独立性。同时，小林也在父母的位置上，深切感受到了父母对自己真挚的爱，明白了父母之间的问题归属于他们自己的人生，孩子并不需要为此承担什么，而只需要在父母的爱中努力成长，创造属于自己的人生。

咨询结束离开时，小林长长舒了一口气，脚步也轻松了许多。此后又经过两个月的咨询，小林有了很大的改变。他开始积极进行体育锻炼，希望自己越来越有男子汉气概，脸上也终于有了笑容，拥有了自己的知心朋友。通过努力，他的期末考试成绩也达到了自己预定的目标。

最后一次咨询时，小林高兴地告诉我，他的成绩每天都在进步，数学还上了100分。他的下一个目标是考上本校的高中部，虽然还有不少距离，但是他一定会努力的。令人高兴的是，小林的妈妈也通过心理咨询不断调整着自己的状态，和丈夫的关系变得越来越好了。看到小林越来越自信开朗的笑容，我由衷为他高兴，祝福他成长的道路越走越宽。

　　"三角化"是心理学上形容家庭中父母子女三方纠结的边界不清的关系状态，一般是指子女同父母中的一方从小到大表现出异常的亲近，或极力帮助维护其认为在家庭中薄弱的一方——父亲或母亲——面对另一方的状态。在三角化的关系中，孩子的地位发生了"错位"，即由晚辈的子女关系，演变成了同父亲或者母亲平等地位的一方。这样的"错位"，让孩子无法成为"孩子"。正如本案案主总是想创造机会和父母一起活动，告诉父亲关于母亲生活痛苦的事，并不断叮嘱父亲要关心母亲；在学校里总是担心母亲，每天不打电话给母亲就心里不舒服；想上网却又总感受不到上网的乐趣，一边害怕长大一边又渴望长大；因为爱母亲，不敢表达自己的不满，生怕伤害她……日积月累中，一边要面临自己的成长和学业的压力，另一边又要担心父母，牵肠挂肚、放心不下，重负之下，孩子的能量被消耗殆尽——抑郁就随之发生，对生活也失去了兴趣。"三角化"带来的危害是孩子的生命力难以绽放，而无法绽放的生命就会枯萎。"去三角化"是拯救孩子、父母和家庭的出路，其中父母应承担起属于自己的责任，而不是让孩子去承担自己的情绪和需要。父母应为孩子提供成长的养料——爱，让孩子归位到"孩子"的状态，去经历自己的生命发展。家庭里，成员之间清晰的边界是孩子健康成长的重要条件。

知心课

睡不着的同学

小涵，19 岁，某综合大学哲学系二年级学生。从大学一年级第二学期开始，她就出现了心理问题，主要表现为每到期末考试临近，就紧张焦虑，还伴有较严重的睡眠障碍。"我学的虽然是哲学专业，但却还要学高等数学和物理等理科课程。"小涵说，她在高中学习时，数理化就是弱项，所以才报考了文科，不料到了哲学系还要学习数学物理，内心备感沉重。一年级的第二学期开学初，她就因数学等三科不及格进行了补考，造成情绪十分低落。"我曾写了一封很长的信给辅导员老师，诉说我的苦恼和焦虑。是辅导员老师告诉我，应当到心理咨询机构求助心理学专家，所以我就来了。"

特别的器重，给优秀的你

我热情地接待了她，向她介绍了心理咨询的原理、原则和性质。几次交谈下来，与她建立起相互信任的咨访关系后，她进一步谈了自己的情况。

她原在某市的中学读书，父亲在市里工作，母亲是县里的小学教师，有一个妹妹和母亲住在一起。平时她在市里读书，和父亲生活在一起，假期回县城与母亲妹妹团聚。上高中时父亲因病去世，为了让她有更好的学习条件，母亲让她坚持在市里的重点中学学习。她自幼有良好的学习习惯，记忆力也很强，遵守纪律，尊敬师长，因而深受老师的器重。但她对数理化无兴趣，通过自己努力才勉强使数理化考试保持在 80 分上下。

老师器重她，只要市里区里或学校里有竞赛活动，老师都要选派她去参加。为此，她的学习负担十分沉重，参加竞赛前老师还要给她"开小灶"进行个别辅导，布置很多模拟试题让她做，虽然这对她的学习有所促进，但她感到精神压力很大，简直不堪重负。

当然，老师是出于一片好心，她也认为应当对得起老师，因而深恐竞赛失利，对各科的学习都抓得很紧。但在心底深处，她很反感这种竞赛性的考试，对数理化的竞赛更是头疼至极。而老师却总是对她说，这是莫大的荣誉，是学校和老师对她的重视，要她一个不漏地参加所有的竞赛，她也只好硬着头皮强记强学强练。每逢竞考，"战前"的几天她都要死记硬背，苦练苦算到深夜。

从逢考失眠的困境走出

来到大学后，第一学期期末考试竟有三科不及格，小涵的心情十分沉重，这对她来说是前所未有的事。于是，她经常感到心慌、焦虑，甚至难以入眠。加上宿舍里的室友每晚熄灯后都要海阔天空地聊天，而她却只有在关灯后尽快安静入睡才能睡着，所以经常是大半夜都睁着眼睛望着墙壁，无法入睡。期末考试来临之际，她的神经绷得更紧了，越紧张就越难入睡。到了白天神疲乏力，无法集中注意力听课，也难以静下心来复习，所以考试成绩连续三学期都排在倒数一二名。

但是，她也并不是时时刻刻都感到紧张、焦虑。她在每学期的前半期情况都比较好，因为距离考试还有很长时间，压力不大，所以身心都比较放松。

这一个阶段的咨询治疗历时三周，小涵认为得到了很大帮助，表示"感到轻松多了"，并愉快地结束了这一阶段的咨询。

本学期复习考试开始前，她又主动来找我谈她的不安和焦虑。她现在特别担心数学再次不及格，而且对其他过去认为没问题的学科也担心起来。最令她着急的是晚上不能按时入睡。考试前同学们都在抓紧时间复习功课，同宿舍的好几个同学熄灯后还要打开手电筒看书，对她的睡眠是很大的干扰。因为她很敏感，宿舍里只要有一个同学没睡，她就睡不着。

于是，我给她讲了情绪和智力活动的影响作用，向她指出：平和的心境、高度的自信有利于增强复习效果，而紧张焦虑的心态则会使学习者不能专心致志，反而影响效果。我鼓励她放下思想包袱，专心学习，勇敢地迎接考试。"即使考不好，补考也没关系，不必在考试前就这么紧张。"我还把自己的电话号码告诉了她，让她感到紧张焦虑时，就与我通电话交谈。经过几次交谈，她终于进入认真复习状态，本学期各门课程考试都合格了。

对她来说，本学期的考试全部都合格的事实是最有力的正强化，这以后，她的睡眠状况有所改善，对考试的紧张焦虑也大大减轻。

考试焦虑是人由于面临考试而产生某种特征的心理反应，它是在应试情境刺激下，受个人的认知、评价、个性、特点等影响而产生的以对考试成败的担忧和情绪紧张为主要特征的心理反应状态。心理学认为，心理紧张水平与活动效果呈倒"U"字曲线关系。紧张水平过低和过高，都会影响成绩。适度的心理紧张，对人有种激励作用，可使其产生良好的活动效果。但过度的考试紧张

专家点评

则会导致考试焦虑，影响考场表现，并波及身心健康。本案案主父亲因病去世，为了让她有更好的学习条件，母亲让她坚持在市里的重点中学学习，她自幼有良好的学习习惯，记忆力也很强，遵守纪律，尊敬师长，因而深受老师的器重，个体具有过强的学习动机，在学习自己的弱项方面（数理化）就会造成很大的学习压力，希望自己能考好、担心自己会考不好，越是这样担心，结果越不好，时间一久便造成了一系列的心理冲突。

对于学习动机过强的孩子来说，首先要在认知上坚决杜绝用"完了""我糟糕透了"等消极语言暗示自己；其次，要消除大脑中的错误信息，不要被一两次考试失败和一两科考试失误所吓倒，也不要以偏概全，认为自己不行，从而丧失信心；再者，要适当减轻周围环境的压力，针对种种担忧，自己和自己辩论，用这种理性情绪疗法，纠正认知上的偏差。对于埋头学习的孩子来说，运动消除法也很重要，学生以脑力活动为主，而适当的运动是消除大脑疲劳的有效方法，因为运动可以消除一些导致紧张情绪的化学物质，虽然使肌肉疲劳，但可以放松神经。

逃出家门的妈妈

毛孩"闹天宫"

　　下午五点，大家正准备下班，居委的电话突然响起，说有紧急事情请心理服务站帮忙处理，不一会儿，只见外面匆匆来了一位特别的客人，原来这是一位刚和孩子发生激烈冲突逃出家门的妈妈。由于出来得匆忙，这位妈妈什么也没带，一副惊魂未定的表情，能感觉到这位妈妈对孩子的表现非常紧张害怕，因为她一个劲地跟我们说："我的孩子怎么变得像魔鬼一样！"

　　我们请她坐下来喝点水，平复一下心情，慢慢聊。这位妈妈歇了一会，就迫不及待地开始诉说刚才发生的故事。她的孩子读初中了，由于疫情期间只能在家上网课，孩子必须使用手机和电脑，但是孩子总忍不住以学习的名义偷偷玩游戏，父母很是着急（这大概也是当时全中国父母最大的烦恼），因此家里总是上演猫捉耗子的场景。昨天，孩子又偷偷玩游戏，被妈妈发现，几番劝阻没有效果，于是等孩子爸爸回来，妈妈就告了孩子的状。爸爸比较严厉，一听到孩子玩游戏，立马对孩子施以一顿胖揍，孩子不敢反抗父亲，但心里很气，饭也没吃就睡觉了。

　　第二天，孩子表现得比较乖巧，主动安排了做作业和玩耍的时间，并向母亲保证自己在完成作业后，只玩一会儿电脑。等到孩子玩到兴头上忘记时间时，妈妈再三催促他关机，他才恋恋不舍地关了机，然后呆呆地坐了一会儿，当妈妈继续催促他学习时，他突然狂怒，歇斯底里地朝妈妈扔东西。毫无防备的妈妈，差点被砸中，可能是昨日压抑的愤怒爆发了，不论妈妈怎么劝，孩子都没能冷静下来，反而变本加厉，不断朝妈妈大吼大叫，乱扔东西，把妈妈吓得仓皇出逃，钥匙手机也忘记拿了，一口气跑到居委求助。于是，居委社工建议她来心理服务站，咨询怎样收服这个"大闹天宫"的毛孩子。

天下父母心

　　正巧我的孩子也读初中，于是两个妈妈一起"吐槽"孩子的种种"劣迹"。我分享了自己孩子许多"匪夷所思"的行为，比如挨了批评后对着窗外大声吼叫，整个小区都听得到他的声音；每天玩游戏总是停不下来，作业每每拖到很晚，甚至做到半夜；讨厌父母的唠叨，逆反心越来越强，一言不合就和父母翻脸……在吐槽中，我借此与妈妈共情，感受她愤怒、束手无策、焦虑害怕的

情绪。

聊着聊着，这个妈妈神情放松了很多，不再那么紧张害怕了，她发现原来天下的孩子都是一样的，并不是她的孩子变成了魔鬼，只是因为进入了青春期，身体和心理都在发生剧烈变化，加上中学学业压力大、父母的教育方式不当，才发生了开头的一幕。这是很正常的事情，也在提醒我们做父母的要赶紧调整教育方式，跟上孩子成长的步伐，为孩子的成长营造更适合的环境。

接下来我和妈妈一道探讨了自己的成长经历，发现学习成绩并不是最重要的，孩子心理健康，快乐自信才是最重要的。对孩子只有多尊重、多信任，创造宽松的环境，陪伴并鼓励孩子健康成长才是父母最重要的工作。孩子妈妈回想起自己与原生家庭坎坷纠结的关系，越加体会到亲子关系和成人后的幸福感息息相关，亲子关系才是顶要紧的事。其间，我还分享了一些自己与孩子相处的经验，比如对于原则上约定好的事要温和而坚定，但也要有弹性。孩子的事情，让孩子学习对自己负责，父母不要干预太多，而要多鼓励。

两个妈妈聊着聊着，越来越轻松，孩子妈妈还想到了要开始每个月给儿子零用钱，让孩子可以有长大的感觉……

不知不觉，华灯初上，两个妈妈彼此相视而笑，互相鼓励祝福，在街口挥手作别。

专家点评

进入青春发育期的孩子，除了生理上的变化以外，更主要的还是心理上的突然变化。自我意识在这一时期出现质的变化，青春期的孩子对于"自我"的体验和感受前所未有地清醒。如果说，儿童对自己的认识和评价基本是服从成人意见的，那么，青春期的孩子则完全不同了。他们对自己产生了强烈的兴趣，热衷于思考自己的优缺点和特点，显得十分"自恋"，同时又经常夸大自己的缺陷，因为自己不够"完美"而沮丧。他们开始关注同龄人之间的交往，同龄人之间的关系是他们这一时期生活中十分重要的内容。任何一个青春期的孩子都不可能脱离同龄人的影响，他们总是将彼此之间的交往与认可看得极为重要。与成人世界的关系也开始发生变化，青春期的孩子不愿意再像"小孩子"一样服从家长和老师，他们希望获得像"大人"一样的权利，因此经常固执地与父母顶撞。

对此，家长首先应明白孩子在日常生活中发生一些变化是正常的，是青春期心理变化在行动上的体现，不必过分注意和担心，对孩子某些不切实际的想法和行动也不应过分压制。否则就会造成孩子与父母的心理隔阂、加重孩子的心理负担。比如本案例中的母亲。

这里给青春期孩子的家长提几个建议：

1. 尽量不要硬碰硬，不要急于下结论。这一代孩子的自我意识很强，硬碰硬的结果是两败俱伤，带着尊重问一句："孩子，你是怎么想的？妈妈想听听你的想法。"往往会收获更好的效果。

2. 尽量少唠叨，唠叨只能缓解家长的焦虑，对孩子行为没有帮助。家长应尽量采取迂回政策，看到孩子打游戏，表达一下担心和关心："儿子，长时间打游戏妈妈担心你的睡眠，现在课业压力很大，妈妈也知道你需要放松，合理安排好时间，妈妈相信你能做到。"

3. 不要全盘否定。可以批评孩子的行为，接纳背后的动机，启发孩子为自己行为结果思考。另外，不要批评孩子的朋友。可以问问孩子对自己朋友的观感，以及交往原因，你会发现孩子有自己的正向视角。

为母当自强

遗产诚可贵　爱情价更高

已近退休年龄的李女士，年轻的时候因为要照顾儿子，放弃工作成为一名全职妈妈，直到孩子进入大学校园。儿子从小体弱多病，所以李女士一直对他分外宠爱，只希望他健康成长。而家中的经济来源主要依靠老公在外打拼，就连李女士的四金也是依靠老公来缴纳的。老公是家里的支柱，可是常年的柴米油盐之下，两人之间矛盾重重，情感关系早已充满裂痕。最近发生的一件事情，便让李女士感到委屈且煎熬。

儿子今年大二了，在学校里面谈了一个女朋友，所以开销变得有些大，逐渐入不敷出了，可是平时他每月的生活费用都是李女士掌管的，想要增加生活费用的提议又被李女士否决了，于是儿子便想起了爷爷留给自己的遗产。

爷爷当年过世，特意为孙子留下了一笔遗产，由李女士保管，爷爷也在遗嘱中注明需等到孙子毕业工作或者成家立业以后，才可以取用这笔遗产。这一次因为手头实在窘迫，便想到提前动用这笔遗产。

"那么你老公的态度呢？"没想到我的这个问题，却让李女士打开了话匣子。在李女士的倾诉中，她提到了自己这么多年操持家里的不易，一个人辛辛苦苦把孩子拉扯大，老公对自己却甚少关心，似乎除了每月给一点生活费，就没有别的什么了。老公的收入还不错，加上也疼爱孩子，所以不但自己花钱大手大脚，也让孩子养成了这样的习惯。这一次的事情，原本儿子想要找父亲支援一下自己，可是没想到今年遇上了疫情，老公的收入也锐减，不敢轻易松口给儿子增加零花钱。而当听到儿子想要动用爷爷的遗产，便索性睁只眼闭只眼。正是老公的这个态度，让李女士感到更加孤立无援，也让两人之间爆发了多次争吵。

另外，李女士也担心儿子因为这段恋情，耽误了自己的学业，更担心因为社会经验不足，儿子会受骗上当。万般无奈的李女士，便走进了咨询室，想要找到一个解决问题的好办法。

浸透责任的承诺

既然李女士那么疼爱儿子，为什么这一次不再对儿子让步了呢？这一点引起了我的好奇。随着沟通的深入，我了解到李女士的苦恼更多的是来源于自己内心的冲突。对她来说，多年操持家里大小事务，又没有任何收入，她早已养成勤俭节约的生活习惯和思维模式，也因此对老公和儿子的消费观念难以认同，在她看来："同样喝咖啡，星巴克的哪有麦当劳实惠！"

因此，当儿子向李女士提出想要动用爷爷遗产的要求时，李女士内心的两个自我开始"打架"了，一方面是疼爱儿子，另一方面又不能容忍这种透支铺张的行为。咨询时，我更多的是去支持李女士那一部分弱小的自我，与李女士一起回顾她这么多年来辛苦养育儿子成长的过程，倾听她的苦恼。我们也一起探讨了可以解决问题的方法。

终于，在我的鼓励下，李女士想到了一个方法，那就是让儿子写一份承诺书，承诺自己在谈恋爱期间，不耽误学习，遗产专款专用。于是，我和李女士一起构思承诺书的具体内容，在这期间，我进一步给予她心理上的支持，以及亲子教育的指导。李女士通过这份承诺书，希望传达给儿子的，既是作为母亲的期望，也是母亲的担心。借助这份承诺书，李女士所学习到的却是，教育子女，不光要疼爱，也要让他知道自己的责任与义务。

带着这份承诺书，李女士终于放心地走出了咨询室。

人格心理学把人格结构分为本我、自我、超我三个层次：本我是最原始、最本能的欲望冲动；超我是一个人的道德要求；自我调节超我和本我之间的冲突，以合理的方式来满足本我的需求。一般来说，自我越强大、人越理性，就越能够适应社会；自我越弱小，则会更多地感受到本能欲望的冲突。就李女士自身而言，她心理学意义上的自我比较弱小，多年来承担着全职妈妈的角色，没有经济收入，一切都靠老公。正是因为这种相对弱小的自我，使她在处理儿子动用遗产一事上，没能得到老公的理解与支持。同样，也是因为对儿子总是溺爱、妥协，对儿子的要求一次次让步，最后令她陷入了深深的苦恼之中，渐渐在儿子面前失去了坚持原则的勇气，无法给儿子立规矩，弱化了作为家长的权威。对于很多家长来说，家长需要提升自我效能感，一方面给孩子成长中必要的爱的养分，另一方面也要为孩子的行为设置合理的限定和规则，这是每个家长养育孩子的责任。

专家点评

阳光下的水晶

孩子，你在为谁哭泣

　　小雨的自我感觉很差。因为学习成绩不好，父母对她很失望，亲戚们说她不懂事，同学也嘲笑她。种种压力袭来，她感到很沮丧。她也想好好学习，但有心无力。学习时她经常会走神发呆，记忆力也不好，讨厌背诵东西，背了也记不住，对学习越来越没自信，不知道怎么提高成绩，自己也很苦恼。在倾听中我尝试与小雨共情，并开启了对话。

　　我："小雨，想到学习的时候，你心里是什么感觉呢？"

　　小雨："我觉得心里像是压了一块大石头，沉甸甸的，我好像没有力气把它弄走。"

　　我："如果让你给这块石头取个名字的话，你会叫它什么呢？"

　　小雨："叫它'担心'吧。"

　　我："小雨，你常常在什么时候有'担心'的感觉呢？"

　　小雨："好像是走神的时候，有时候脑子里一片空白，不知道刚刚在想什么，突然就走神了……"

　　我："那你在走神的时候有些什么感觉呢？"

　　小雨："感觉不踏实，有点慌，但又控制不住。"

　　我："这是你说的'担心'的感觉吗？"

　　小雨："是的，总有一种莫名其妙的'担心'，但又不知道会发生什么，好像被压住了。"

　　我："那你现在感受一下，你的'担心'是什么？"

　　小雨不再说话，沉默地低下头，眼泪止不住地流淌，就这样一直无声地落泪，好像不愿打扰别人，也不希望被人发现。在小雨的前三次咨询中，这样的流泪每次都会出现。我也慢慢理解了小雨的"担心"。因为爸爸妈妈经常吵架，她担心他们会离婚，自己会成为一个没人要的孩子。她为爸爸而哭，觉得爸爸每天工作加班很辛苦，为这个家而劳累，所以即使爸爸因为她玩手机打过她，她也还是心疼爸爸；她又为妈妈而哭，觉得妈妈总是很忧伤，压力很大。她想让妈妈开心，但她学习不好又让妈妈操心，她觉得很难过；她也为自己而哭，她觉得自己得不到温暖、包容和充满鼓励的爱，因为学习不好，她就被否定、批评和打击包围着。于是，她变得越来越灰心，越来越不相信自己，不但不想去努力学习，还会进行消极对抗。

"原来，我也能变得耀眼"

小雨有着青春期孩子的敏感、脆弱和不易察觉的坚强。她对自己的家，对爸爸妈妈的爱真挚动人。同时她也有自己的心理弹性，她意识到自己的精力都被担忧占据，心理能量都被消耗掉了，根本就没有用在学习上；她也意识到不是她学不会学不好，而是她用于学习的时间和精力太少，"原来不是我太笨才学习不好的啊"，这给了她一点信心和希望。

而她总是想玩手机打游戏，其实是为了逃避现实生活中的种种不如意，在游戏中至少还有些小轻松和小惊喜，还能给她一些喘息的余地。她现在心里比较矛盾，为不打游戏而难过，因为学习太沉重了；也为打了游戏而内疚，她没有把时间用在学习上，让爸妈失望了，她觉得自己很不懂事。经过一番内心斗争，她决定让自己好过点，该打游戏的时候还是打吧。"不过，如果爸爸妈妈不吵架，一家人能开开心心的，我愿意不玩手机不打游戏，把时间用在学习上。"小雨道出了心声。

我们又聊起了她的兴趣爱好，说起这个，她的眼里慢慢透出了光。她喜欢唱歌，唱歌让她快乐；她更喜欢排球，在排球场上，她能找回自信和快乐。"你是怎么做到的？"我表现出适当的好奇，小雨立即向我描述自己在球场上的风姿，那是她在球场上展现的少有人知的另一面，专注、坚强又充满毅力，令人动容。她也从自己的描述中，慢慢感受到自己在爱好中一点一滴积累起来的自信和实力。我们便开始探讨怎样把这份宝贵的经验"移植"到学习上去，慢慢地，从一小步开始，从一个小小的改变开始……

后来，征得小雨的同意，我和她的妈妈进行了交流。听到女儿的心声后，妈妈流泪了，被女儿内心纯净的爱所感动，同时也有些内疚，没想到她和老公的夫妻关系竟对女儿产生了这么大的影响，给女儿带来了如此大的压力。她愿意多和老公沟通，给予女儿更多积极的支持和鼓励，并且也会注意调整夫妻间的关系，让女儿能够安心学习。

暑假结束了，咨询也结束了，除了小雨的眼泪，我印象更深刻的是她坚定地告诉我："我能变得更好！我知道。"说话时，她的眼神璀璨明亮，一如阳光下的水晶。

知心课

专家点评

    本案例的咨询师用了后现代心理治疗方法中的叙事疗法。叙事疗法的创始人之一麦克·怀特（Michael White）曾说：人不是问题，问题才是问题。所以咨询师没有带着"问题视角"去看来访者的"厌学问题"，而是通过倾听、共情，感受来访者所表达的内在情感，在来访者讲述自己的故事时，把"问题"外化命名，不仅能更好地感受和看见问题，还能为后面的重构做准备。所以来访者不仅看见了自己的"问题"，同时也看见了自己的资源和希望，并且可以重构一个新的故事。

隐形的"翅膀"

暴躁妈妈

金秋十月的一天，秋高气爽，我在工作室里接待了五年级男生小翔。在之前的电话联系中，我只知道小翔的学习成绩下滑，具体情况如何还不清楚。

小翔的妈妈陪着他来咨询，进来还没坐下，她就说开了："我儿子这学期成绩一直在下滑，老师说他上课思想不集中，回家后作业又要做到很晚，每天睡眠时间不足，整天无精打采的，马上要期中考试了，这个样子可怎么办啊！唉，他就是思想不集中……"就这样，小翔妈妈不停地在说。小翔则一声不响地站在妈妈边上，面无表情，始终沉默。我见母子俩衣着整洁，看得出妈妈在生活上对儿子的照顾。

妈妈接着又说："之前小翔的爷爷奶奶住在我们家，帮忙带他，老人特别喜欢孙子。以前对儿子也是宠爱得不得了。平时在家里我比较尊重老人，所以也不大多说话。这学期老人回家了，我要上班又要做家务，还要关心小翔的作业，因为爱干净，整理洗刷的事情多了，所以感到很累。"从这位母亲的描述中我了解到，小翔爸爸平时不怎么做家务，晚饭后更多的是打游戏，孩子也不管。当她累得受不了时，情绪就容易失控，话多还发脾气。看到孩子作业做得慢，更是火冒三丈，一边心疼孩子晚睡伤身体，一边又控制不住地数落他，这个时候家里气氛就会紧张，大家的情绪都不好了。

看到家里这个样子，孩子又越来越不爱说话，成绩也在下滑，妈妈心里很着急，在老师的提醒下，才来到心理工作室寻求帮助。

一朝失去包办

我听着孩子妈妈的叙说，看着小翔一直沉默的样子，很想听听孩子内心的想法。于是问小翔："玩过沙盘游戏吗？"小翔摇了摇头，我说："试试看好吗？"小翔面露好奇："什么是沙盘游戏？"我笑着把小翔领到沙盘前，给他讲解了沙盘游戏的规则，他听完解释，就试着玩起来。

他仔细地选择沙具，不时停下思考着，不说话，非常认真，很耐心地在沙盘上摆着沙具，并不断地对沙具的摆放进行调整。慢慢地沙盘上呈现出一个面对不速之客，有序有力地攻守防卫场景，妖魔镇在塔底下，有前兵后卫，有隐蔽在森林的飞机，还有备用的急救车在后场地……我感觉到了他的防御和动

力。沙盘上的图案，也投射出小翔内心的焦虑、防卫和攻击等心理。

看着小翔在沙盘上摆放的图案，再针对他妈妈叙述的情况，我拟定了咨询策略：以沙盘游戏的方式倾听、理解孩子的心声，让孩子在沙盘制作中自我探索，获得掌控感，提升安全感。同时，用短期焦点咨询技术调整孩子的认知偏差，改善其情绪，提升行为自控力。

另外，我也对小翔父母提出几条建议。

与老人分开住后，整个家庭都会经历生活习惯上的调整过渡。之前一起住时，自然会受老人生活习惯的影响，包括老人对孩子的特别关注，老人对自己儿子的习惯性照顾，许多家务事都有老人在替代操持，家里有许多事情老人在做主，久而久之，父母孩子都习惯了这样的生活模式。现在回到三口之家，家里的事情都得自己做主，亲力亲为，被照顾的要赶快学习去照顾他人，变习惯性依赖为主动承担，所以，每个人都要动起来。

对小翔妈妈来说，关注并照顾好自己的情绪是一生的"功课"。小翔妈妈面对三口之家，突然发现生活节奏变快，要处理的家务事多了，而且好像都压在了她的身上。小翔爸爸没及时调整状态，各种不习惯和不适应，使小翔妈妈身心俱疲，升起各类负面情绪。随着三口之家状态的回归，父母既是孩子的同路人，又是孩子的引路人，此时的孩子不仅需要父母的陪伴，更需要父母的关注和呵护。父母的情绪表达会直接影响孩子，对孩子的身心发展极为重要，所以父母需要学习如何控制自己的情绪，给孩子一个温馨的家。

孩子的成长离不开父母一路相伴，父母需要给孩子一个健康快乐的家。从小翔玩的沙盘游戏所呈现的格局来看，他的内心有着一些不舒畅，或者是有不愿意被别人看见的地方，可能是因为父母间的配合不够，也可能是对母亲情绪的一种反抗或抵触。由此产生的对家庭的担忧，对父母的情绪，对自己的期待和不满，种种不适积累，使孩子的内心逐渐产生了一种沉默压抑和抵抗的心理，以致在学习上分心，导致成绩下滑。

请别折断我的"翅膀"

好在沙盘游戏有自我疗愈的功能。接下来，我继续为小翔做心理辅导，让他在沙盘游戏中表达自我，使他的情绪从警惕变成放松，慢慢地提升安全感。另外，我还持续地与小翔父母沟通。其间了解到，小翔妈妈以前总是指责孩子不稳定的学习成绩和调皮捣蛋的表现，揪着孩子没做好的地方进行批评。逐渐地，对孩子缺点的关注多了，随之而来的打骂也变多了，表扬和欣赏则越来越少。

经过多次长谈，小翔的父母逐渐认识到自己内心既希望孩子能身心健康地成长，却又对其恨铁不成钢的矛盾和焦虑心理。同时发现，孩子并不是自己焦虑的唯一因素，情绪调节是自己接下去要修习的一门功课。在合适的时机，我还与小翔的父母一起讨论如何调整对孩子的教育方式，并从心理学角度阐述，小翔其实具备了很强的上进心。

就这样，通过几次沙盘游戏治疗和咨询沟通，小翔内心的安全感和自信心有所增强，对于自己情绪化行为的认识也有了提高。父母也与他一起讨论制定了家庭公约，包含可行的行为规范表和奖罚规则。在平时的执行中，父母对小翔则倾向鼓励和欣赏，尽量减少批评和责罚，以帮助小翔更加明确行为规范。

经过父母的鼓励和自己的努力，小翔在学校的自控力提升了，上课比以前认真，作业也都及时完成，成绩开始变得稳定。在学校，和班干部的关系都变好了，还会用比较温和的方式保护班级中受欺负的同学。小翔感觉，老师对他的批评也少了，还同意让自己的座位从最后换到了当中。

等到整个心理咨询完全结束时，孩子的情绪已从当初的惴惴不安变得轻松、愉悦，行为上也从一味焦虑到如今能自我控制，在遵守纪律方面进步同样明显。

专家点评

本案例中，咨询师运用短期焦点咨询技术，不预设立场，站在孩子的立场看待问题。寻找并接纳孩子行为背后的原因，相信孩子拥有自己解决问题的能力，同时陪伴孩子，倾听孩子的心声，让孩子在安全放松的环境中用沙盘游戏进行自我探索，从中获得他想要的安全感，提升自我力量感。同时咨询师也对父母做了一些心理教育的工作，帮助他们学习赞美欣赏孩子，用正向眼光去发现孩子的另一面，改变原先的打骂、纠错的教育方法，多给孩子一些心理上的支持和鼓励，使孩子在父母的改变中得到心理滋养，从而有力量不断进行自我调整，获得了明显的心理成长。

原来是"妈宝男"

请教我儿子谈恋爱

初冬的下午，冬日的暖阳斜照在咨询室的窗台上。不一会儿，咨询室里来了一对五六十岁的夫妻，一听口音就是福建人，妻子给人干练利索的感觉，而丈夫则略显木讷，沉默寡言。

果然，刚坐下来，妻子就像机关枪一样吧啦吧啦地讲开了。原来，他们夫妻是福建莆田人，来上海做建材生意有好多年了，也赚了不少钱，在上海有几套房。困扰他们的是今年25岁的儿子还不知道如何谈恋爱，看到身边同龄孩子都已谈婚论嫁，心里非常着急，希望我能够帮上忙。他们还把儿子照片带来了，小伙子长得挺帅，白白净净，斯斯文文，大概1米75的中等身高，如果单论长相和家庭条件，应该是非常抢手的"男孩"，怎么会找不到对象呢？

接着，妈妈详细地介绍了儿子的基本情况。因为夫妻俩长年忙于生意，儿子7岁以前是在福建老家的爷爷奶奶身边成长的，直到上小学了才被接到上海跟爸妈一起生活。来到上海后，妈妈觉得以前对不起儿子，什么事情都满足他，且事事亲力亲为，不需儿子操心，快把儿子宠上天了。儿子也特别乖巧，基本上什么都听爸妈的，特别是听妈妈的话，就这样一路从小学、中学直到大学毕业，基本上都是按照爸妈设计好的路线成长。

后来儿子踏入社会，被父母安排在朋友的公司做财务工作，每天朝九晚五，生活轻松自在。直到近两年，爸妈看着儿子的岁数上去了，却对谈婚论嫁无动于衷。给他介绍了几位女孩，见了一面就都没了下文，问儿子是怎么回事，儿子表示不知道如何跟女孩子交往，常常是女孩子问一句，他才答一句，不知该怎么采取主动……这下爸妈着急了，又不知该怎么办，所以寄希望于我能帮到他们的儿子。

整个讲述过程中，基本上都是妈妈在说，爸爸只是偶尔点点头，仅补充说了下儿子无论是上学还是工作，几乎没什么朋友。第一次咨询中，我收集了基本情况，确定了咨询目标——这对夫妻希望儿子能够建立正常的人际关系并学会谈恋爱。

学会放手，学会长大

根据第一次咨询收集到的信息，基本上可以断定这是一个比较典型的"妈宝男"了，符合"妈宝男"的三个典型特征：第一个特征是什么事情都要和妈妈说，工作、生活中每当遇到点芝麻绿豆大的琐事或小挫折，都要和妈妈抱怨一番；第二个特征是对妈妈很孝顺，重要的事都由妈妈做主，自己没什么主见，甚至在婚姻大事上都要交给妈妈做主，妈妈不喜欢的坚决不要，仿佛是在给妈妈找伴侣；第三个特征是经济上无法独立或者独立了却还和妈妈住在一起，对母亲有着强烈的心理依赖，一旦和母亲分开，独自面对社会，极易陷入恐慌当中。

而会造成"妈宝男"的原因归结起来不外乎是：第一，家庭过度保护。现在的父母生怕孩子操心，什么事都替子女办好，容易形成过度保护，使子女成年后人格发育不健全，没法独立作决定。第二，父亲缺失或者比较弱势。父亲缺失或者比较懦弱，则显得母亲过于能干，家庭互动模式以母亲为主，大小事都由母亲操办，放大了母亲的作用，影响男孩对男性角色的定位，误认为男性不需要承担责任。第三，传统教育观念。国人普遍喜欢听话、循规蹈矩的"好孩子"。许多男孩为满足父母的要求，获取父母更多的爱和关注，会窝在家里，不做"野孩子"，不与"坏孩子"出去疯跑。这会导致他们在社会化过程中，人际关系受挫，无法获得支持和安全感，自信心受损。第四，自身不努力。相较于女性，当男性选择逃避责任，父母更会倾向于帮忙，使男人自身成长的途径变少，遇事不会自己判断，也不能作出决断。

第二次咨询，我就与这对夫妻委婉地谈了"妈宝男"的问题及其成因。妻子倒是非常聪明，她很快地意识到对目前的局面，自己有很大的责任，也表达了强烈的改变意愿。接下来，我采用认知行为疗法推进工作，与夫妻俩一起制定具体措施及详细的"放手"计划，请母亲逐步放手、后退，父亲更多地承担并表现父亲这一角色的内涵，逐步让儿子真正长大。我反复跟夫妻俩说明，这会是一个漫长的过程，让他们做好心理准备并建立起信心，才不至于半途而废。

咨询进行了六次，对于每次我留下的"家庭作业"，这对夫妻都认真地对待，完成得非常出色。大概过了一年半，这位父亲发了一张照片给我，照片上是一对恋人亲密地依偎在一起，女孩脸上绽放着灿烂的笑容，男孩的脸庞则能读出几分刚毅与自信。

专家点评

　　父母不同的教养方式会使孩子形成不同的性格，显然本案例中的父母属于溺爱型父母，母亲想让孩子永远免于挫折和失败，而不是让孩子在向外探索的过程中受挫，进而让孩子更好地意识到，别人也是和我们一样有需求、有情感的存在。要让孩子努力在自己与他人之间寻求平衡，学会承担失落与分离，才能走向真正的成熟。

　　看清问题的症结所在后，咨询师采用了认知行为疗法，与夫妻俩一起制订详细的"放手"计划，给"妈宝男"创造独立长大的机会，这点非常重要，否则他们即使想放手，也不知该如何"放手"，幸而他们及时找到了"外援"，才没让孩子在"妈宝男"的角色里越陷越深。

小贴士

　　人格：人格的英语是 Persona，即面具。它是指个体在对人、对事、对自己等方面的社会适应行为上的内部倾向性和心理特征。表现为能力、气质、性格、需要、动机、兴趣、理想、价值观和体质等方面的整合，是个体在生理长大和心智发展的社会化过程中形成的独特的心理特征。人格具有整体性、稳定性、独特性和社会性，从童年开始逐渐形成，到了成年后基本固化，不易改变。人格特征在成年人的思维和行为中会不断表现出来。如果人格发展不完善，就会在工作和生活中造成一系列问题，人格发展出现严重偏差会导致人格障碍，这是一种心理疾病，如：经常性的过度偏执、过度回避和退缩、过度追求完美、过度且无法控制的冲动等。

原生家庭的"涩"与"甜"

不愿父母再婚

小朱是一名14岁的女生，她曾一度厌学，情绪低落消极，经常与母亲发生冲突，反抗情绪强烈。她的母亲找到我，希望她的女儿能得到心理辅导。但女儿不愿意去咨询室，因此，我把访谈地点改在了她们家。

通过咨询，我了解到了她们家庭的结构模式：母亲聪明好强，积极向上；父亲则爱玩手游，情绪不稳定，以自我为中心。父母经常为生活琐事争吵，小朱从小就缺乏一个安全、温暖的环境。小朱11岁时，父母离婚了，她跟随母亲生活。而父亲则重组家庭，现在的妻子也有一个女儿。父亲和她们在一起共同生活，但是，夫妻感情并不好。

而现在母亲有一个比她大11岁的男友，对方也已离异，他们两人感情较好，但小朱不能接受母亲的男友，从不给他好脸色看，还百般刁难。咨询中，小朱表达了对父母离异的看法："他们离婚也很好，我不发表意见，这是他们的事，我无所谓，因为他们在一起也不开心。但是，父母离婚后，我的内心又不希望他们再重组家庭，也不知如何表达我的愤怒，就想通过厌学和自残自伤行为来引起父母的关注，并且制造机会让自己的亲生父母频繁交流和接触……"

经过几次咨访，我对这个女孩的过去有了更深入的了解：她小学成绩优异，考入华理附中，但从六年级上学期起成绩就开始下滑，作业拖拉，甚至花钱请同学帮她做作业。私底下通过母亲的微信账户将8000元转账到自己的账户，被父母和老师严厉批评后，开始厌学且多次割腕自残，沉迷手机游戏。六年级下学期被迫换了学校，也能很快适应学校生活，但成绩平平。暑期只与同学微信聊天，从不外出，做作业"临时抱佛脚"。而因为疫情的缘故，小朱在家里上网课，却不愿学习，翘课睡觉或玩手机，不交作业。

重回岁月静好

九月份开学，小朱不愿意上学，昼夜颠倒，白天睡觉，通宵玩手机，有跳楼轻生的念头，母亲感觉事情紧急，通过居委干部联系心理咨询师寻求帮助。

咨询中，我采用了认知行为疗法和家庭治疗等整合治疗方法，邀请小朱住

在南京的父亲也参与进来，与母亲一起咨询，并由家长与学校老师沟通，发现孩子的优点，给予鼓励和引导。我告诉小朱父母，平时需多注意与孩子沟通的方式、技巧，共同帮助孩子回归正常的求学生活，逐步改变不合理的信念，去理解孩子的抑郁情绪，并建议他们陪同孩子去上海市精神卫生中心少儿心理科就诊。

咨询期间，小朱使用手机的时间由父母与她共同商定。同时，就她作息时间混乱，情绪不稳定，与母亲、老师、同学之间的关系，我和她进行了深入交流探讨。经过几次心理咨询后，小朱慢慢地能去上学，并逐渐能准时到校，与其他老师、同学关系尚可，情绪也比较稳定，没有自残自伤行为和消极思想，学习成绩有明显提高，其中英语和化学成绩提高显著。

经过五次心理咨询和药物治疗，小朱的日常行为逐渐恢复正常，并对重组家庭的父母给予了支持和理解，逐渐摆脱了重组家庭带给她的困境。终于，她也慢慢地回到了阳光照耀、岁月静好的状态。

专家点评

社会快速发展，离婚率越来越高，家庭结构变化后，需要关注到孩子的心理状态。离婚家庭的孩子害怕失去父母的爱，但是离婚解除的是夫妻关系，哪怕各自重新组建了家庭，仍不改变父母的角色，父母依然要承担自己的教养责任，形成合作养育。父母需要给孩子一个情绪稳定的过渡期，让孩子感受到即使父母分开，但妈妈还是妈妈，爸爸还是爸爸，对孩子的爱是不会改变的，从而最大程度地降低对孩子造成的伤害。

第二章

婚恋家庭

爱情不能私有化

2019年2月的一天，江苏路街道的居委干部和接到出警指令的民警一同来到了武夷路北区×号。当他们刚走到四楼的时候，就看到一个青年小伙情绪激动地指着身后的一个姑娘，冲着警察叫道："抓她！抓她！她有神经病，老是缠着我。"而姑娘却哭着对小伙嚷着："谁叫你不理我，不回我微信呢，我就是想见见你呀！"

民警和居委干部一听便知两个年轻人是发生了感情纠葛。两人的情绪都十分激动，如果现在让他们坐下来，面对面交谈，肯定是谈不拢的。于是，居委干部和民警商量之后，便决定把两人分开，分别开导。居委干部把姑娘带到了江苏路心理服务站。姑娘进门后，我走上前去给她倒了杯茶，等她稍稍冷静下来，情绪平复后，便问起了事情的缘由。

"爱情私有化"

姑娘叫小丽，今年22岁。小梁是她的男朋友，比她大四岁，租住在这里。两个人都是从外地来上海打工的。一年前在一次朋友聚会中两人相识，当时交谈甚欢，又各自加了对方的微信。聚会结束后，通过微信聊天，两人从早晚问候式友谊发展成了无话不谈的男女朋友，又经过一段时间的当面接触，确立了恋爱关系。

和所有的恋爱一样，一开始两个人各自展现给对方的都是自己最完美的一面。小梁长得帅气又有上进心，小丽长得也不赖，性格又开朗活泼。但随着相处的深入，慢慢地两个人之间产生了矛盾：小梁总是用工作忙来找借口，导致两个人相处的时间越来越少，沟通也越来越少，感情也越来越疏远。小丽发微信给他，他回复得很慢。就在两周前他通过短信向小丽提出了分手，给出的理由是性格不合。小丽想挽回，又联系不上他。所以，就出现了开头的一幕。

面对我的时候，小丽哭得很伤心。她告诉我，她很爱他，感觉一刻都不想离开他，每分每秒钟都需要他陪在身边。得不到小梁的回复她就会莫名地紧张，然后就会开始瞎猜疑，越猜疑就越是不停地发信息、打电话，直到他回复或接听。小丽说她不明白为什么她那么爱他，但最后还是被他无情地抛弃了。

听完了小丽的叙述，我帮她分析了原因。告诉她恋爱中的这种现象，叫作"爱情私有化"。

精神世界的检验

在和小丽沟通交流时，我发现，小丽对爱情的本质没有弄清楚，因此会出现离不开男友，一旦看不见男友就会胡思乱想，就会狂发信息、打电话，直至男友回复了才作罢。不难看出小丽把男友看作是自己的私有物品，她顺着他，反过来就要求男友听从于她，要时刻和她保持畅通的联系。这其实也是小丽对自己缺乏自信的表现。

针对小丽的问题，我推荐她看匈牙利诗人理查·德·弗尼维尔的诗及张爱玲的《红玫瑰与白玫瑰》。一周后，小丽主动找到了我，看上去心情好了很多，对爱情也有了明确的认知，开始试着调整自己的心态，不再把男友抓在手里不放，而是学会放手。她明白了再亲密的关系，依然需要空间距离。

我又进一步让小丽去全面地认知爱情：对比双方的实际情况，是爱情认知的实际化过程，也是不可缺少的环节。爱情毕竟还是现实存在的，我对小丽说："当你在进入爱情的时候，一定要时刻注意对比自己和对方的各种实际因素。比如你们的性格是不是契合，你们的外在会不会差异太大，你们的背景经历会不会差异很多，你们的三观会不会完全不搭……这些都有利于你对这份爱情有更清晰的认知。"我进而告诉小丽，当她在认知爱情的时候，要特别注意对自我和对方精神世界的观察和了解，因为一旦两个人失去了共同的精神情感，爱情就会缺少发展的动力。不过很多时候，主观能动性是可以彻底改变现实情况的。"所以你在恋爱中，就要学会经常去沟通谈心，谈一下自己对问题的看法和对未来的理想，而不是一味地要求对方不能离开你的视线范围。前面所说的这些，都是检验精神世界的关键。"

大多数爱情发生在来自不同家庭、不同成长背景、不同性格、不同思维的男性、女性之间，使他们彼此间形成特定的亲密关系。在这种独特的亲密关系里，个体既有差异、又有共同点。差异能产生对彼此的吸引力，共同点又为关系增色添彩。差异与共同点描绘出我还是我、你还是你，你中有我、我中有你的一幅画面。差异与共同点共存是爱情的内核，很大程度上决定了我们今后能得到什么样的爱情。然而，爱情不能私有化，在差异中给彼此空间距离，同时发展出高质量的相处模式，才是爱情保鲜的秘诀。本案例中，小丽正是忽视了这点，才陷入苦恼，好在她最终在认知调整后，走出了爱情误区。

专家点评

被"拯救"的亲密关系

莫名的信任危机

入座后,她自我介绍说姓黄,现年34岁,五年前从上海一所知名大学研究生毕业后到某国有大型企业海外业务部工作,担任英文资料的翻译。她自小生活在优裕的家庭环境中,父亲尽管文化水平不高,但头脑灵活,是改革开放最早的弄潮儿,经营着几家公司;母亲是书香门第,名门闺秀,外公是著名的大学教授,外婆是中学教师;黄小姐有两个亲姐妹,全家衣食无忧,幸福快乐。这种日子一直到黄小姐20岁的时候,父母离异才结束,父母离异后三姊妹跟随母亲,和父亲基本上没什么联系,靠着以前的积蓄,她们都受过很好的教育。

黄小姐22岁的时候,认识了现在的丈夫李先生,他们是在一个老乡会认识的。丈夫也是上海一所著名大学的研究生,毕业后就开始创业,需要经常出差。相恋五年后修成正果,婚后夫妻恩爱,举案齐眉,一年后宝贝女儿的出生更是让人羡慕。从去年开始,为了照顾孩子,黄小姐的母亲从老家过来帮忙,一家四口其乐融融。

但两个月前,母亲告诉黄小姐,她的丈夫似乎有些不对劲,要黄小姐多注意丈夫的每一个动作。起初黄小姐并不在意,觉得是妈妈想多了。可是母亲多说了几次,黄小姐也觉得丈夫有些不对劲,不过又说不出什么来。几次质问丈夫,他断然否认。但是慢慢地,两人之间出现了信任危机,再也不能回到从前的亲密关系了。黄小姐虽然很爱自己的丈夫,但很担心丈夫出轨,所以最近茶不思饭不想,夜不能寐。第一次咨询,我主要收集了一些基本资料,并采用意向对话技术缓解黄小姐的焦虑情绪,明确了咨询的基本目标。

解决内心的情感投射

在第二次咨询时,黄小姐提前到了一刻钟。我首先从情感基础、能否互相沟通、彼此关系是否具有建设性三个方面对黄小姐的婚姻状况进行了系统评价。评价结果还不错,我注意到黄小姐看到评价结果后也如释重负,她表示不愿放弃这段感情,希望我无论如何都要帮她维持这段婚姻。

在第三、四次咨询中,我继续采用意向对话的方式来缓解黄小姐的情绪,同时利用短期焦点咨询技术与黄小姐探讨如何应对当前的局面。尽管黄小姐的抑郁情绪有所缓解,但我感觉并没有从根本上解决黄小姐的问题。到第五次咨询时，黄小姐在意向对话后无意中提到姐姐和妹妹已经离婚。一个念头闪过我的脑海：三姐妹的婚姻状况，是巧合吗？我请黄小姐详细介绍了姐姐和妹妹离婚的情况。奇怪的是，姐姐和妹妹原本都和丈夫关系很好，她们离婚时都和妈妈在一起，而妈妈却对她们的离婚起了推波助澜的作用……

我豁然开朗，做了个大胆的假设：黄小姐母亲美满的婚姻因为丈夫出轨而结束，作为高知家庭出身的母亲接受不了，甚至现在也无法接受，所以在她的潜意识里，天下男人不管表现如何，都很不可靠。同时，她还把自己内心的不安投射到了几个女儿身上。我的假设从黄小姐后来的咨询中得到了证实。

第六次咨询，也是最后一次咨询，黄小姐告诉我，她现在跟妈妈分开住了，她和丈夫的关系又回到了从前那般亲密。并且，经过这次咨询，他们之间的关系更亲密了。

在国外很少有因原生家庭导致核心家庭关系破裂的案例，因为他们成年以后自然知道核心家庭是唯一家庭。但在中国，因为传统观念的影响，原生家庭的利益往往凌驾于核心家庭之上，导致经常出现婚姻家庭问题。就像本案例中的妈妈，在不知不觉中成为女儿幸福婚姻的"终结者"，已经造成了两个女儿婚姻的不幸，幸亏黄小姐及时向专业人员求助，才避免了重蹈覆辙。本案例中，咨询师从家庭系统中审视婚姻关系问题，敏锐地抓住蛛丝马迹，大胆假设，认真求证，最终发现了影响婚姻问题的真正原因，从根本上帮助黄小姐解决了所面临的问题。此外，咨询师借用专业工具系统评估婚姻状况，一方面增强了当事人对目前婚姻状况的信心，客观上对咨询的推进起到了积极作用；另一方面，又为当事人学会如何在往后的生活中更好地经营自己的婚姻提供了指引。

小贴士

抑郁情绪：是人类非常常见且典型的负面情绪之一，主要表现为郁郁寡欢、闷闷不乐、沉默萎靡，常给人一种心事重重或心情很不好的感觉。抑郁情绪常由明显的客观原因引发，但也可能没有特别原因，是因为心理疾病而表现出的情绪症状（如：抑郁症）。

需要指出的是，抑郁情绪不能长时间驻留在心头，这种负面情绪不仅容易导致人的自信心下降，还会引发身体的一系列变化，如：免疫力下降、食欲不振、睡眠不良、容易疲劳等，时间长了，容易陷入身心俱病的状态。

三十年的珍珠婚姻也有坎

忍不下去的关系

一位年近六十的席女士来到了咨询室，从她的脸上，我看到了疲惫、委屈和生气的情绪。还没坐定，她就开始了她的诉说。从自由恋爱到步入婚姻，三十载，如今她已退休，丈夫事业正当时，儿子大学毕业顺利参加工作，工作体面，谈了对象，马上也要谈婚论嫁，正是收获和安享的阶段，似乎一切都在本该有的轨道上良性发展着。但就在会见儿子女朋友父母，马上要定下终身大事的那一刻，夫妻之前的矛盾彻底爆发。

席女士说，一相见酒饭之间，聊得兴奋了，丈夫骄傲地说自己这么多年把家经营得多么好，儿子培养得多么出息，相反她这位妻子却是处处表现不佳，有时候连家里一点家务也做不好。席女士愤怒道，三十年来丈夫在家说自己这里不好那里不好，简直是一无是处，如今儿子要成家了，还这样对自己。既然在丈夫眼中自己没有任何价值和作用，自己全身都是问题，这么多年来都是丈夫为这个家庭在付出，自己在拖家的后腿，那么现在儿子大了也可以有自己的人生了，自己也没有必要再过这样的生活，下半辈子完全没有必要忍受这样的人生。

多年婚姻，需要重新学习

我共情着她此刻的不平，告诉她你一定对家对丈夫和儿子有很多的付出，席女士的眼泪流了下来。此后我和她一起回顾讨论过去的历程和将来的打算，建议她邀请丈夫一同来咨询。

一个星期后，夫妇二人先后来到了咨询室。丈夫委屈地认为，自己并没有瞧不起妻子，没有想到自己习惯性的表达会让妻子有这么大的反应。儿子出息了马上要成家了，感觉自己一辈子功劳苦劳都有了，自己自然是那个为家作贡献的人，三十年的婚姻自己很不容易。自己内心也感觉妻子确实没有自己想象中的那样如自己一般努力，很多事情没有用心去做，但也不是一无是处，很难理解为什么席间的一番话会引发这么大的矛盾和冲突，以至于要走到晚年离婚的地步。

席女士一再强调，多年来，丈夫对自己不断地指责和挑剔，自己做什么事情他都看不顺眼，做什么都不能让他满意，做个饭硬了、烧个菜咸了，自己就像永远做不好一样，很难听到一句好话，时间一久就怀疑自己是不是真的不够好，得不到认可就变得无所适从，索性就你说了算，你说怎么样就怎么样，只要你不说我，但内心压抑了很多的委屈和愤怒，渐渐地席女士变成了那个婚姻关系里往后退、躲避的一方。面对一个指责型的丈夫，席女士内心长期以来积累的负面情绪需要充分的宣泄。在过程中，我通过足够的共情和支持，引导席女士把内心对丈夫的不满、愤怒表达出来；同时，还需要帮助席女士恢复对自己的自信，来自他人的理解和支持恰恰能帮助席女士克服长期以来内心的无力感，让她感受到自己不是那个最差的人。

丈夫很委屈地认为，自己为婚姻家庭付出了那么多，为什么妻子不能和自己同步，妻子的退缩多年来也深深地刺伤了自己，好像自己面对的是一堵没有回应的墙一样，一拳打出去除了拳头生疼之外没有其他回应。在咨询过程中，我发觉丈夫指责妻子背后的心理动力和正向动机是渴望自己的付出和价值被看到，在充分的沟通后，丈夫也感受到自己的指责实际是因长期得不到妻子的欣赏而产生的。

妻子用退缩躲避丈夫的子弹，丈夫用进攻表达对妻子的不满，试图唤起妻子对自己的认可。但是这一场追逃的游戏，谁也没有赢，大家都是输家。我在充分的情绪宣泄引导和共情的基础上，通过充分揭示夫妻双方背后的心理动力系统，让双方看到各自内在的渴望和需要，同时引导双方意识到不良的互动关系不是单方面的责任，而是双方共同"努力"的结果，改变不是在对方，而是在自己。丈夫内在开始松动，意识到自己需要对这三十年奇怪的互动做出改变，决定好好过日子，不再对妻子说出批评的话，发自内心地去认可和赞美自己的妻子；席女士也尝试把自己内心真实的想法表达出来，改变之前把自己隐藏起来的做法，不再让丈夫感到无所适从，只能用进一步的攻击来表达。

走出咨询室的时候，我明显感到他们相互的眼神里少了怨恨，多了理解和温和。

对于人际关系、情感类的矛盾冲突，咨询师通过收集当事人长期以来互动模式形成和发展变化的过程及其相关的背景信息，通过观察当事人现场的互动模式来确认不良关系的问题所在。个体存在差异，不同的人格特质在婚姻关系里呈现的角色和位置不同，比如完美、责任感强的人容易成为指责的一方，害怕或不喜欢矛盾冲突的人往往会成为退缩的一方，而不论是指责还是退缩其实都是一种防御的生存模式。人是关系型动物，行为受心理动力系统的影响，表

专家点评

达不出的需求和得不到满足的愿望会通过负面情绪和情绪性的行为来展现。对于人际关系、情感类的矛盾冲突，当事人应从个体内在根本上去撼动深层次的情感和需求，探索自己的情绪和情绪背后的诉求，明白自己和对方同为不良关系的创造者，自己也需要为这个不良关系的形成承担百分之百的责任，而不是渴望对方改变，应以自身的改变引发关系的改变。

当婚姻陷入左右为难

那天，天气阴沉沉的，外面飘着小雨，咨询室里来了一对小夫妻，后面跟着双方父母，其中男方的母亲手里怀抱着一个1岁不到的婴孩。两对老人表情僵硬，互不理睬，似一肚子的怨气无处发泄，显然之前有过不少冲突和矛盾。走在前面的一对小夫妻则神情淡漠。

男方的父亲先一步开口，说小两口刚结婚时还挺好，两个人只负责上班赚钱，家里有老人帮他们打理生活，但是日子越过越不对头，尤其是孩子出生后，小夫妻整天吵架，闹得鸡犬不宁。"如果再这样下去，我们老两口的心脏病都要发作了，还是离了吧，离了好！"男方父亲一挥手说道。

这时，女方的母亲脱口而出，认为问题出在男方家，女儿生完孩子之后身体恢复得不是特别好，本应该好好养养。住在娘家的一段时间，娘家人把大人小孩都照顾得很好，但是回到男方家里，女儿经常哭着打电话回家，日子过得别扭。女婿太不懂事，不是捧着个电脑打游戏，就是拿着个手机，亲家不是好好让儿子改变，反而处处维护儿子，女儿受了很多委屈。离开娘家之前，本来身体快恢复了，住回男方家后身体又越来越差。"你们既然要离婚，就要赔偿我女儿的青春损失费、身体治疗费、营养费，还有小孩的抚养问题，都需要好好谈谈。"女方母亲据理力争。

其间，小两口始终没有说话，老人们七嘴八舌地把事件的前因后果说了个遍。为了让小两口有机会说话，也为了更好地了解当事人的真实想法，我让双方的父母都在外等候，谈话期间未经邀请不得进入。双方父母离开后，咨询室里就剩下了小夫妻，空气流通似乎也显得顺畅起来。

忆往昔情深

离婚一事缘起小两口为冲奶粉的水温高低所引发的争执，在话赶话的节奏下，"离婚"便脱口而出。当时，双方父母也参与了进来，将争结果的输赢上升到了肢体冲突，惊动了邻居，邻居看劝架无用，拨打了110，场面一度非常难堪。

我让小两口静下心来找一找产生婚姻危机的真正原因，并对过往进行回忆。

小沈（妻子）和小刘（丈夫）曾是高中同学，高中毕业后确立了恋爱关

系，读大学时开启了异地恋爱。身处两地的恋爱，本就不容易，为了一个月能见一次面，小刘省下平时一部分生活费加上给别人做家教赚的钱，精心准备，这也实实在在让小沈感受到小刘对自己的一份情义。面对众多的追求者，小沈自始至终没有三心二意。

小沈是个非常有才气的女孩，先天嗓子好。有一年，学校举行艺术节，安排了小沈表演，临到演出前的那晚，她突然发起了高烧，第二天的节目也无法表演了。小沈的心情像一下子掉进了冰窟，失望、难过、自责，再加上身体的不适，一下子病倒在床。小刘知道后，二话不说请了一周假赶到，每天为小沈熬小米粥，照顾并安慰她，两人的感情迅速升温，同学们看在眼里，羡慕地说小沈是个有福气的人，小刘人那么好，找到他，会一直幸福下去。

小沈的家庭条件比小刘好，两人交往曾遭到过女方家长的反对，但是看到小沈对小刘的感情这么坚定，父母也不好再说什么。小沈的坚持也让小刘非常感动，四年的异地苦恋终于在毕业后开花结果，两人在上海找到工作稳定下来，开始谈婚论嫁。小刘父母拼拼凑凑拿出了积蓄买了婚房，房子不大，所以商量后决定生孩子期间小夫妻和小刘父母同住在一套大房子里，买的小房子暂时出租。尽管小沈的父母对男方家买的房子有些意见，对地理位置和房屋面积颇有微词，但一切总算在平稳中度过。

夹在中间的男人

俗话说，相爱容易相处难！恋爱时看到的都是对方的优点，但是真正在一起生活了，冲突便慢慢地显露出来。由于工作环境的影响，小刘一改往日作风，养成了抽烟喝酒的习惯；说是因为工作压力大，经常玩游戏玩到半夜，上厕所也拿着个手机看。有一次，半天不见人，小沈打电话问他在哪儿，结果一直待在厕所，简直又好气又好笑。

小刘的父母原先就感觉自己家是高攀的，儿媳妇及其家人看不起儿子、看不起二老，当看到小夫妻时常发生冲突、起口角的时候，禁不住把心里的话说了出来。小沈顿感委屈，没有的事经老人一发酵，就变成了实质性的人身攻击。再加上小沈不善家务，平时二老就对她有诸多挑剔，说有钱人家的女儿就是太娇气，过不惯苦日子。

怀孕那段时间对小沈来说异常辛苦。孕吐持续了整个孕期，一边还在吃着，一边就感觉要吐，医生嘱咐为保证胎儿营养，再吐还得吃，进食格外困难。因为体质弱见红，孕早期和孕晚期几乎都在卧床保胎，行动需要依靠他人帮助，只得向单位请长病假，由婆婆负责照顾。这样一来，婆婆就相对辛苦些，偶尔也会抱怨几句。偶然间，她听到婆婆和邻居聊天时说起，"哪个女人不生孩子，没见过这么娇气的"。原本小沈就不舒服，这下感觉更委屈了，向丈夫诉说压在心头的委屈，谁知引发了丈夫与父母之间的矛盾，也让丈夫成了夹在中间的男人，管不管都会成为撒气包，索性躲得远远的，也变得更加沉默。小沈的妈妈看到此，抱怨说："看，当初我们反对，你不听，你看看，现在后悔了吧！"

对峙与化解

孕期的辛苦、妈妈的不理解、婆婆的责怪、丈夫的沉默……这些都让小沈心里非常难受，暗地里经常偷偷掉泪，父亲看到女儿这样，心疼不已，责怪夫家不尊重女儿，没有好好照顾她。看到亲家发起挑战，小刘的父母也不示弱，矛盾进一步恶化，最后小夫妻的矛盾就变成了两亲家的对峙，夹在中间的小刘也越来越不想回家。面对丈夫的逃避，小沈越来越愤怒。终于在孩子出生后的第一个年头里，这对小夫妻走到了尽头。

其实，小两口有着很深的感情基础，但是当矛盾冲突出现时，双方有形无形地把各自的父母拉进自己的小家庭，向各自的父母借力来对抗对方，而不是依靠自己的力量去学习怎么处理冲突、经营婚姻，获得真正的成长。

当我问道："如果带着不成熟的心态离婚了，今后各自的生活会怎么样呢？带着很多未解决的问题去重新组建家庭，下一段婚姻又会是什么样子的呢？"小沈感觉不会再相信爱情了，小刘觉得结婚太可怕，还是一个人好。一段未好好经营的婚姻，对双方都会造成无穷的伤害。

我像剥洋葱一样，在小夫妻面前，把两人的矛盾冲突一一剥开，让双方看到，并把"婚姻需要双方努力经营"的理念告诉他们。在我的疏导下，小夫妻放弃了离婚的打算，并同意接受一个星期一次的婚姻家庭咨询。在之后相见的日子里，我既分别接受夫妻俩以及双方父母咨询，也请他们全家一起进行家庭沟通。有时他们会起争执，我会等他们充分释放后再给予引导，让他们思考各自在家庭中承担的责任以及如何转换角色。小两口首先意识到自己依赖父母的思想和行为需要改变，而父母也认识到干预小家庭过多所带来的不良后果。我感受到了他们的真诚，也期待他们进入更好的生活状态。

中国式的家庭，父母与孩子之间有着很强的联结，即使有一天孩子长大成人、成家了，这种联结还是会继续发挥作用。父母不自觉地进入到小家庭的系统，对小家庭发生的事情进行干预，结果多半不好。对于小刘来说，结婚后依然与父母同住，强势的母亲依然在大家庭里占据主导位置，小家庭的功能无法正常发挥，矛盾似乎是必然的。对于小沈来说，小家庭有了矛盾，就向自己的父母求助，这是没有充分成长、未脱离父母的表现。这样的状态，很快便会出现问题。

不过，危机也可以成为转机。夫妻关系里的矛盾、冲突本身也是正常的，只要处理得当顺利化解，反而会促进亲密关系的发展。本案例中，在咨询师的层层剥茧下，小两口看到并愿意面对各自人格里未成长的部分，尝试用一种不同于以往的方式去处理问题，从而开启了一段全新的婚姻之旅。

共度夕阳红

失去自由的"鸟儿"

"我要找妇联帮我评评理，这日子怎么过得下去……"王阿姨气愤地找到居委会干部小张，问小张要妇联的电话，要去妇联告老伴的状，为她主持公道。小张忍不住笑了："王阿姨，我给你介绍一个地方，可以专门听你讲心事，消消气……"

王阿姨就这样走进了街道心理服务站。我请王阿姨坐下，并端上茶水。王阿姨好奇地看着这地方，问："你们是妇联管的吗？"我耐心地向王阿姨讲解了心理服务站的工作性质、心理咨询的内容及保密原则。王阿姨听说这是政府的公益项目，顿时心满意足，仿佛找到了娘家似的，开始滔滔不绝地讲起自己的苦恼。

最近，王阿姨的老伴孙大爷对王阿姨外出聚会晚归很不满意，每次看到她回来晚，就不理不睬，自己一个人睡在沙发上，次日还板着脸。王阿姨也很不高兴，她觉得自己又没做错事，老伴没必要这么对自己，于是也不理他，结果家里就像冰窖一样。这次冷战已经持续了一周。王阿姨说自己已经推掉了许多小姐妹的活动，还被小姐妹笑话为"夫管严"。因为与姐妹们组成的老年小组使王阿姨退休后的生活更有乐趣了，所以她特别珍惜，不想离开这个小组。但是，老伴对她的这种态度，使她感到手脚仿佛被捆住了，像鸟笼里失去了自由的鸟儿一样，感到非常痛苦。王阿姨实在受不了家里冷战的气氛，又咽不下这口气，不愿意主动和解，所以来找居委想办法。

享受晚年生活

我耐心地听王阿姨诉说，适时地与她共情。听说王阿姨从不把这些话说给老伴听，便请王阿姨想象孙大爷坐在她面前，把这些委屈都说给老伴听。王阿姨开始有点不适应，但说着说着，眼泪就掉下来了。在她说完后，我请她到老伴的位置上坐下来，感受一下老伴的思想和感受，王阿姨逐渐感受到老伴内心的孤独和恐惧，以及对她的依赖。原本辛苦劳累的孙大爷，退休后还一直在外面工作，最近才真正退休回家。内向的他，不善于表达自己的思想和情感，是个闷葫芦，在外面也没什么娱乐活动，独自一人在家又觉得孤单害怕。王阿姨好像突然明白了什么，想起以前还在工作的老伴，自己出去活动的时候，只要

跟他说好时间，他就不会生气，现在可能是退休在家了，暂时不能适应退休的生活，心里觉得孤单、烦躁。

我继续请王阿姨回忆自己与老伴的恋情，王阿姨一下打开了话匣子。老两口其实感情一直都很好，虽然孙大爷说话不多，但对她特别好，舍得把钱花在她身上，不仅工资全部上缴，还包揽了家里大部分的家务活，可以说对她很依恋且爱护。王阿姨说着，脸上洋溢着幸福的笑容，对老伴的不满也一扫而光，她决定和老伴共度幸福的晚年。两位老人退休后的工资不低，还有积蓄，完全可以开开心心地安排好生活，享受幸福生活。之后，王阿姨准备筹划他们的第一次活动——和老伴一起去厦门重温鼓浪屿的浪漫之旅，那里是他们年轻时留下美好回忆的地方。

专家点评

人入老年，面临着各种丧失后的价值感和情感的剥夺。离开岗位，丧失了社会角色，好像自己没用了；和成年子女分离，孩子不再需要父母，作为家长的角色消退了；身体不舒服，丧失了健康。本案中，王阿姨退休后，顺利在老年生活中找到了自己的位置，融入了一个群体，找到了共同的爱好，老年生活越过越精彩。相比之下，孙大爷在退休后，寄希望于家庭情感，老伴是他很重要的情感依托，面对王阿姨丰富的晚年生活，孙大爷产生了被忽略的孤独感。老年人的情感也需要经营。心理学家将老年人的心理需求概括为以下几个方面：生理需要、安全需要、情感需要、适应需要、独立需要、自我实现需要。本案的问题出在老年夫妻的情感需要互相没有得到满足，孙大爷用行动表达了对王阿姨的不满，实际是希望王阿姨能早点回家多陪陪自己，王阿姨用更激烈的对抗方式对孙大爷的行为作出回应，实际是感受到了孙大爷对自己行为的不接纳和被攻击后所展示的防御。但是当负面情绪消除，理性出现之后，又看到了对方的好，关系重新得到了修复。好的关系很少是浑然天成的，背后一定有很多的用心和努力，老年人的两性关系也需要好好经营，才能共度夕阳红。

好的婚姻是彼此被满足

2019 年 3 月中旬，一位怀抱小孩的妇女在咨询室门前张望，犹豫着是否要进来，脸上的泪珠还未干透，等她一进门就又泣不成声，见此情形我上前扶她坐下，倒上一杯热茶。

"我是外地媳妇，请你们为我做主。"她一边擦泪一边说，她姓张，老公陆先生经常因家庭生活琐事殴打她，也经常虐待她和孩子。这次因家庭生活琐事，陆先生又将她毒打一顿。张女士哭着诉说："这次我绝对要与他离婚，再不回家了！"

疑神疑鬼的太太

我听完张女士的述说，深知这位遭受家庭暴力的女性内心有很大创伤，于是先安抚对方的情绪和受伤的心灵，并在了解清楚事情原委后，打电话联系了陆先生。这位老公接电话时态度就不好，在得知电话那端是居委会后，稍微有所收敛，经过工作人员再三说服、劝解，才勉为其难地来到居委会接受调解。

夫妻俩一见面，陆先生便大发雷霆："你跑来这里干吗？丢人丢到居委来了！"边说边要动手，大声嚷嚷着"你还敢告我"。张女士听了泪流满面，躲在居委工作人员身后，战战兢兢地哭着说："你们看，在这里他还想打我，我和他结婚三年，以前他从不动手，现在经常把我打得浑身是伤，还不给钱治疗，每次被打我都不敢告诉别人，他也不许我告诉娘家人，这次我终于逃了出来，请居委会一定要为我做主。"

我先站在受暴者的角度，提醒陆先生夫妻间暴力相待可能引发的恶果和带来的法律责任，晓之以理。"过日子，需要夫妻相互体谅和关心，有问题商量着解决，动不动就打人，也不是男性对待女性该有的态度，何况暴力也不解决问题，只会带来伤害和仇恨。"

经过一番耐心劝说，陆先生逐渐认识到自己错在哪儿，当情绪缓和下来，事情的缘起也渐渐浮现。

陆先生和张女士都是外地来沪谋生的大学生，在一家单位从相知相许到结婚生子，一路走来，情感本来不错。在太太成为全职家庭主妇后，陆先生一人承担着一家人在上海这座城市的所有生活开支。此时，他的事业又迎来转折，与朋友合办了一家公司，处于创业初期的他，非常忙碌，压力也更甚以往。

不得不说，陆先生也有诸多不易。而且，最近公司招了一位女秘书，此事就像在这对夫妻间投下了一枚炸弹。"自从招了秘书，她老是疑神疑鬼，翻看我手机通话记录和短信记录，我忙得脚不沾地，还要不断向她解释这些无中生有的事。"对于老婆的醋劲，陆先生感到委屈又愤怒，"她带孩子辛苦，我都知道，所以平时生活上也基本顺着她，你看她用的新款苹果手机，是今年生日时送她的，我自己用的都是老款，但她这样折腾，搞得我上班无精打采，这次有个大单子也被她搅黄了……"

一次次需求错位

就这样，陆先生的脾气一天大过一天。陆先生边诉苦边撩起衣服，向居委工作人员展示自己被家暴的痕迹："你们看，这一片一片的伤痕都是她抓的，她竟然先来告状。"

张女士这边，同样感到委屈至极。一人操持家务，陪伴孩子，等先生回家正想聊上几句，发现对方电话不离手，时刻处于连线状态，还动不动对她发脾气，她有时觉得自己还不如一个女秘书。于是醋意横生、满腹怨言，两人的相处也开始不再和谐，从口不择言发展到武力相向。

"我也是人，需要关心，我们已经多久没在一起聊聊天，看看电影了？你心里只有那个小妖精。"在我面前，张女士指着陆先生，把委屈全部倒了出来。

听到这里，我已将矛盾焦点理清，这对夫妻的问题主要在于陆先生公事繁忙，疏于陪伴家人，恰逢此时女秘书出现，让妻子内心的不安有了具体的指向，怀疑和不满也有了明确的出口，而夫妻二人于沟通上的日益减少，也使矛盾不断累积，直至爆发。与其说这是一起家暴案例，不如说是夫妻二人需求错位的典型表现。我将双方需求条分缕析，展示在这对夫妻面前。

作为家里的顶梁柱，陆先生明白妻子不易，但因现实所迫，现阶段不得不将重心放在事业打拼上，牺牲了陪伴家人的时间。他的需求也很简单，不过是回到家后能休息片刻，松一松紧绷的神经。在这点上，他希望得到妻子的体谅和包容。

而妻子张女士的需求也易理解，不过是希望先生回家后，能和她多一些情感联结，比如听她说说话，主动关心下她和孩子的日常状态，毕竟全职家庭主妇在孩子早期成长阶段，属于与社会脱节的人群，她们会寂寞孤独，也在重新定位自身，寻求自我价值。这个过程也需要来自家人的支持和鼓励。当然，作为妻子，她也想倾听先生在外打拼的艰辛，给先生一些来自家人的温暖力量。

在我分析、提炼双方的心理需求并鼓励双方坦诚相待以达共情后，这对夫妻的情绪彻底稳定了，认知也有了提升。我再从夫妻关系对于亲子关系和家庭教育的影响角度入手，传递了和谐的家庭氛围对孩子成长的重要作用，佐以案例说明，并就导火索"秘书问题"的解决提出了合理建议。

就这样，经过耐心的调解，不仅化解了一场正不断恶化的婚姻家庭纠纷中的矛盾，使夫妻双方重归于好，也通过对问题症结的提炼和解析，为日后婚姻冲突的及早发现和解决奠定了基础。

专家点评

在漫长的婚姻生活中，男人和女人有不同的需求。想保持良好的两性关系，就要坦然面对这些不同的需求，如果一方需求长期得不到满足，关系就容易出现问题。妻子希望得到丈夫的温情、浪漫和关爱，遇到困难，想向丈夫倾诉，从他那里得到帮助与安慰；遇到高兴的事，也想与丈夫分享；希望丈夫保持情感上的忠诚和坦率。丈夫希望得到妻子的温柔、体贴、尊重、欣赏和信任。在实际婚姻中，夫妻缺少沟通或沟通不当，都易产生怨气，导致彼此情绪打架，却不解决真正的问题。本案例中，咨询师本着"解铃还须系铃人"的原则，通过疏导、启发、劝说的方式促成当事人自我觉察、明辨是非对错，反复协商达成和解，真正化解了来访者的夫妻矛盾，平息纠纷的同时也为日后婚姻冲突的及早发现和解决奠定了基础。婚姻美满的夫妻不是不吵架，而是懂得把吵架转化为增进彼此了解和坦诚相待的机会，让吵架变为促进婚姻和谐的方式，而非终结婚姻的武器。真正美好的婚姻，是彼此的需求都能被满足。

好好说分手

空中"悬浮"的离婚谈判

在多年的咨询生涯中，我接待的来访者大多是因婚姻亮起红灯来寻求帮助的，这次却是例外。

46岁的潘先生和36岁的吴女士结婚已经12年了，女儿11岁，但他们却双双来解决离婚问题。虽然二人是一起来的，但他们却没办法一起坐下陈述情况，似乎他们之间的关系已经到了很紧张、无法共处的地步。在我和男方单独沟通时，女方在咨询室外失控地大哭，情绪非常地强烈。而男方也是满心懊丧。

经过我的详细询问才知道，这已经不是他们第一次要求协议离婚，而是第三次了。前两次是五年前，都因探视条款没谈妥而不了了之。女方还起诉过一次，要求男方支付抚养费2500元。但在这一次的协议里，女方一分钱也不肯出，男方居然也能接受，可见他离婚的决心有多么坚定。他告诉我，他和妻子从女儿上幼儿园起就分居了。因为女方情绪很不稳定，脾气暴躁，对女儿不止一次地打骂，对人要求很苛刻，什么都看不惯。他们多次吵架打闹，情感早已破裂。

只是前两次的探视条款都谈不拢，希望这次能谈出一个结果，不想再拖着了。这次因为女方不付抚养费，探视条款相应地就没有那么宽松了，毕竟权利和义务应是对等的。

放手，也是一种生活态度

女方在情绪激烈之下拒绝沟通，只是一再强调女儿是自己一手带大的，一天也没有离开过她，为什么不能多见面？说完又继续哭。而男方给出的理由是并不是不让探视，而是怕出事情，怕女方对孩子不好。因为他自己从未对孩子说过大人之间的恩怨，而她却总在孩子面前说他坏话。孩子也从未主动说过被妈妈打的事，是男方看到女儿脸上的手指印才问出来的。所以，他特别担心女方情绪失控下会做出对孩子不利的举动来。女方无法理性地就条款进行商谈，就由陪同她来的弟弟从中调解和谈判，但探视条款始终达不成一致。

我看到这段婚姻两人都不想再继续下去了，并且为达不成条款无法离婚而痛苦，于是采取了以退为进的方式，引导双方从时间成本来考虑，如果婚姻实在坚持不下去了，仅仅因为几个小时的探视时间谈不妥而办不成手续，耽误的是双方和孩子。

接下来我又从具体的执行方法入手，请他们考虑一下能否规定在一段时间以内，比如一年内，女方探视时间稍长一些，一年后视女方的情况而定。毕竟离婚是人生中的一个重大变化，双方都需要在心理和情感上有一个缓冲期。双方都听进去了，慢慢地，男方不再那么强硬地坚持自己的条款，而女方因为看到了能多见女儿的希望，情绪也缓和了下来，止住了哭泣，开始能够理性地进行商谈。最后，条款达成，两人心平气和地去办理离婚手续了。

看着他们离去的背影，我的心情是沉重的，但是，面对确实已经走到尽头的爱情，放手未尝不是一种让彼此解脱的生活态度。

对不幸的婚姻来说，离婚也是一种出路。但是离婚解除的是夫妻关系，对于孩子来说，父亲还是父亲、母亲还是母亲，不因夫妻关系的结束而改变父母的角色与功能。对于处于离婚阶段的夫妻而言，更需要以儿童、青少年的心理健康成长为出发点，以成熟的心态、成年人的姿态去处理成年人的事情，积极面对孩子的养育问题。离婚过程中，如果双方撕破脸皮，甚至把孩子当成攻击对方的工具，夹在中间的孩子无法感受到父母对他的爱，只能感受到父母之间的仇恨，在这种"爱"的名义下，最终受伤的还是孩子。同时，对于离异中的当事人而言，当爱已成往事，再无挽回可能的时候，最重要的事情仍然是帮助他们能尽快地开始新的生活。毕竟，人生的路还很长，人要往前看，而不是往后退。

专家点评

婚外的迷茫

前女友与现任妻

一对夫妻默默地走进了咨询室。

男的姓张，女的姓严。严女士在 24 岁时嫁给了张先生，彼时张先生已经 36 岁。原来张先生因为前女友的原因入狱多年，刚被释放不久，前女友在他入狱期间也已结婚生子。虽然男方比女方大了 12 岁，结婚之后两人生活困难，靠辛苦的小生意维生，但总算是开始了新的生活。

然而，张先生在婚后与前女友仍联系频繁，这给严女士造成了相当的困扰。尤其在 2016 年 11 月，严女士发现丈夫不仅与前女友多次见面，还一起出游……她向丈夫求证，丈夫予以否认——这给她心理造成了很大的阴影。以致后来就算丈夫认错了她还是不时地会想起来，一想起就难过，就会忍不住去吵闹、想离婚。

女方在叙述事情来龙去脉时，情绪一度激动哽咽。而男方大部分时间都在一边沉默着，话很少，但他的态度很明确，他不否认自己做过错事，但是他不想离婚，希望妻子能给予他机会去改正这个错误。看得出，男方的心情很沉痛，而且充满悔恨。

开启新生活

我敏锐地从双方的态度中感觉到了什么，于是积极地进行调解，以双方的情绪为切入点，进一步探寻离婚背后的故事。我首先认为双方有不离婚的基础，其一是男方对错误有认知，并且坚持不离婚，显然有改过的诚意。其二是女方的性格比较宽厚、理智、隐忍，自尊也比较有弹性，属于不拘小节的女人，情感上的创伤恢复起来不会特别困难。经过我的层层引导和深入，女方的脸色渐渐地缓和下来，同时也将心扉慢慢打开，不再那么坚持离婚一事。她说其实她并不是为了离婚而提离婚，而是因为对丈夫的行为不满，想要出口气，同时也为了摆脱之前的阴影。这才是她离婚背后的真正诉求。

于是我展开引导，"离婚并不能让已经发生的事变成未发生，相反，离婚之后你们都再也没有机会抚平创伤，只要还在一起，就有机会把错的事情变成对的"。听到这些后，男方不由得点头，女方若有所思。最后我对双方分别给出了建议：由男方许下承诺，不再做伤害夫妻感情的事。而女方则想清楚是否愿意给男方努力改过的机会，不再选择用离婚的方式去解决问题——事实上，离婚也解决不了问题。

调解的结果是双方表示愿意和好，对调解也很满意。走出咨询室的时候，他们一改进来时的沉痛和委屈，神情和步态都轻松了不少。

不久后，我收到了他们俩送来的礼物，听说他们已经顺利开始了新阶段的生活，真是令人欣慰。

大多数人在婚后都希望自己可以幸福美满，但是长时间的朝夕相伴，审美疲劳会自然而生，对方于自己，已经没有什么秘密可言，就像一张白纸，一杯白开水，淡然无味，夫妻之间的感情会变淡，慢慢地就会习以为常，可有可无。有的夫妻觉得生活太过平常，缺少惊喜、刺激，在这种好奇心理的驱动下走向了婚外恋。但是这样的感情来得快，去得也快，亲密关系在激情过后，剩下的就是平淡，幸福不是在激情中获得，而是在平平淡淡中收获的，是和一个合适的人在柴米油盐中，经历那些琐碎平淡，获得内心的安宁。本案例中，咨询师通过调解，让妻子把委屈和愤怒充分表达了出来，并感受到了理解和支持，而妻子的人格完整为她修复丈夫婚外恋带给她的创伤提供了条件。丈夫也慢慢地意识到婚外感情只是昙花一现，不切实际，并看清了好好经营家庭的重要性。夫妻关系不仅涉及情感，还涉及责任、道德和承诺。在敞开心扉的沟通中，夫妻决心携手抚慰伤痛，好好经营婚姻。

专家点评

家是爱的港湾

异常的家庭氛围

温女士表示自己家庭氛围异常，我很好奇地询问"异常"的含义，温女士给我讲了近期家里发生的一件事。

温女士有一个正读高三的儿子小坚，为了孩子学习，就在学校附近租了一间房。全家在孩子高考前都住在出租房里，最近孩子高考结束了，要退租。温女士说房东是一个很难打交道的人，先是挑剔自己的房子没有被好好爱护，然后以房子没被打扫干净为由克扣押金。

为此，温女士已经和房东沟通过多次，虽然过程不愉快，但是已经取得了一些进展。最近，房东又打来电话，结果小坚一把抢过电话，和房东发生了激烈的争吵。其间，温女士还目睹了孩子被房东辱骂，且无力反驳的样子。一方面，温女士心疼孩子；另一方面，她也很愤怒。我与温女士共情，体会她在这件事中的感受，并探寻她对孩子行为的复杂心理。

温女士表示，因为小坚的鲁莽行为，让她之前所做的努力付诸东流。对于此，我帮助温女士看到小坚行为的动机是为了"保护妈妈，心疼妈妈"。谈到这里，温女士也很欣慰。温女士还很愧疚，觉得之前为了工作，自己没有很好地陪伴孩子，导致孩子做事很鲁莽。同时，温女士也谈到自己的丈夫疏于和孩子沟通，他们一家三口坐在一起都不太会交流，只是各自生活，这种家庭氛围非常压抑。

家庭是一个系统

对于初次来访且有焦虑情绪的来访者，咨询工作的首要重点是建立咨询关系即治疗同盟，在安抚来访者情绪的同时获得对方信任，才有利于收集信息进行评估，并针对所获得的信息确定咨询的方向。而在咨询同盟的建立上，人本主义理论给出了一定的指导意见。

我一方面真诚、耐心地倾听温女士的叙述，以及她对家庭问题的反思和分析，同时也感受、体会她的情绪，引导她发现家庭其实是一个系统，每个人都在其中发挥着重要作用。

温女士表示，压抑的氛围需要得到改变，自己会去做一些沟通和努力，而不是单方面的诉说，同时也会听取家庭成员的想法，氛围的改变需要大家共同努力。

咨询过两次，后来温女士没有再来电。我想，也许温女士已经知道该怎么做了吧。

父母是孩子的榜样，孩子是父母的镜子。孩子在家庭中慢慢长大，父母是孩子的第一任老师。父母的关系、言行、相处模式、情绪管理能力、冲突管理能力等，最终都会在孩子内心打上烙印。如果夫妻善于处理矛盾，遇到冲突能很好地表达自己的想法，并能尊重对方的想法，孩子就会形成建设性的处理冲突的能力，而不是简单粗暴地用情绪性的过激行为来争输赢对错。反之，如果夫妻关系不融洽，充斥着争吵、对抗、冷战，孩子长大后就无法形成好的情绪管理能力、矛盾处理能力，而且不稳定的家庭关系也会让孩子内心缺乏安全感、个性缺乏自信心。家庭成员的关系是孩子人际关系的早期雏形，孩子与他人的相处模式是向父母行为习得的结果，同时也深远地影响到孩子健康人格的形成。孩子人际关系的问题，就像镜子一样照射出父母人际关系的问题，可能是父母的关系出了问题，也可能是父母的家庭教育需要调整，作为父母应多做自我觉察，通过不断地调整自己，修正言行，以协调家庭成员间的关系，给孩子一个良好的成长环境。

婆媳大题不难解

互换心理位置

进来的一对婆媳，是受居民的推荐，主动前来要求咨询和调解的。

婆婆是本地人，媳妇小萍是外地人。小夫妻结婚已近十年，育有一子。因为和婆婆袁阿姨同住，导致婆媳间矛盾一直不断。婆婆对小萍的出身抱有偏见，经常和邻居、亲戚数落自己的媳妇。有一次，小萍和邻居发生了一些小摩擦，婆婆不但没有帮她，反而站在了邻居这边，让小萍觉得很伤心。2013年，小萍生下儿子，为了更好地照顾家庭，她和丈夫辞职开始经营蛋糕店。几年下来，蛋糕店的经营并不理想，婆婆觉得媳妇和儿子收入很不稳定，给家里带来了很大的经济压力，婆媳之间的矛盾更是随之升级。

听完了她们的诉说，我开始了调解。

我先把她们两人分开，对媳妇进行疏导。在疏导的过程中，我从认识和感情上去领悟媳妇的内心世界，领会其处境，感悟其心情。同时又采用了心理位置的互换技术，设身处地地体会媳妇的情绪、行为和她面临的心理压力，用正确的反应解释媳妇的诉求，正确表达媳妇的感受，以至和她"融为一体"，达到了心理疏导的效果。

在疏导婆婆的过程中，我给予了深度的共情，从老年人的心理特点入手，理解其担心焦虑儿子一家的今后生活。劝导其要增强自信心，避免自尊心过强，期望值不要太高。同时劝导她要学会放手，要相信儿子媳妇的能力，并从家庭和谐的重要性以及婆媳关系的特殊性出发尽心劝导。

大家小家都要顾

经过分开调解和疏导，帮助她们互相理解、体谅，婆媳二人最终达成共识：婆婆表示在邻居、亲戚面前，不再数落儿媳；儿媳也表示愿意调整自己的心态，多尊重和关心婆婆。双方表示遇事会多沟通、多商量，互相体谅、互相尊重。

另外，我也电话联系了她们家的男主人——他既是儿子，又是丈夫，还是孩子的父亲，要扮演好三种角色，平衡好母亲和媳妇的关系，压力不小，也需要技巧。一番沟通后，儿子也表示，自从父亲离世后，自己忙于小家庭和蛋糕店，对母亲缺少关心，此次电话后，他意识到了问题的严重性，会扮演好丈夫、儿子和父亲的三重角色，顾全小家和大家。

数月后，婆媳两人又一同前来咨询室，这次她们是来感谢我的，说这么多年一直在互相不理解和困惑中相处，不懂得婆媳相处之道，现在的生活比以往舒心多了。

婆媳关系是一种特殊、难处理的人际关系。婆媳矛盾由来已久。婆媳共同存在于一个经济利益共同体中，双方都想让事情都由自己来控制，必然会产生矛盾。婆媳双方要妥善处理彼此之间的关系，首先得对这种人际关系有正确的认识。双方都要承认对方有独立的人格和经济地位，这是一种平等的人际关系，而不是一种一方必须依从于另一方的支配与被支配的关系。认识到这一点很重要，所以在婆媳关系里尊重、换位思考是关键。

此外，婆媳关系矛盾中的第三方——儿子即丈夫具有协调的重任。这个第三方是连接婆婆和媳妇的纽带，使错了力，往往让婆媳关系更加紧张。在婆媳关系中，既要做到公平待人，更要有情有义，关键还在于妥善地协调。儿子可以帮助婆媳进行心理沟通。所谓"沟通"就是人与人之间的心理和情感上的回流。例如平日家中有什么关于婆婆的好事，儿子可以多让妻子出面，买好礼物送给老人，类似这样的策略都有助于婆媳之间的情感交流。婆媳之间发生矛盾时，儿子则要发挥疏导作用。由于婆媳之间既缺少母子间的亲切，又没有夫妇间的亲密，因而出现隔阂后，往往不容易消除，通过儿子从中协调，更有助于消除心理屏障，使婆媳和好如初。

人近黄昏，亦不可缺爱

一场婚姻危机

一对已快走进金婚的夫妻出现了婚姻危机。

69 岁的王先生和 66 岁的陈阿姨，牵手共同度过了四十六个年头。年轻时一起到南疆支边，参加祖国建设，共同的理想和思想让两个人走到了一起。结婚后生育了 3 个孩子，后来又回到近郊农场，直到退休才回到上海。虽然磕绊不断，但也算风雨同舟，苦过、闹过、笑过、吵过，一起尝遍了人生的种种酸甜苦辣。

如今，3 个子女都已成才成家，大儿子在某国有企业做高层管理，女儿在国外工作，小儿子在外企发展得很不错。儿孙满堂，其乐融融。

但是，小儿媳妇身体状况不好，陈阿姨无奈之下只能长期住在小儿子家，帮着照顾孩子和小儿子家庭。老伴王先生一个人住在旧房子里，五年来日子过得缺乏生气，也没有人可以说说话。偶尔陈阿姨回家一次，老王既开心又烦恼。因为，陈阿姨回来，老王就有人说说话，就有人为他料理生活。但是，陈阿姨待的时间不长，所以，老王内心一直郁郁寡欢，动不动就发脾气，看见陈阿姨回来，就把莫名的怨气发在陈阿姨身上。陈阿姨被他搞得一头雾水，一句话就会激惹老王，一点小事就会暴跳如雷，每一次的回家，陈阿姨如受煎熬，每每以陈阿姨退让而告终。久而久之，小儿子看出了端倪，再三追问下，陈阿姨道出了原委。

小儿子帮着母亲说话，也想接父亲来家居住，但是，自己的家又太小，小儿子希望父亲能理解，委屈只是暂时的。但是父亲的理由就是，小儿子已经成家，自己家里有困难，父母可以帮衬，但不能全部让父母替代，让父母做出牺牲。僵持了很久，谁都不让步，陈阿姨也觉得老伴太自私。

时间久了，老王内心无比得痛苦，无法理解陈阿姨的做法。为什么宁愿抛弃丈夫，也要帮着小儿子一家。

日子照常过，但是，老王内心的结始终在。老王无人倾诉，无人为其排忧解难，只要陈阿姨回家，老王的暴脾气就对着陈阿姨发。老王越发越厉害，陈阿姨也已到了无法忍受的地步，提出了离婚。小儿子同意母亲的决定，但又似乎觉得不妥。于是，他来到了我这儿，把家里的情况以及父亲的现状一一陈述，想通过咨询来改变目前家庭的矛盾冲突。

终被呵护的情感

我对小儿子的陈述给予了共情，并且告诉小儿子他的父母已接近古稀之年，夫妻间的感情还是在的，只不过，父亲的生活起居无人料理，无人说话，很孤独。老人需要互相陪伴。但是，由于你的家庭情况特殊，确实存在困难，你的母亲全身心地照顾你们家，而忽视了老伴的感受。我建议小儿子下次的面询带上自己的父母。

一周后，小儿子带着自己的父母如约而至。我决定采用家庭治疗的方法，来改善来访者家庭结构系统。首先我向老夫妻俩说明了在家庭中各种关系的序位："夫妻关系"第一位，"亲子关系"第二位，如果顺序错了，家庭就容易出现问题。而在王先生和陈阿姨的家庭里，陈阿姨长期与小儿子居住，与丈夫分离，打破了原先的夫妻关系，妻子与孩子联结在一起，丈夫成为游离在外的一个人。家庭关系三角化后，问题随之产生，心理也会发生变化，某种程度上，王先生的暴脾气和家庭里的其他成员也有一定的关系。

陈阿姨固然可以帮忙照顾小儿子的家庭，但是同时也不能忽略老伴。在我的帮助下，王先生表达了内心真实的想法。自老伴离开后，他总是一个人，有几次表达了希望陈阿姨回来的想法，但是因为种种原因无法如愿，时间久了，脾气也就变得越来越不好，只要陈阿姨回来，自己就会冲着她发无名火，陈阿姨走了，心里又觉得空落落的，冷静后，想想这样对自己的老妻太过分，每一次都这样，矛盾郁闷的心情一直无法释怀。自己也曾尝试着跟妻子述说，但又说不出口。也曾想过住小儿子家，但房子小无法居住在一起。所以，王先生每天的生活节奏变成——早早起床，无所事事，早早睡觉，百无聊赖。有时候做一次饭可以吃三顿，没人一起吃，也懒得再做。听到老伴真实的感受，陈阿姨不禁老泪纵横……

最后，王先生向陈阿姨真诚地道了歉，小儿子也表示会让母亲多陪陪父亲，自己多花些时间并请个家政阿姨一起照顾自己的小家庭。于是，王先生和陈阿姨的家庭终于能回到正常状态了。

现代社会，许多年轻夫妇成家立业、生儿育女，往往仍需要自己的父母参与照顾自己的家庭。其背后原因很多，年轻夫妇忙于工作，分身之术，现实层面需要得到支持；年轻夫妇内心尚未与年长的父母分离，未真正建立起需要依靠自己的能力来建设自己家庭的理念；年长父母长期与子女形成依恋关系，子

专家点评

女成家后尚未意识到需要退出子女的小家庭。

　　成年子女成家立业后与自己的父母之间的关系实质上是分属于两个独立的系统，而未分化的父母子女关系往往会对各自系统造成不同问题。年长的父母不退出子女的系统，不利于发展自己的晚年生活，提升晚年的生活质量，这造成了许多老年人心理问题。除了老有所养、老有所依等满足基本生存的需求外，追求精神层面的满足同样也应该成为越来越多老人关注的内容。正如本案中的案主，如果年老的夫妇有足够的时间相处，也不会出现老年后的婚姻危机。人近黄昏，亦不可缺爱。而年轻子女则需要承担起家庭建设的责任，承担抚养照顾自己子女、发展事业的责任。

人生如戏

假戏真做

那日，心理咨询室接待了一位薛女士，四十来岁的样子。"老师，接下去我该怎么办？还有没有办法挽回？"对方没有预约，坐下来的第一句话就是这个，神情沮丧而慌张。事情始末经她娓娓道来，逐渐变得清晰起来。

为了规避政策，薛女士和丈夫约定了一个"离婚—买房—复婚"的买房路径，可是房子买好快一年半了，丈夫也没有按照原先说好的搬回家住，复婚的事也悬而未决。丈夫总能找到理由和借口推脱，迟迟没有行动。直到有一天朋友告诉她："我在街上看到你老公牵着别的女人的手逛街，样子十分亲昵呢！"

这对薛女士而言无疑是一个噩耗，更不幸的是，丈夫坦坦荡荡地承认了。并且，他们已经认识来往了好几年，而自己竟全然不知。意外、震惊、愤怒，都不足以形容薛女士得知真相时的感受。纵使丈夫最终净身出户，把所有财产都留给了自己和孩子，但薛女士仍感到屈辱、不平。

在朋友的帮助下，薛女士找到了丈夫女友的家人和单位，试图摊牌，运用关联的社会力量，干预丈夫的行为。但丈夫似是铁了心要离开自己和孩子，无论什么方法都没用。十四年的婚姻，顷刻间说倒就倒，女儿才13岁，以后自己要怎么办？薛女士无论如何接受不了，而丈夫对于自己行为的解释也给了她致命一击，"我实在受不了你的脾气，总是一副高高在上，不把人当人看的样子！我们在一起那不是过日子，简直就是相互折磨"，丈夫相信离婚之举是在拯救自己，也是为了孩子。

梦醒时分

我试图寻找整个事件的脉络，帮助薛女士理清思路。说起家人的日常相处，薛女士觉得"基本上没有什么矛盾的"，丈夫大小事情都迁就着她，朋友们都很羡慕她有一个体贴周到又很包容的老公。

薛女士的家庭状况较好，丈夫没有什么经济头脑，薛女士就接过了家庭理财的大旗，把家里打理得井井有条，是朋友公认的能干主妇。薛女士一直认为丈夫太老实了，又没什么抽烟喝酒的习惯，花钱的地方很少，所以要求丈夫将每月万把块的工资上交，只给他身边留了200元应急费用。有一次丈夫回到家，显得特别生气，追问原因才知道，上班时单位同事集体买东西，丈夫身上一直没什么钱，自然拿不出来，就被同事笑话，"每个月那么高的工资，到头来连几百块钱都拿不出来，不像个男人"。

回忆起这个场景，薛女士才意识到，其实自己的婚姻早就出现了问题，丈夫对自己心存不满已久，只不过自己一贯的行事风格掩盖了潜在的危机，表面风平浪静，实则暗潮汹涌。再加上外界的诱惑，才有了如今的结局。

我评估，引发婚姻关系突变的内部原因可能是妻子作风强势，长期无视丈夫的感受，一味将自己的想法强加给丈夫，缺乏沟通，导致丈夫内心压抑。经济上又对丈夫实行控制，甚至是严格封锁，使男性尊严长期受到伤害。

找到问题根源后，我对薛女士进行了一番心理疏导，效果不错。在薛女士心里，接受离婚是很煎熬的过程，但木已成舟，她知道自己必须接受。如今的她非常后悔自己采用了离婚手段来达到买房目的，如果及时觉察到夫妻间因关系不对等而形成的裂痕，或许故事会往另一个方向发展。但为时已晚，接下去的伤痛只能靠自己去疗愈。这一刻，有太多的东西需要重新学习，比如慎重看待婚姻，尊重自己的伴侣，对婚姻负责，对双方负责。薛女士毕竟还年轻，如果能从这次经历中吸取教训，新的生活终会到来。

专家点评

婚姻在彼此长期不对等的关系中终结，在计谋与草率中宣告结束，本是需要情感才能维系的关系，当情感一再被消耗，最后还剩什么呢？婚姻是神圣的，不尊重婚姻，也必然遭其反噬。长期不对等的夫妻关系一定会对婚姻造成破坏性影响。造成婚姻致命伤的原因有很多，其中之一是很多家庭会出现的一个现象——一方永远坚持"我是对的"，以绝对优势压倒另一方，通过控制与被控制来维持婚姻关系，而被控制一方长期饱受压抑之苦，体会不到婚姻的幸福感。这是隐藏在婚姻关系里的暗礁。良好的婚姻关系必定建立在互相尊重和爱护的基础之上。婚姻中的男男女女们，也请经常停下你的脚步，反思自己经营家庭的方法是否合适。

如果这就是亲情

终起波澜

　　傍晚时分，咨询室的电话铃响了起来。我接起电话，电话那头是一位年纪五十多岁的阿姨，自称姓江。江阿姨的声音很轻，带着深深的疑惑，询问我能否进行咨询，得到我肯定的答复后，江阿姨讲起了自己的故事。

　　江阿姨有一位八十多岁的老母亲，由于各种原因，母亲和江阿姨的哥哥生活在一起。说是一起生活，但也仅仅是住在同一屋檐下。老母亲虽然年纪不小，但是身体很好，生活上完全可以自理，并不依靠江阿姨的哥哥嫂子照顾，江阿姨平时也会每个星期去看望自己的母亲，和母亲聊聊天，说说心里话。虽然探望过程中，难免要和哥哥嫂子接触，有时可能会发生一些不愉快，但在江阿姨看来，忍让一下也就过去了，更何况母亲还和哥哥一起生活，她不希望因为自己的缘故让兄嫂关系闹僵，令母亲为难，所以一直以来江阿姨采取的都是退一步海阔天空的态度，以此维持家里的和谐。

　　本来一切相安无事，可最近却发生了变故。一日，母亲不小心扭伤了脚，这对她的生活造成了很大影响。江阿姨虽然很想照顾自己的母亲，但她还要工作，时间上不允许。另外，母亲毕竟是跟兄嫂住在一起，自己总是过去，似乎也有些不便。老母亲坚持了几天以往的生活方式，却发现还是有诸多不便，便提出想和兄嫂一起吃饭的想法，但这个提议并没有立即得到回复。江阿姨去看望母亲时，母亲便把这件事情告诉了她，其间老母亲泪眼婆娑，不明白为什么儿子和儿媳没有答应自己的要求。看着老母亲抹眼泪的情景，江阿姨心里无比难过，同时也不理解哥哥嫂子的行为，因此离开时，和大嫂说话比较冲。

　　第二天江阿姨给自己的哥哥打电话，希望谈一谈母亲的生活问题，哥哥的回复却再次让她感到伤心。哥哥并没有想要和江阿姨好好沟通母亲生活问题的意思，反而指责了江阿姨，这让江阿姨心里难以接受。同时，想到自己多年来一直忍气吞声，受了很多委屈，每次跟他们有了矛盾，都是自己先妥协，江阿姨越想越不是滋味儿，但考虑到母亲的处境，江阿姨也不敢释放自己的情绪，一时间不知如何是好，于是拿起电话，向咨询师求助。

和睦与忍让

　　本次咨询，我采用了家庭治疗的方法。在随后的咨询中，江阿姨回忆了自

己在和哥哥嫂子的交往过程中所发生的点点滴滴。最后，她总结自己和哥哥嫂子的意见不合由来已久，每一次，她都为了母亲着想，加上自己的性格因素，选择了息事宁人。但其实这种委屈感并没有消失，而是一直压抑在江阿姨的心中。这次的事件成为一个导火索，母亲的受伤和落泪，使得这些之前被压制的委屈和不满统统"跑"了出来。江阿姨在咨询中，终于能够放声痛哭，将自己的委屈一一说给我听。

悲伤过后，江阿姨也在与我的交流中醒悟过来，一家人的和气固然重要，但沟通和表达同样重要。真正的家庭和睦从来不是委曲求全的产物，而是在充分沟通的前提下，彼此尊重、互相理解的结果，反之可能只需要一根稻草，就能压垮自己的理智，让负面情绪喷涌而出，带来更具毁灭性的伤害。同时江阿姨也反思，自己受情绪影响，所以和兄嫂沟通时，确实有让人不舒服的地方。

江阿姨很高兴能有这次通话的机会，让她积压多年的委屈、愤怒、痛苦和纠结得到了充分的宣泄和疏解。此外，江阿姨也明确了自己在处理家庭事情上该有的方向和态度，不再踌躇不定、举步维艰。

专家点评

家庭治疗是以家人为单位和对象的一种团体治疗，是一种治疗人类问题的工作取向，经由语言、互动等治疗模式，其目的在于消除个人因家庭所产生的生理或心理症状，解决冲突，重构认知。家庭治疗的主要任务为协助家庭在发展阶段，随着家庭成员的成长或家庭情境的改变，重新调适自身状态，以应对这种改变，其间心理治疗师会使用"共情与理解"的方法与求助者形成共识。这类治疗方式的焦点是家庭成员间的互动关系和沟通问题，属于处理人际关系系统的一种方法。本案例中，咨询师便在帮助来访者宣泄情绪的基础上，运用家庭治疗方法，引导来访者重新思考和审视自己在家庭中的角色和定位，明确之后的态度和做法。

王伯伯离婚记

突现离婚诉求

一个下午，负责调解居民纠纷的居委干部小刘急匆匆打电话给街道心理服务工作站，请求援助。

当我急忙赶到时，听见调解室响起洪亮的男高音："我要离婚，明天就到民政局去……"一向脾气随和、笑眯眯的王伯伯一反常态，在居委调解室大喊大叫，王伯伯的爱人李阿姨一脸窘迫地站在一边，不知道该怎么办。因为性格温和的王伯伯近来情绪特别容易激动，让李阿姨无法理解，甚至怀疑老伴是不是精神出问题了。于是居委干部邀请我对王伯伯的精神状况进行评估。

王伯伯与李阿姨已结婚四十年。王伯伯是典型的上海男人，退休后仍在外兢兢业业工作，全部工作收入都交给李阿姨，自己只留几百块零用钱。如今孩子已长大成人，有了工作，不用老两口操心了。老两口的退休工资也不低，本来日子还挺滋润的，可是没想到最近李阿姨投资失败，几十年的积蓄一下子付诸流水，收不回来了，这使老两口的生活蒙上了阴影。近来，王伯伯因年事已高，不再工作，开始正式进入退休状态，他突然向李阿姨提出离婚以及最近一些奇怪的举动，让李阿姨很是不解，并很担心王伯伯的精神状态是否出了问题。

体验彼此感受

我来到居委，和老两口一起坐下慢慢谈了一会儿，王伯伯显得很激动，讲话语无伦次。我安慰他不要着急，让他慢慢说。原来王伯伯很担心李阿姨的理财能力，怕李阿姨再去投资，自己的养老钱就没有保障了，于是要求拿回自己的工资卡，这让李阿姨很不高兴，毕竟管了四十年家，已经习惯了。老两口都觉得没有安全感，也都觉得钱由自己掌控才是最好的，于是王伯伯情急之下出此下策。

了解了王伯伯想要离婚的主要原因，并耐心地听了他们各自的诉说后，我专门询问了王伯伯有关李阿姨认为他奇怪的地方。对于这些事情的缘由，王伯伯回答得非常有条理，并说出了自己的一些想法。因而，我初步判断王伯伯精神上是正常的，只是老两口对未来有许多忧虑和恐惧，对养老金的管理意见不一，不能理解彼此的想法和感觉。

我与他们共情，感受他们的担忧，引导他们将恐惧表达出来。随后，我请他们换一下位置，让他们互相扮演对方，体验彼此的感受。通过角色互换，李阿姨感受到了王伯伯的恐惧，也感受到了他对财务自主的强烈愿望；而王伯伯也感受到李阿姨投资失败后的痛苦与恐惧，以及对他自己管理工资卡的担心与疑虑。经过我和居委会干部的共同努力，老两口初步达成共识，不再提离婚的事，但王伯伯可以掌握自己的工资卡，只是每月拿出一半的养老金用于家庭生活开支。王伯伯激动的心情终于平复下来，他又恢复了平日快乐的样子，跑到李阿姨面前，亲热地喊了一声太太，像个孩子似的欢天喜地地跑去买烟庆祝，李阿姨则一脸哭笑不得地看着老伴，脸上的表情也轻松了许多。

安享幸福晚年

数月后，我看见老两口一起来社区参加活动，心情都很好，关系也很亲密。我不禁为他们重新回归了幸福安宁的晚年生活而感到高兴。

专家点评

每个人在生活中扮演的角色不同，因此在一定条件下将各自扮演的角色互换，可以切身体会对方角色的感受。在社会交往时，人们不仅习惯于从自己的特定角色出发，去看待自己和他人的行为、态度，而且还习惯于自我中心式的思维方式，从而引发出一幕幕角色冲突的悲剧，就像本案例中的主人公们。本案中，李阿姨长期习惯了控制家庭的经济大权，习惯了王伯伯作为上海男人的百依百顺好脾气，而对于王伯伯突然要回自己工资卡的合理诉求，甚至提出离婚的想法和行为，觉得不可思议，于是怀疑老伴精神出了问题。王伯伯由于长期压抑、不敢表达，甚至不惜以离婚来争取自己的权利，差点酿成家庭悲剧。咨询师引导他们进入对方角色去思考问题，将心比心，换位感受，于是一些冲突和矛盾就迎刃而解了，这就是角色置换效应的积极作用。在生活中，如果我们在面对冲突和矛盾时，多站在对方的角度去思考问题，很多烦恼就容易消解了，生活也会更和谐幸福。

为幸福而重组

丈夫的沉默

51 岁的林先生在前妻过世后三个月，认识了离异多年的 41 岁的常女士。常女士的积极、热情、善良、体贴陪伴林先生度过了丧妻后最痛苦的一段时光。在与她的交往过程中，林先生找到了久违的温情。三个月后，尽管儿子反对，林先生还是毅然与常女士领取了结婚证。

可是，好景不长，结婚后的日子矛盾迭起，特别是来自林先生儿子对常女士的不接受。儿子认为，母亲刚去世三个月，父亲就急于结婚，这在情感上令他无法接受，对于死去的母亲更是不公平。母亲生前是优秀的高中老师，在家里任劳任怨，为父亲、为这个家付出了很多，自己怎么也无法在这么短的时间里接受一个陌生的女人来替代自己母亲的位置。

在与父亲及常女士的相处过程中，儿子会出言不逊，认为常女士是贪图家里的财产。常女士希望丈夫林先生能站出来替自己主持公道，但是更多时候丈夫选择的是沉默，这令常女士倍感失望，言行也开始激烈。

丈夫的沉默，家庭的不和谐，使得常女士身心疲惫，经常失眠，她觉得自己患上了抑郁症。于是，常女士前来寻求心理咨询师的帮助，希望可以缓解心理压力。

我帮助常女士找出家庭成员之间关系发生负性变化的原因及其表现，调整常女士与家庭成员之间的交流方式和互相作用方式。我还引导常女士尝试站在林先生儿子的角度，去体会孩子的内心世界：他的生母因疾病年纪轻轻就离开了这个世界，活着的时候辛苦、操劳，没有机会享受生活，儿子也来不及报答她，丧失亲人对孩子来说是个重大的心理事件。在还没有从母亲的去世中缓过来时，父亲又仓促地重组了家庭，虽然作为儿子应尊重父母的选择，但这在情感上是需要时间来消化的。此时，常女士的内心有了些许触动。

我再与常女士做了进一步的咨询讨论。常女士与继子修复关系、冰释前嫌是要用心去做，常女士需要改变自己的姿态，以接纳、友善、宽容的态度与继子建立关系，理解他的感受，发自内心地关心他、呵护他，而不是以完全被动的姿态等待继子向自己靠拢。同样地，夫妻双方也需要重视"交流沟通"以巩固婚姻。作为妻子的常女士要主动与丈夫交流沟通，和继子建立好关系，表示友善，以排除不良家庭因素对家庭成员的影响，调整家庭内部的平衡变化与进

展。作为新家庭成员，接纳对方的孩子。

　　几次咨询后，常女士表示愿意放弃个人的偏见，从当下开始，通过实际行动，改变自己的沟通方式，耐心适应新的家庭生活。之后，常女士告诉我，她和林先生进行了真诚的沟通交流，也理解和接受了继子的内心。林先生也表示会多尊重常女士的想法，碰到问题，多沟通，不讲伤感情的话，也会主动与儿子多交流，在重组家庭中建立新的和谐关系。

专家点评

　　社会快速发展，离婚率不断上升，重组家庭作为婚姻的形式之一也越来越多，随之带来的复杂家庭成员关系往往会面临许多挑战。重组家庭里，家庭成员之间没有共同的家庭历史，他们拥有不同的背景、经历，容易因差异造成各种冲突。而夫妻双方各自带有孩子的话，重组家庭关系就变得更复杂，如何建立良好的亲子关系困扰着很多重组家庭。不管是继父还是继母，在孩子眼里，都是个外人，甚至是抢走自己妈妈或者爸爸的人，也是个随时都会伤害到自己的人。正如本案重组家庭中的孩子，对于继母有种天然的防御心理。不要觉得孩子的想法天真幼稚，在孩子眼里，最亲近的人永远都是自己的亲生父母，这是事实。所以重组后，继父或继母需要给孩子内心的父母让出位置，而不是一上来就强求孩子对自己表示全然的接纳、尊重。作为继父、继母需要对孩子亲生的父亲或母亲表示出极大的尊重，孩子才会因为对他的接纳而向继父、继母表示接纳。当然也不能一味地过度惯着对方的孩子，或者不论事理的偏着自己的孩子，这样的家庭关系也好不了。在新的关系中建立良好的继父母与子女的关系需要投以足够的信任、理解、耐心和等待，以时间换空间，以真心换真情，才能在重组家庭中建立新的和谐关系。

养护情感的桥梁

为你的情绪降降温

2019 年 7 月的一个上午，某居委会接到徐女士打来的电话，在对方哭哭啼啼的叙述中，居委干部了解到，徐女士与丈夫发生了口角，后来争吵愈演愈烈，双方都开始扔东西发泄情绪，最终，丈夫动手打了徐女士。徐女士希望居委会能够介入这次纷争，进行调解。

得知此事后，我立即上门了解事情原委，其实，徐女士和丈夫共同生活多年，夫妻间并没有不可调和的矛盾，感情基础也不错。两人吵架只是因为一些生活琐事，但争吵时两人互不相让，才导致矛盾升级。被丈夫打后的徐女士伤心欲绝，心里过不去这个坎儿。我耐心地听完徐女士的诉说，开始进行心理疏导工作。

我心知这对夫妻的问题不难解决，但要用合适的方法加以引导。我首先从情绪管理上入手。夫妻起纷争时，往往情绪先行，引发争吵的问题反倒会被忽略不计。所以，我一边安慰徐女士，帮她疏导情绪，一边对她丈夫说："不管发生什么事，都不应该对家人动手。即使想发泄情绪，也不能用这种方式。这不解决问题……"我晓之以理，动之以情，语气温和却充满坚定。待双方情绪降温后，我又和这对夫妻分别进行沟通。

在我的引导下，徐女士将近期积压的委屈、不满和伤心一并发泄了出来。在得到及时的共情后，她也渐渐回归理性，表示夫妻两人结婚多年，虽时有摩擦，但多数情况下都会互相包容化解。只是最近一遇矛盾，丈夫就有些不能控制情绪。

理性沟通，驱散负能量

随后，我又与徐女士的丈夫进行沟通，倾听他的烦恼，让他的情绪得到充分的宣泄。他慢慢平静下来后，也意识到了自己行为的不当，他解释说自己并非针对妻子，只是最近遭遇了一些不顺心的事，今天没控制住，才动手打了妻子。我逐步将夫妻双方的问题理顺后，与双方析理，化解了他们的负性情绪。

夫妻关系紧张必然会通过怨气、恼怒、不满、失望、反感等负面情绪表露出来，只有将负面情绪化解后，才能缓和气氛。我还进一步向夫妻俩科普了一些缓解夫妻吵架的办法，比如当感到情绪不受控制时，一方可先回避，冷静一

下，或者说出自己现在的情绪状态，让对方知晓，为场面降降温。等到双方能较为平心静气地沟通时，再讨论问题的症结，商量解决方案。

　　经过一番细致讲解和耐心协调，我让夫妻双方提出改善婚姻关系的具体要求。丈夫首先诚恳地向徐女士赔礼道歉，还承诺以后绝不以动手打人来解决夫妻矛盾。徐女士也表示，今后一定好好控制自己的情绪，遇事多沟通、商量，也会多关心丈夫在外的不顺，帮助丈夫疏导情绪。

　　经过适当的调解和心理压力的疏导，这对夫妻懂得了只有双方重视交流沟通，才能拥有和谐婚姻。

专家点评

　　同一屋檐下的夫妻间，矛盾不可避免，幸福的婚姻不是没有矛盾，而是善于处理矛盾，拥有良好的矛盾处理的方法和技巧，是收获幸福婚姻的关键。夫妻之间吵架的原因有很多，有的是因为一些鸡毛蒜皮的小事，有的是因为双方对某些家庭决策的意见不统一，有的是因为性生活不和谐，有的是因为经济方面的问题……不管是哪方面的问题，都要学会用沟通、商量来解决。在矛盾已经出现的时候，试一试换位思考，把你当成对方，摆在对方的位置上想一想——他（她）为什么会这样？是不是自己不对？如果确实是，就应该主动道歉，如果是对方不对，可以等冷静后再沟通。其实，夫妻间发生争吵是难免的，但一定要把握几个原则：一是不要动不动就说离婚，或动不动就离家出走；二是不要把对方的父母也牵扯进来；三是不要用带有侮辱性的语言，不然会进一步激化矛盾，伤害感情。良好的沟通和恰当的矛盾处理技巧，能为夫妻双方架起情感的桥梁，增进彼此的感情。

一个屋檐下 两个女主人

原生家庭的影响

同是大学教师的男女青年经历了自由恋爱,终于步入婚姻的殿堂。眼下结婚三年,儿子1岁,但两人已分居三个月,刚组建起来的小家庭充斥着争吵,矛盾不断。丈夫抱怨妻子脾气暴躁、太强势,不尊重自己的母亲,话语中都是妻子的不是。丈夫的母亲从东北老家过来,丈夫本想让母亲和自己一起住,安度晚年,但妻子就是容不下,吵闹不休,让自己心灰意冷——妻子不能接纳自己的母亲,这个婚姻就无法继续下去,在妻子和母亲之间,他只会选择母亲。

妻子认为丈夫的心理有问题,特别黏自己的母亲,母亲说什么就是什么,既然这样还结什么婚?而且丈夫是一个大男子主义者,为人固执,平时也不怎么顾家,更谈不上分担家务。"如果要离婚,那就离吧。"妻子愤怒地回应。

妻子表示,本来两个人经常手牵着手,走在校园的小路上散步,聊聊白天的工作和心里的话,但自从婆婆从老家来到上海之后,一切都改变了。婆婆对丈夫说,不要太宠着老婆,什么事都依着老婆,将来管不住,丈夫就像奉了圣旨般执行;婆婆对自己百般挑剔,烧菜油放少了不好吃,盐放多了又太咸,总有各种理由责备自己;婆婆还说她带不好孩子,不像个当妈的……现在的生活,对妻子来说就像置身地狱般煎熬,得不到支持与安慰,也感受不到温情。

听了他们的叙述,我让这对小夫妻画出各自的家谱图。在丈夫的图中,只有自己和母亲,没有父亲。原来,丈夫3岁时父母离异,从此母子相依为命,生活过得异常艰苦,母亲靠微薄的工资养育儿子,直到博士毕业。在丈夫成长过程中,母亲没有再接触其他的男性,所有的精力都投注在儿子身上,所有的希望都寄托在儿子身上。儿子渐渐长大,母亲对他的依恋越来越深,大事小事离不开儿子,极细小的事也要告诉儿子。后来儿子考上了博士,留在上海,母亲留在老家更是放心不下,每天一个电话。在儿子的世界里,母亲的喜怒哀乐影响着自己的生活。

儿子结婚后,母亲来到了上海,本想照顾小两口的生活,替儿子带孩子,让夫妻俩没有后顾之忧,安心在事业上发展。但是,同一个屋檐下怎能容得下两个女主人?母亲和媳妇思想观念上的差异、对事物的不同看法也一再造成冲突,彼此相处得疙疙瘩瘩。在母亲眼里,儿媳妇不会照顾儿子、照顾家庭,儿子的日子过得不好,甚至认为儿子从小没有爸爸,已经很可怜,现在成家了,

老婆又不能照顾好他，想到此，对儿媳妇气不打一处来。

爱是连接彼此的力量

在我的引导下，丈夫讲述了自己家庭的故事，通过家谱图似乎对自己与母亲过度粘连的关系有所觉察。

对于丈夫来说，首先要在情感上完成与母亲的分离。分离并不是说不爱母亲了，更不是说要割裂与母亲的关系，而是要明确，自己已经长大成人，组建了自己的家庭，经营好自己的家庭是重要的事。而当婆媳产生矛盾时，丈夫也不能急着把矛头指向妻子，责难妻子的不是，而是应耐着性子倾听妻子的诉说。

同时，丈夫要让母亲明白一点，自己虽然结婚了，但永远是她的儿子，永远会爱她，在需要的时候照顾她，让母亲不会因为自己组建了家庭而有情感剥离的感觉。

最后，丈夫还需要主动帮着妻子融入自己的家庭。女人结婚后，就进入了一个完全陌生的环境，难免会有手足无措之感，并会自然产生一种防御意识。在这个家庭里，只有老公是她最亲近的人，婆家人的一些行为，虽然主观上可能是没有恶意的，却会被她认为是伤害她的举动。这时就需要丈夫做好沟通的桥梁，而不是一味地指责妻子"敏感、多心、气量小"，这样只会让妻子跟自己家人之间的距离越来越远，最终将她排斥在这个大家庭之外。

对于妻子而言，也需要一定的理解和包容，体恤丈夫成长过程中婆婆的付出和艰辛，经常流露并表达对婆婆的敬意和感谢，感谢婆婆把丈夫养育成人。当婆婆对自己有不满时，即使她真的恶语相向，也要明白婆婆和丈夫相依为命那么多年了，一朝分离也需要时间去消化的事实，放宽心量去面对。最主要的是，妻子要清醒地看到，婆婆是自己丈夫的妈妈，不是自己的妈妈，自己可以选择像对自己母亲一样去孝敬她、尊重她，但不要期待对方能像对待女儿一样来对待自己。人际的痛苦，往往在于对关系有期待，觉得付出一定要有回报，当对付出不寄予回报的时候，精神也就自由了，心也能渐渐放平。

而婆婆需要明白的是，儿子总有一天会成家离开自己，总有另一个女人会走进儿子的情感世界，所以需要鼓励儿子把更多的重心放在自己的小家庭，而不是过多地介入、干预。不管这个家庭日子过得好还是不好，那都是他们的生活，把权利和责任一并交还给他们，即使有了冲突也要相信他们有能力去解决，祝福他们。至于"娶媳妇是接自己的班伺候自己儿子"这种想法，只会给小家庭造成更多的麻烦，也给自己带来莫大困扰。婆婆当下的任务应该是照顾好自己，提升老年生活的质量，开开心心过好每一天。

最终，这个小家庭在我多次的咨询、析理和调解下，疏通了三方关系，步入了新的生活阶段。危机往往也是转机，人生的路还很长，而爱是连接彼此的强大力量。

个体在结婚后，与原来家庭的关系，我们称之为"原生家庭"；自己家庭的关系，我们称之为"核心家庭"。如果一定要给这两个关系排个序位，那就是核心家庭在先，原生家庭在后。只有核心家庭的关系理顺了，才能协调好与原生家庭的关系。而现实生活中，家庭产生矛盾往往是因为顺序混乱而引发的。

单亲家庭的妈妈容易在孩子身上投入过多，导致母子缠结，孩子长大后往往会不自觉地将这种模式带入自己的婚姻系统，而母亲有形无形地介入则会为核心家庭带来各种困扰。在本案的这个家庭里，丈夫过度依恋母亲，试图把母亲拉进自己的婚姻系统，在只能容纳一男一女的婚姻关系里放两个女人，自然造成了各种矛盾和冲突，于是，夹在两个女人之间的男人左右为难，处理不好中间的关系。其实家庭是有顺序的，在未分化的家庭结构里，要完成分化。所以，丈夫即儿子要在情感上完成与母亲的分离；母亲要接受儿子长大的事实，放手让儿子过自己的人生；妻子则需要给丈夫与母亲分离的时间。

专家点评

原生家庭：原生家庭关系是指个体与父母、兄弟姐妹等的关系，其中与父亲、母亲的关系更重要，而尤其重要的，是与母亲的关系。人的童年经历与家庭教养方式会对其一生产生不可磨灭的影响，这不仅是心理动力学所强调的，更是心理学界广泛的共识。但是，需要指出的是我们不能偏激地认为原生家庭决定了一个人的一生，原生家庭不是人生的宿命，只是人生的起点。不能将一切人际关系的冲突都简单归结于原生家庭。人际冲突是由多重原因造成的，原生家庭关系的影响只是其中一个重要的因素。个体可以通过不断的自我成长来摆脱各种的影响，获得幸福。

小贴士

予你翻越峻岭的力量

雪上加霜

今年春节后，人们欢聚的笑声和鞭炮声刚刚消失，李阿姨就遭遇到了人生最大的不幸——她的独生子洋洋是渐冻人，年仅 30 岁就离开了人世。儿子永远地走了，李阿姨受到了沉重的打击，儿子带走了她的思念，也牵走了她的魂魄。她哭天喊地，悲痛欲绝。这时的李阿姨急切盼望能够得到亲人的安慰和陪伴。

然而，李阿姨不仅得不到这些，还要面对冷酷的现实：一年前，李阿姨老公患了脑梗住院，经过急救，人倒是挺过来了，但却长期瘫痪在床上，需要李阿姨的陪伴和照料。随着时间的推移，李阿姨老公因脑梗的后遗症还引起了脑瘫、健忘和癫痫等。如今，李阿姨老公记忆力受损，以前的事全忘掉了，竟连自己老婆也不认识了。据查，目前李阿姨老公的智力，仅相当于 3、4 岁的"幼儿"。就这样，李阿姨白天黑夜面对这样的老公，时时刻刻陪伴和照料这个"幼儿"。更让她痛苦的是：她不但得不到老公的理解和安慰，反而经常因为老公的打闹和折腾，陷入生气、怨恨和悲伤的情绪中。每到这种时候，她就会想到离世的儿子，就会特别心疼，特别悲哀。时间一长，面对冷酷的现实，李阿姨就经常发火，脾气也越来越暴躁。有时她无法控制自己的情绪，就会出现心慌的症状，但到医院检查，却没有发现实质性的问题。

面对李阿姨的现状和困境，我默默地倾听着，并给予她深度共情："我很理解你现在的心情，很理解你对儿子的思念，也很理解你对老公的付出。你今天所承受和能做到的，是很多人承受不了也做不到的。我愿意尽我所能帮助你。请你相信我的真诚，咱们一起努力，争取早点度过困境。"听了这话，李阿姨感到了被理解和被尊重，眼泪像断了线的珠子一样滚落下来。

望着满面泪水的李阿姨，我鼓励她把内心的痛苦全部宣泄出来，释放积聚在内心的种种消极情绪。

翻过这座山

当李阿姨的情绪渐渐地平复后，我就和她一起分析现实问题：李阿姨目前的主要压力来自她老公。面对老公的现状，她感到既痛苦又无力。在这种时候，我认为，需要尽快调整李阿姨的思维模式，让她更积极地对待人生。我给她讲了很多相似的案例，以及这些人通过和命运勇敢搏斗，最终走出困境。李阿姨听了，很受启发。

在咨询过程中，我不断地鼓励和安慰李阿姨，帮助她缓解过度焦虑、悲哀和怨恨的情绪，并用认知重建的技术帮助她改变认知，确立自尊自信，调整心态，积极地面对困境。同时，我还仔细地寻找李阿姨的社会支持系统，以便让她有更多的渠道去抒发和排解情绪。

我语重心长地对她说："在人生征途上，每个人都会碰到翻不过去的山，迈不出去的坎。很多人因害怕受伤而畏缩不前。但有一些人，他们不畏艰难，挺直身躯去战胜困境，于是他们翻过了这座山，迈过了这道坎。"说到这里，我拉着李阿姨的手，郑重地对她说："这条路必须要你自己走出来。你自己走不出来，谁也帮不了你！"李阿姨听后，点点头，似有了决心，要走出困境。

为了帮助李阿姨建立信心，走出困境，我建议她每天对自己的进步和改变做好记录，安排好家事后出去走走，和别人聊聊天，舒缓精神压力，多和正能量的人待在一起，远离有负面情绪的人。

经过多次的心理疏导，李阿姨慢慢地缓解了焦虑抑郁的情绪，逐步理清了解决问题的思路。渐渐地李阿姨发现自己能学会控制自己的情绪了，面对"幼儿"老公，也不再怨恨，意识到他是一个病人，有一个生病的老公，虽然智力低下，但至少还有一个陪伴。李阿姨也逐步增强了自信，明白了只有不畏艰难，振作起来才能摆脱困境。李阿姨经过我的帮助，不断地调整自己，找到了解决问题的办法——转变心态。同时，她也看到了未来生活的希望。

"幸福的人生大致相同，不幸的人生却各有各的不幸。"生活对于有些家庭来说困难重重，重压下的个体，不仅承受着现实的压力，也承受着精神和心理层面的压力。心理学表明，人长期在负面情绪里会降低对现实困境的应对能力，甚至造成极端的情况，这样的家庭急需心理支持。本案例中，调节个体的心理应对能力，增加其对现实的适应性，是心理学发挥力量之处。处在长期重压下的案主在得到足够的无条件支持后，充分宣泄了负面情绪，情绪平稳下来，理性也重新"现身"。在稳定、长期的心理陪伴下，案主慢慢接受了儿子离去这一人生中最大的痛，接受要照顾低智能、高需求的丈夫这一事实。接受是改变的开始，不去对抗意味着案主的适应性在不断增强，当带着接纳的态度面对困境，生活会从另一个角度悄悄发生变化，并牵引着案主的人生走向不一样的未来。

专家点评

找回迷失的自我

心的距离

魏女士生于 20 世纪 70 年代末，大学期间，和师兄方先生恋爱了。毕业后，两人步入婚姻殿堂。进入 21 世纪，丈夫提出对未来的展望："咱们到上海吧，沿海大都市里发展机会多，咱们可以找到人生的价值。"魏女士就这样跟着丈夫，从冰雪覆盖的东北来到了熙熙攘攘的上海。

到上海后，夫妻双双进了外资企业，方先生做汽车设计，魏女士做室内设计。在人生地不熟的环境里，夫妻俩携手共进，感情很好。之后，魏女士经历了两次意外流产，为了顺利生育，夫妻俩商定：魏女士不再上班，专心备孕。

做了全职太太后，魏女士生下一个可爱的女儿，天天围着孩子忙碌，累并快乐着。时光飞逝，女儿日渐长大，很快就上学了。每天送走女儿，家里就空荡荡的。这天送走女儿，魏女士突然想到，方先生很久没有同自己亲热了，好像离她越来越远了……

这种现象是从什么时候开始的？魏女士心里一惊。她做全职太太后，与外界基本不接触，不是带孩子，就是忙家务。而方先生从为人打工到自己开公司，一路顺风顺水，事业渐渐地发展起来。魏女士把一颗心全放在女儿和家庭上，对方先生的关注日益减少，夫妻间的交流也越来越少。魏女士直到那时才意识到，自己和丈夫已经不在一个层面，他们之间的距离越来越大。

当魏女士把目光重新放回丈夫身上时，发现为时已晚，一切意想不到的事情都发生了。方先生不再愿意跟她说话，连陪她片刻都没耐心。对此，魏女士不但伤心，也极度焦虑，心里有种强烈的不安。有一天，这种不安变为了现实，方先生向她提出离婚："我对你已经没有爱，只剩担心了。"

令魏女士非常吃惊和痛苦的是：方先生已与一名有夫之妇发生了婚外情。魏女士感到自己快要疯了，从何时起，事情竟走到了这一步？在丈夫要求离婚的三个月里，魏女士内心矛盾重重，既接受不了丈夫出轨，又想为了孩子和可能面临的生活困境而原谅他。

其间，魏女士经历着煎熬，吃不下睡不好，甚至想过自杀。但她仍然爱着方先生，想挽回这段婚姻，最后，她专诚来到心理服务工作站寻求帮助。

"问问你的内心"

我接待了魏女士，认真倾听她的烦恼，让她尽情宣泄，并在这个过程中梳理自己的情绪和感受。由痛苦到激动，再到回归冷静，魏女士的心情起起伏伏，而我在倾听魏女士叙述的过程中，从一连串问题入手，让魏女士开始慢慢反思：成为全职太太之后，她把生活重心都放在女儿和家庭上，忽视了对自己的提升和与丈夫之间的感情经营。魏女士终于觉察到，不知从何时起，她距离丈夫接触的圈子已如此遥远，她与丈夫之间，除了家庭琐事已无其他话可说。

在我的引导下，魏女士慢慢地梳理出了自己的问题。接下来，我与魏女士又一起探讨经营婚姻的方法，并建议魏女士告诉丈夫，彼此一起努力，把恋爱时或刚结婚时的美好回忆再找回来，努力唤起丈夫对美好婚姻的向往。

"修复感情不是一朝一夕，可能需要一个过程。这个过程是痛苦的，也许会有反复，必须要做好充分的心理准备。"魏女士默默地听着，不时地点点头。情绪稳定下来后，她提出最大的担心。"如果我丈夫坚决要离婚，那该怎么办？"

针对这个问题，我给了她一个指引——问问你的内心。"你要先考虑自己内心的真实感受。如果你内心不想离婚，那就先从改变自己开始，去找丈夫好好交流沟通。如果你内心绝望了，那就通过法律保护自己的权益。"

离开咨询室时，魏女士情绪稳定，心态平和，对这场人生挑战，她已经有了信心去面对。

与魏女士遭遇相似的例子有不少。对每个人而言，婚姻都是一场人生洗礼。其中，有些人成为了更好的自己，有些人则兜兜转转，迷失了方向。但，只要寻求帮助，一定会云开雾散，每一天都会阳光灿烂。

一开始同一起跑线上的两个人，一个在外发展事业，一个全身心地投入家庭照顾孩子，看似分工明确，共同为家庭建设做出努力，但却为后来婚姻出现问题埋下了隐患。丈夫在外为事业打拼，接触的人越来越多，眼界越来越开阔，回到家见到的只是围绕着家庭琐事说个不停的妻子，渐渐地共同语言就少了，妻子不了解丈夫的内心在想什么，丈夫也疲于去回应妻子的家长里短，两个人的精神领域越来越远。情感流动不起来就会带来很多抱怨，妻子抱怨丈夫看不到自己为家庭做出的牺牲，丈夫抱怨妻子阴晴不定的情绪变化，不体谅自己在外奔波的艰辛，不知不觉彼此的情感就疏远了。诱惑之下，丈夫就出轨了。"没有永远的婚姻，只有一起成长的夫妻。一段婚姻中，无法共同进步的夫妻，终将有一个被淘汰。"这句话残酷地道出了很多婚姻的真相。婚姻不仅仅是包容和接纳对方的所有，婚姻中的双方都要一起改变、共同成长。

专家点评

转不了境，就转念

心有千千结

陆阿姨今年 66 岁，本该是颐养天年的年纪。可是，当她一进门，我就看到了陆阿姨的一脸愁容。我让她坐下，关切地问她："今天来，有什么事吗？"一听这话，陆阿姨张口就开始诉说起自己的种种不顺。

她 40 岁的时候，因为各种原因与丈夫离婚了，两人唯一的女儿也跟着爸爸生活，自己因为没有地方居住，就回到了父母留给弟弟的房子里，与弟弟一起生活。久而久之，姐弟俩在生活中出现了各种矛盾，经常为了一点生活琐事而争吵不休。发展到后来，弟弟很自然地认为，房子是父母留给他的，没有姐姐的份额，如果结婚的话，就要让姐姐出去。而陆阿姨则认为，自己也有父母房子的遗产份额，弟弟要求自己出去是没有理由的。就这样，姐弟俩的关系不冷不热，时好时坏，两人的生活也在这样的矛盾纠葛中继续着……

在社区里，陆阿姨也觉得她与邻里的关系处得不好。原因是自己的快言快语得罪了人，自己的遭遇也无人同情。最让人烦心的是，她的身体状况不好，患有糖尿病、高血压、肾结石等慢性疾病。这一切使陆阿姨经常感觉生活无望，对任何事都提不起兴趣。

陆阿姨一边诉说，一边不断地唉声叹气，眼里噙着泪花，神情沮丧。我在听她诉说的时候给予了共情。耐心的倾听、适度的共情让陆阿姨感到心里顺畅了些。

又找到了开心的感觉

听完陆阿姨的诉说，我感觉到是一种焦虑和忧郁的情绪破坏了陆阿姨的心情。

生活的不顺导致陆阿姨总是郁郁寡欢，情绪低落，总担心弟弟结婚，自己没地方住；小区居民对陆阿姨的遭遇也不理解；身体上的病痛也无人关心和照顾。

针对陆阿姨的困扰，我利用短期焦点咨询技术，着眼于对现实问题的解决，引导她学会用辩证的、发展的眼光看待一切事物。况且"塞翁失马，焉知非福"，挫折未必就是坏事，只要处事达观，即使已是"山重水复"，也必定会出现"柳暗花明"。

咨询中，我与陆阿姨一起寻找生活中的积极面，比如，弟弟外出旅游会给她带小礼品、自己的身体状况经过治疗已非常稳定、邻里间的问候与关心可以被正向引导、女儿不来看望但至少有弟弟的陪伴和惦记……经过半年的多次咨询，陆阿姨从一点点小改变到大改变，通过更换视角看问题，她理性层面的理解力被激发，学会了站在对方的角度看问题，学会了感受并理解自己的情绪，更是对生命有了客观的认识，不再受主观心理条件制约，而是积极健康地去面对生活，对未来充满期待。

"又找到了开心过日子的感觉"是陆阿姨对自己的改变作出的认真而客观的评价，这也恰恰就是我们的工作目标。

专家点评

美国心理学家阿尔伯特·艾利斯（Albert Ellis）认为，人的情绪和行为障碍不是由某一激发事件直接引起的，而是由于经受这一事件的个体对它不正确的认知和评价所引起的，最后导致在特定情景下的情绪和行为后果。面对同一件事，不同的人站在不同的角度，自然会有不同的认知，并产生不同的情绪。并且，人们会随着对该事件认识的改变而发生情绪上的变化。左右我们情绪的并非是事件本身，而是我们对事件的态度和观念。人之逆境十之八九，又怎能"万事如意"？当陆阿姨慢慢接受生活的常态时，抱怨和委屈就慢慢减少了，自己也可以从受害者的身份里解脱出来，跳出局限性的思维看待生活中的磨难。转不了境，就转念，开心过好每一天，有时候只在于你的选择。

第三章

职业成长

"荒岛"求生

在上海拼搏

娟子在疫情期间来到上海发展,因为她的专业比较热门,以前又在外地一家知名企业工作过,因此很快就找到了对口工作,而且收入很好。家人也都为她欢呼鼓舞,以她为荣。公司因为缺人手,催促娟子尽快上班,娟子就迅速在网上租好房子,办好入沪申请,带着行李来到完全陌生的大上海,开始了新生活。

因为是疫情期间,按规定要隔离十四天,公司要求她居家办公,娟子在对公司环境和同事非常陌生的情况下,开始了紧张且繁忙的工作。娟子身处的是IT行业,工作量极大,每天在家工作要十几个小时,且经常要开网会。为此,娟子经常忙得饭也不能吃,澡也洗不了,工作结束倒头就睡。

一个人在人生地不熟的地方,娟子没时间去处理生活上的事,也不知道小区周围有哪些生活设施。她好像被抛到了荒岛上,还没准备好,就被卷进了波涛之中。一周以后,娟子感觉自己状态很不好,找不到生存的意义,失去了生活的方向,甚至有轻生的念头。但她又不敢和家人说,怕他们失望。痛苦之际,她拨通了疫情期间的公益热线,诉说自己的痛苦。

为自己骄傲

在电话中,我耐心倾听了娟子的痛苦,适时与她共情,并与她分享自己的亲身经历。我曾经也和她一样,在上海这样一个人生地不熟的环境中,工作生活上都不适应,感到无力、无助和无价值,甚至也想要轻生,但因为身边有朋友支持,又想到父母失去子女的痛苦,很不忍心,于是就努力学习心理学,寻找解除痛苦的方法。

现在,我已经完全走出了困境,并且找到自己喜欢的职业——心理咨询师。我告诉娟子,这是一种非常普遍的适应障碍,很多人都遇到过。当娟子听到我分享的相同经历后,顿时觉得自己不那么孤独了,原来这些痛苦是共通的,也是暂时的。她看到了希望,就急切地问我有什么方法可以帮到自己。

我分享了自己曾经用过的一些方法,并引导娟子看到自己的积极力量,比如工作能力强,能够很快得到工作机会,可以独自一人在上海发展,甚至在如此短的时间内就能承担起常人无法承担的工作量。娟子认识到自己的不容易,想要学着接纳自己的无力，好好照顾自己，爱自己。

随后，我引导娟子通过正念呼吸，让自己平静下来，又通过冥想进行自我接纳和自我支持。我指导娟子用双臂紧紧拥抱自己，并承诺要好好照顾自己，心疼自己，欣赏自己，鼓励自己，做自己最好的朋友。接下来，我和娟子讨论了除了自我支持，还可以寻求其他的支持力量，比如父母，姐妹，朋友等。之后，娟子感觉轻松多了，仿佛看到了天亮的曙光。最后，我建议她在情绪低落并有轻生念头时要尽快去上海市精神卫生中心就诊。

此后，娟子还陆陆续续来电咨询了好几次，与我探讨了与父母的关系、低自尊的形成原因、工作的意义等问题。在我的陪伴下，几个月后，娟子慢慢走出了抑郁的低谷，适应了上海的快节奏生活，投入到正常的生活和工作当中，创造并享受属于自己的精彩人生。

专家点评

适应障碍是指在明显的生活改变或环境变化时所产生的短期和轻度的烦恼状态和情绪失调，常伴有一定程度的行为变化等，但并不出现精神病性症状。一般而言，症状的表现及严重程度主要取决于患者的病情个性特征。作为典型诱因的生活事件有：居丧、离婚、失业或变换岗位、迁居、转学、患重病、经济危机、退休等，发病往往与生活事件的严重程度、个体的心理素质、心理应对方式、来自家庭和社会的支持等因素有关。本案案主人格特质为对自我要求高、自我价值感低。她从一个熟悉的城市到一个完全陌生的城市后，马上投入到高强度的工作中，希望通过自己的努力立刻取得一定的成就，但持续的体力、精力的消耗让她不堪重负，工作、生活上出现了不适应，感到无力、孤独无助、无价值，产生消极的负面情绪。这时候如果自我调适仍无法缓解这种状态，向外求助、建立社会支持系统就显得非常必要，通过心理辅导，可使压抑在内心的负面情绪得到释放。本案中，咨询师运用叙事的方法帮助案主从客观角度看待和评估自己，看到自己身上很多正向的积极的资源，获得对自我的认同和接纳，又以赋能的技术帮助案主重新感受到内心的能量，最终重新建构自我，知道要好好照顾自己、心疼自己、欣赏自己、鼓励自己，做自己最好的朋友，带着对自己的关照，慢慢适应当下的工作和生活。

"完美"女孩

我的"完美面具"

在大家心目中，小雅是一个非常优秀的女孩，她多才多艺，学习成绩名列前茅，是父母和老师都喜欢的"乖乖女"。

小雅的父母都是高级知识分子，使得她从小受到了良好的教育。从名牌大学毕业后，小雅顺理成章地进入一家全球知名的大公司，工作上顺风顺水，很快崭露头角，受到上司的重用，让大家很是羡慕称赞。

小雅也特别在乎自己的形象，总是打扮得优雅得体，而且她凡事追求完美，工作认真，所以领导都放心把任务交给她，她也能毫无怨言且出色地完成工作。但在这过程中，随着责任越来越重，她的压力也越来越大，终于有一天，她实在无法承受，走进了心理咨询室。

原来在单位里，小雅一直"扮演"着优雅能干的女强人。就算压力再大，她也不愿向朋友倾诉，也从来不向父母诉苦，怕破坏自己在大家心目中的形象，也怕他们失望。在极其痛苦之际，她想到了一个减压的方法，她一反平日的优雅风格，把自己打扮成俗气妖艳的样子：涂上黑指甲油，戴着墨镜，到酒吧喝酒，和不认识的人搭讪，随意编造自己的身份和各种故事——每次更换不同的角色，不跟别人建立任何联系。

一开始，这个方法的确让一向带着完美面具的小雅有了放松的感觉，于是她下班后经常出入各处酒吧。但有一天，她回家太晚，困得忘记卸下黑色指甲油。第二天上班时，大家惊讶地发现小雅手脚都涂着黑色指甲油，让她顿时感觉自己完美的人设崩塌了。她不知道该如何解释，就那样慌慌张张地搪塞了过去。对别人来说，这只是一件小事，可对于习惯带着完美面具的小雅来说，却是一件非常丢脸的大事。

真我的风采

在我的温暖陪伴下，小雅表达了自己的恐惧、自责和担心，明白了自己内心的痛苦根源在于一直以来对自身的过高要求，这些内化的高要求就像一把双刃剑：一方面能帮助她出色地完成学习、工作，但另一方面又成为一种束缚，使她时刻绷紧神经，活得疲累而不真实，内心深处又总觉得自己还不够好。说到这，小雅非常伤心，从小到大，父母从来都没有好好抱过她，只是对她提出各种要求，只有她表现优异时，父母才露出笑脸。久而久之，这些要求内化成了苛求完美的面具，让小雅活得很累。

于是，我让小雅通过空椅子技术和父母进行心灵对话，表达自己压抑的委屈和愤怒的情绪。宣泄之后，再转换到父母的角度感受他们的想法。通过对话，小雅释放了压抑多年的情绪，理解了父母严厉之下的苦心和爱，开始谅解和接纳父母。接着，小雅继续和自己内心对话，让苛求完美的自己和真实普通的自己进行一次交流。通过与自己的对话，小雅允许自己可以不优雅，可以不能干，可以软弱，可以出错——放下完美的面具，做回真实的自己，成为自己最好的朋友，无条件地爱自己。当有了这些新的觉察后，小雅长舒了一口气，感觉轻松了许多。

现在的小雅已开始学着卸下完美面具，回归一个真实普通的女孩。在公司里，她学会了示弱，敢于向无法承担的事情说"NO"，不给自己过大的压力。和同事们的相处也更融洽了，因为大家感觉她越来越接地气，也只是一个普普通通的女孩。朋友们也能听到小雅的"吐槽"声了。最近，她报名参加了一个正念团体，也报了瑜伽班学习，偶尔还会去酒吧潇洒一下。这一切，都让真实的小雅生活得充实而滋润。

人格是指个体在对人、对事、对己等方面的社会适应中行为上的内部倾向性和心理特征。个体如果从小成长在一个很少获得认可的家庭环境中，就会不停地渴望获得外界的认可，并小心翼翼地压抑自己，讨好别人，满足环境对自己的要求，长大后就会形成完美主义的人格特质。完美主义者的最大特点是追求完美，而这种欲望是建立在认为事事都不满意、不完美的基础之上的，因而他们就陷入了深深的矛盾之中。正如本案案主公开展示给人一个好的印象，以得到他人的承认，保证能够与周围的人，甚至不喜欢的人和睦相处，实现个人目的，并且会根据场合需要，每时每刻都戴着面具。但这种完美的背后是对自我深深的不接纳，那些自认为不好的部分就像见不得人的阴影一样被强行压制，造成内在分裂。成年后我们在继续着社会化的进程，会在社会化中扮演很多角色，且很多时候并不是自己愿意扮演，而是社会所要求的。人为了更好地适应社会，会戴上社会认可的人格面具出现，以期满足个人需求，当然这也是社会共同生活的基础。但被过度压抑的阴影，就会像案主的黑指甲一样，总有一天会以一种意想不到的方式表达出来，让人措手不及。用一个身份掩盖另一个身份，只会让个体更加分裂，出路不是戴上面具，而是全面接纳自己，包括"阴影部分"——不优雅的，不能干的、会犯错的、软弱的、失败的……我们需要放下完美的面具，做回真实的自己，成为自己最好的朋友，无条件地爱自己。

专家点评

背着姐姐的人

姐姐，别走

王女士是新上海人，去年刚创业，开了一家小公司，压力很大，也非常辛苦。坐在咨询室里的她，满脸倦容。

在我简单介绍心理咨询的设置后，王女士打开了话匣子。她倾诉了自己创业的辛苦，因为不能顾及家庭，丈夫也对她不满，令她感到自己身心俱疲，能量耗竭，无力应对工作和家庭，所以前来咨询。

在这过程中，我用心倾听其诉说，适时与她共情，建立起相互信任、宽松的咨询氛围。在明白王女士的困境后，我引导她回忆自己的成长经历，她做过的最让她自豪的事。她说，自己从小在农村长大，特别能吃苦，能像男孩子一样干力气活，但是和妈妈的关系不好，因为妈妈总控制她，对她管教很严厉。

王女士有个姐姐，先天残疾，只能躺在床上，妈妈要花更多的时间照顾姐姐，而爸爸在外打工，所以她帮妈妈承担了很多农活，她特别喜欢姐姐，只要有空，就背着姐姐到处玩，甚至还带着姐姐和小伙伴跳绳。她仿佛是姐姐的脚，而当她有烦恼时，姐姐总是听她诉说，宽慰她、鼓励她，可以说姐姐是她最亲最好的朋友。所以，俩姐妹关系特别好，像是"一个人"。

回忆起这些时，王女士脸上充满了幸福，感到自己很有价值和力量。但当回忆起姐姐因为一次重感冒发烧，在家耽搁了几天，还没来得及送医院就安静地离开了人世时，她变得很伤心，甚至恨她妈妈为何不能早点送姐姐去医院。

打开心结后的喜悦

回忆起姐姐的去世，王女士泣不成声，陷入了伤心与痛苦中。我在一边陪伴着她，并运用空椅子技术引导她想象姐姐就在她眼前，帮助她对姐姐表达当时来不及表达的爱和留恋。

帮助王女士宣泄悲伤后，我继续引导她和姐姐进行角色交换，让她从姐姐的角度去感受即使亲人离世，但爱一直都在。通过不断地进行角色交换，她和姐姐在心灵上再一次相会，体会到了姐姐是带着幸福、没有任何遗憾地离开世界。而且，姐姐的爱在心灵深处一直陪伴着她，鼓励她，让她看到自己是个有责任心、有爱心、有力量的人。

当她完成了和姐姐的心灵交会，并和姐姐道别之后，我引导她通过冥想，将充满力量和爱的感觉贯通全身。王女士感受到整个人变得越来越温暖，越来越有力量。冥想结束时，我让她进行自我暗示，相信自己一定有办法平衡事业与家庭，生活也会越来越幸福。

当王女士从冥想中睁开眼睛时，整个人的神态焕然一新，脸上不再是疲倦和无力，而代之以发自内心的平静和喜悦——仿佛放下了一块大石头，轻松了许多。最后，我带王女士学习了一些简单实用的正念冥想方法，鼓励她在疲劳时随时关爱自己，给自己减压充电。咨询结束后，王女士带着轻松的脚步走出了咨询室。

"未完成事件"是指过去未完成的事、未处理好的情绪形成的情结，它可能是没有满足的需要，也可能是没有完成的一个告别，但它不是指日常生活中没有完成的事情。这些情感在意识领域里并没有被充分体验，因此就在潜意识中徘徊。人的行为80%受到潜意识的影响，在自动模式驱使下，潜意识压抑的东西在不知不觉中被带入现实生活里，从而妨碍了自己与他人间的有效接触。本案案主从小和姐姐感情很好，回忆和姐姐相处的美好时光时，能感受到满满的爱的能量，脸上充满了幸福，让她感到自己很有价值和力量。但当回忆起姐姐因为一次重感冒发烧，延误了救治时间而过世时，案主便产生了情绪上的波动。和姐姐之间的关系受到了中断，如果这个中断持续存在，个体内在的生命能量会处在停滞的状态，也很难发展与他人的情感链接，所以需要重新把和姐姐的情感连接上，完成对未完事件的修通。咨询师通过空椅子技术，引导案主做反复的角色切换，终于令案主感受到姐姐对自己的爱，也感受到了自己身上的责任、担当和力量，重新续上能量后，案主开始重新思考现实生活中与母亲的关系、与丈夫的关系，由此产生了新的思路，同时也接纳了自己的身份，提升了自我价值感。当爱的能量流动起来，个体看待世界的角度会更多元，也更柔和，周围的关系就会发生实质性的变化。心理学工作的意义便在于此——疏通能量卡住的环节，让爱流动起来。

知心课

告别自卑的"我"

身陷困境

居民吴先生患有帕金森综合征，长年生病在家。目前，吴先生与母亲同住，他母亲已是九十高龄了，长年瘫痪在床。这还不算，他有一个女儿，叫小芳，今年 36 岁。由于种种原因，小芳辞去了之前的工作，长年蜗居在家，依靠父母养活，成了啃老族。现在，吴先生最大的心愿就是希望女儿能够重返社会，尽快找到一份稳定的工作，以解家里的困境。

了解了吴先生的家庭情况，我心里沉甸甸的，吴先生的家境堪忧。我想，要解决吴家的困境就要解决吴先生女儿的就业问题。但是，小芳因为长年失业在家，早已和社会脱节。由于长期把自己关在家里，不和社会接触，她极度缺乏自信，不愿与人交流。特别是，一说求职的事，她就非常抵触。

小芳的这一特殊情况，引起了家事关护站的高度重视。我与关护站工作人员立刻召开工作例会，大家认真研究分析，一致认为：要解决吴家的困境，关键在于，这个家庭必须有一份稳定的收入。小芳年富力强，理应承担起家庭的重担，眼下，我们要引导她勇敢地迈出家门。目标明确后，我就带领关护站人员多次登门访谈，为小芳做心理疏导。

首先，我了解了小芳不愿出去工作的原因：主要是因为自卑，和同事沟通有困难，发展到后来，她就选择了逃避，躲在家里不愿出门，开始啃老。如何让小芳战胜自卑，增强自信，走出困境，重返社会呢？

我展开了对小芳的心理辅导，要让小芳增强自信，就要纠正她偏低的自我评价，消除悲观失望的情绪。

重塑自信

我先寻找小芳自身潜在的能量，努力让这个充满自卑的女子，逐渐找回一些自信。我采取倾听陪伴和启发引导的方式，让小芳逐渐明白自己是成年人，能够自力更生，用自己的劳动来追求幸福生活。既为人子女，就应该承担起赡养父母的义务。

其次，我从两方面入手，一方面给予小芳支持与鼓励，让她树立自尊自信、自立自强的信念；一方面整合社会资源，为她寻找就业机会。但事与愿违，阻力接连不断。要么是专业不对口，要么是小芳无法胜任。求职的期望与

110

现实的岗位，两者落差很大。诸多因素，使小芳一时难有适合的岗位。

尽管困难重重，我还是鼓励小芳不要泄气，考虑再三，又和小芳反复研讨，结合她自身的能力，我认为"社工"这一岗位较为适合她。但要从事这一工作，需要"社工"资质。在我的鼓励和引导下，小芳决定参加社工考试。我为她借来考试书籍，还为她寻找辅导老师。为了顺利通过笔试和面试，我为小芳详细介绍了社工岗位，从工作性质到具体职责，小芳的心里有了底，短短半年多时间，就通过了社工考试。

那是一个天空晴朗的日子，小芳拿到了上岗通知，激动无比，泪水顺着她的脸颊缓缓地滚落下来。如今，小芳精干利落，自信满满，已成为一名合格的社区工作者。

吴先生的心结终于解开了，在他们全家身陷困境的时候，街道居委向他们伸出援助之手，解决了他们全家的后顾之忧，这一切都让吴先生感激万分。

人具有社会性，通过社会群体确认自我价值和归属感。缺乏社交技能、社交失败，往往导致个体自我怀疑、自我否定，进而对社会交往产生害怕和恐惧的心理。社交焦虑和恐惧又会降低个体的自我评价，使其觉得自己无能从而丧失自信，引发自怨自艾、悲观失望等情绪体验的消极心理倾向，最终形成自卑。一个自卑的人对自我总是充满怀疑，不相信自己有能力去完成任务，不相信他人会接受自己，害怕尝试、害怕失败，久而久之便放大了外在风险，面对人生挑战时往往选择逃避退缩，避免社会性交往。

本案例中，心理辅导的目的就在于打破这样的恶性循环，从"自我认知"这个根本出发点开始，引导案主寻找自身潜在的能量，形成客观的自我评估，既不盲目地高估自己，也不过度地否定自己，找到适合自己的状态。然后，通过完成目标，积累点点滴滴的成就，重塑对自我的信心，获得对生活的控制感，进一步走出家门，在社会上找到自己的位置。

专家点评

共迎曙光

漆黑的夜

凌晨四点多，从心理热线值班室的窗向外望去，天空仍然是漆黑一片，虽然冬天还没到，但多少让人感到有些凉意，我紧了紧披在身上的外套，续了一杯热水，这时，铃声响起，我拿起电话："您好！这里是心理热线……"

电话那头的朱先生介绍了自己的情况。原本身为普通职工的他，因为接到组织命令，被单位临时抽调前往防疫前线工作。刚刚结束了一夜的奔波劳碌，虽然又累又困，却怎么也睡不着觉，因为他头疼而无助。

朱先生今年45岁，有一个年幼的孩子。目前，他已在防疫前线工作了近四个月。因为是倒班制，长期不规律的作息使得他产生了一系列的健康问题，例如头疼、失眠等。最初这份特殊工作带来的自我价值感也因为工作内容过于单调，组长的严苛和不近人情等原因而消退，导致朱先生产生明显的情绪低落和倦怠感。

他原本是一位关爱妻子的好丈夫，疼爱孩子的好爸爸，孝顺长辈的好儿子，然而由于长期无法跟家人团聚，妻子对他颇有怨言，两人产生了争吵，他对家人充满愧疚之余又备感无奈。原定期限已到，但是上级单位又没有下达岗位调动通知，他想要申请调回原单位，调整自己的状态和生活，却又担心被领导误解为对指派的工作不认真，故意作对。

听着电话里的轻声讲述，我逐渐厘清了他所面临的困扰。结合他的视角及我的经验，我看到一个极度愧疚、自责和担忧的人，他的心中仿佛有一个声音在呐喊：我的工作充满意义和价值，我应该感到自豪并全情投入才对，怎么能够产生枯燥、无望的感受呢？怎么能够想要休息呢？怎么能因为头疼和失眠的小问题就当了逃兵呢？这让别人怎么看待我啊？

天光初现

了解了朱先生的心结后，我运用短期焦点咨询技术中的一般化技术，辅以相关的心理学理论解释，让他看到自身躯体和情绪问题的普遍性，减轻他的心理负担，缓和他的恐惧、忧虑，从而接纳自己的问题。

随后，我引导他聚焦问题解决的方式，指出其不合理的应对方式。他作为家里的顶梁柱和单位的优秀员工，平时习惯性地将所有的压力独自扛起，摆平各种问题，这在大多数时候都能让他获得家人和单位领导的欣赏和信赖。然而，当工作环境发生变化，压力使得身体发出警告信号时，他不能再仅仅依靠个人力量应对工作，也无法完美照应家庭，而朱先生依然采用单枪匹马的方式应对，且由于缺乏与单位领导和家人的有效沟通，其他人并不了解其面临的压力，不理解他与往常表现反差巨大的言行。

此后，我再帮助他发展更加具有适应性的行为。鼓励朱先生主动与家人和单位领导谈论自己的感受和困难，寻求他人的理解和适当的帮助。

最后进入积极转化阶段。站在普通市民的立场，我向他表达对于其防疫工作的感激，激发其强烈的内在意义感和价值感，缓冲压力造成的负面影响，提高其身心的抗压性和弹性。

经过五十分钟的热线交流，咨询告一段落，窗外也出现了一点天青色。

朱先生表示在咨询中感到自己是被理解的，这让他放松了不少，心理负担也减轻了些。另外，他考虑之后跟单位领导和家人沟通自己的困难，寻求身边人的理解和支持，帮助自己应对当前的压力。

虽然问题并没有完全解决，但是朱先生从咨询中获得了希望，找回了力量感，也找到了问题解决的方向。祝福他的路越走越好。

专家点评

疫情最初暴发时，一群逆行者投身抗疫一线，其中有社区工作者、党员干部、警务人员、志愿者……他们牺牲和家人团聚的时间，同广大的医护工作者一样，在抗疫一线加班加点，甚至二十四小时无休，全力以赴，负重担当。对于他们来说，心理防护非常重要。本案案主是一名通过网络自行搜索到心理热线的防疫人员，在咨询师的尽心引导下，逐渐减轻了心理负担，缓和了恐惧和忧虑的情绪，聚焦问题解决的合理应对方式，最终形成更加具有适应性的行为，并在咨询师的赋能下积极转化、发展出具有弹性的压力应对方式。

疫情之下，或许还有更多需要帮助的防疫人员正处于压力应激反应及其所带来的心理困扰中。也许相关机构可以主动关爱一线防疫工作人员，做好心理健康的科普及心理热线宣传工作。此外，建议有关部门合理调配力量，缓解社区干部、志愿者等一线防疫人员的工作压力，安排长期工作的防疫人员回岗休整。安排志愿者或专门人员，为有困难的一线防疫人员家庭提供照料老人、孩子等帮助，以解后顾之忧。

柳暗花明又一村

　　小李今年 24 岁，在一家公司的后勤办公室工作，负责印章和证照等事务，除此以外基本没有其他的工作。虽然工作比较单一，但小李每天在工位上除了午休时间外，一坐就是将近八个小时。每天上班，都要被其他部门催着用印，有时甚至在他上洗手间的时候，都会有人打电话催着合同用印。

　　入职两年来，薪水和职位都没有改变。工作的毫无新意、一成不变让小李感到焦虑而茫然，现在一走进公司，他就会有种说不出的难受和疲惫。

"企业睡人"

　　一个人长期从事某种职业，在日复一日的机械作业中，渐渐会有一种困乏，甚至产生厌倦的感受，在工作中难以提起兴致，打不起精神，只是随着一种惯性在工作。因此，加拿大著名心理大师克丽丝汀·马斯勒将职业倦怠症患者称为"企业睡人"。据调查，如今人们产生职业倦怠的时间越来越短，有的人甚至工作八个月到半年就开始厌倦工作。小李就陷入了这样的困境中。

　　在咨询过程中，我一方面与小李聊了聊近期的工作情况，倾听他在工作中的苦闷和烦恼。同时，我也与小李一同合作，了解他对职业的想法，倾听他内心对于职场的感受和对未来的规划。沟通中，我了解到小李在现有的岗位上工作表现一直不错，从来没有出现过重大失误。他的细致、认真和一丝不苟，得到了领导的肯定。但小李本人个性活泼、外向，不喜欢枯燥乏味、缺乏挑战的工作岗位，认为太安逸的状态不适合自己，希望自己的岗位有机会多与人打交道。

　　我评估了小李的个性与其职业规划后，和他一同探讨如何可以收获一份让他满意的工作。小李突然意识到，他从未向领导表达过自己的想法，应该更积极主动地开启沟通，让领导了解自己的真实想法。而且，他还从其他部门的同事那里了解到，公司内部是有轮岗的，可以让他去尝试其他职位。这让小李又重新燃起了斗志，渴望迎接新的挑战。

　　"企业睡人"、职业倦怠是职场中常见的现象，员工每天重复千篇一律的工作，没有创新、没有挑战，很容易出现厌倦、疲劳的工作情绪。因个体差异，有些人在这样的状态下能够调整过来，有些人则因为工作频度的原因，无法及时调整。从心理学角度讲，职业是自我的进一步发展延伸，是个体社会化过程中自我价值的实现途径。职业、岗位和个体之间存在一个是否匹配的问题，如果两者匹配，职业就能把个体的优势资源良好地发挥出来，个体也能在职业中充分展现并感受到成就感和价值感，对自我发展也会比较满意；如果不匹配，时间一长，个体会感受到对职业提不起兴趣、疲倦，以至丧失信心。所以员工在职业发展生涯中，需要对自我的职业性格倾向、自我的能力、资源优势、自己的需要等进行客观的评估，在综合评价的基础上，确立职业发展的路径，寻找到适合自己的工作岗位。本案案主个性活泼、外向，内心希望有机会多与人打交道，不喜欢枯燥乏味、缺乏挑战的工作，太安逸的状态也不适合他，当下的岗位显然与他的个性、需求相悖，所以工作上出现了负面的情绪状态。这时，重新对岗位进行思考和选择，就成了突破困境的出路。

倾听的力量

大概是"蝴蝶效应"惹的祸

2020 年 3 月 6 日，一位看上去精力不佳的中年大叔主动来找我咨询。他姓翟，让我叫他翟叔。翟叔向我倾诉，刚开始到居委工作的那几年，他干劲十足充满自信，感觉做成了一些大事情，成就感很强。但是最近这几年，他开始感到上班精力下降，精神状态也慢慢变差，日常工作繁重且琐碎，忙碌却感觉做不成什么大事。有时有新想法，想要带领居委干部进一步讨论实施方案，往往都是没人响应，好像什么事情都是书记一人说了算，其他人都不用动脑筋、出主意，没有任何参与感。

同时，翟叔和主任之间关系也很微妙，感觉她是一个很难靠近的人，所以工作起来很累。以前有什么烦心事，和老伴抱怨一下，吐吐槽会缓解一些。但是现在负面情绪比较多，而且时间久了老伴听多了也开始嫌烦，身边也没有什么要好的朋友可以倾诉，导致压力上升。加上身体机能开始衰退，渐感力不从心，从而引发了低落情绪。

寻找正向资源

经过分析，翟叔这是长年累积的情绪低落，有轻度抑郁表现，通过咨询访谈，他把心里烦恼都说了出来，本身就起到了宣泄情绪的作用。

然后，我从健康方面对翟叔表示了关心。在他这个年龄段，每个人都或多或少会出现一些慢性病症状，这是大部分人的必经之路。我建议他要关注身体健康，坚持锻炼，比如每天饭后散步就是一种很好的身体锻炼。

从心理层面，我告诉他，要识别自己情绪背后的原因。这指的不是引发情绪的事件本身，而是情绪背后的负性想法。比如，对身体状况的过度担忧。"你担心身体不行，做不了事情，这种灾难性后果的想法其实有夸大的成分。"我建议他尝试对工作压力背后的负性想法，比如"认为主任和其他居委干部不积极主动，把责任都扔给书记"，提出质疑。

翟叔提到，他有时对工作会产生新的想法，期待有人主动接过去做项目。但是居委一直以来的作风，好像都是书记责任制，即书记说了算。"居委干部有可能不敢去打破这个习惯，或者担心做不好，想着反正书记没有要求，那就观望好了。"这是翟叔的理解，而我建议他和干部们一起做计划，让每个人都主动承担一个项目，项目可大可小。并设置小的奖励，形成一种激励机制，培养干部们创新、主动承担责任的意识。如果不主动，也可通过分派任务的方式，把自己的工作分解给下属，缓解自己"一人承担"的压力。

最后，我建议翟叔一定要寻找正向的资源。有压力的时候，不要压抑自己，多和家人沟通表达，家人是最关心和包容自己的人。

经过一段时间的咨询，翟叔在和亲友沟通的过程中，缓解了大部分的心理压力，同时由于在身边人的鼓励声中获得了正向的情绪支持，他也慢慢地重建了自信，找回了工作和生活的意义。

> 职场冲突一部分来自个体的差异，各讲各的理、各忙各的事，这样的现象随处可见。本案案主最初对工作有干劲，内心期待有人主动接过去做项目，但在实际尝试时，遇到了较大的阻力，并产生了一些消极认知。其实这样的认知只是案主自己的一种推论，并没有得到求证，而一旦形成这样的认知，就会把同事和自己割裂开来，形成对立，在这样的心态下，当日常工作中再发生一些意见相左的情况时，就会往这个认知上靠拢，并强化这个负面认知，形成恶性循环，最终使自己内心的冲突越来越激烈，导致自己出现情绪问题。事实上，只要站在客观的立场就会发现，冲突的双方几乎完全不理解对方，也不能体谅对方。想处理好自己和他人的人际关系，最需要做的就是改变从自我出发的单向观察与思维，而从对方的角度观察对方，也即由彼观彼。案主在内心期待有人主动接过去做项目的这个想法，别人未必能感受得到，而且也未必能感受到这样做究竟能带来什么积极效应，所以消除这类冲突的有效方法往往是——积极的倾听和有效的表达。

专家点评

让成长型思维占上风

上了年纪遭换岗

王先生在一家国有连锁超市工作近三十年，任职后勤运输部门，自认为基本可以从容应对本职工作，每天工作量也不会太大，工作任务也基本能完成。但随着近十几年外资超市的不断进入，特别是近几年国内电子商务的蓬勃发展，在线购物的人群日益庞大，本土的实体商超行业受到了巨大冲击。于是，为了应对压力，王先生所在的集团开始着手体制机制调整，缩减了部分部门，调整了部分岗位。王先生被调整为超市班车司机。

面对新的岗位，王先生心里很不愿意。不管怎样，他从前所在的后勤部门还是管理物资车辆的，现在他这个"老司机"直接被派到第一线做"小三子"了。除此以外，他每天要打扫班车、检查广告横幅、快报张贴，还要维持车内秩序。碰到不讲道理、抢座拦车的老人，稍微多说两句还要被投诉。他认为这是从前部门领导故意针对他，在"修理"他。

因此，王先生到了新的部门后，既不理睬新同事，对新情况也不能快速适应，人际关系很不融洽。但是，他一把年纪了，又不能轻易说不干，出去也不一定有更好的工作，而且家中上有老下有小，他还需要养家糊口的。这一切使得他心理压力非常大，也感到十分郁闷。

墙里墙外

思维固化通常被认为是中老年人的一大特征，也就是因为思维固化，导致了中老年人易和年轻一辈产生代沟。其实，每个人都有思维固化，只是程度不同罢了。思维方式的产生、定型，毋庸置疑是受个人的性格、思想、生活环境、职业、教育经历等多重因素影响。这就像随着时间的积累，我们慢慢为自己筑起了一道思维的围墙。于是，墙里墙外，形同陌路。

三十年来，王先生一直在同一公司、同一部门，长期从事一份固定的工作，造成了他缺少学习、习惯安逸、思维固化的特征。当面对突如其来的变革时，他变得难以适应，很不习惯。

在咨询过程中，我不带评判地耐心倾听王先生的感受和心情，给予他安全的环境，让他能尽情抒发内心的压抑和郁闷情绪，同时收集更多信息，为接下来的咨询做足准备。此后，我通过一些心理学技术，帮助王先生进一步认清情况。

首先，在新形势下，同行业外资和电子商务带来的行业压力、王先生所在企业为了顺应变化进行的体制机制调整都是客观现实，这个压力是同一行业和企业员工都要承受的。

其次，这次岗位和部门调整是公司的决策，涉及不少人，并非是针对王先生个人的调整，不应将此误解为是对其个人有成见，进而影响工作态度。

再者，考虑到年纪、工作经历和家庭情况，对王先生来说，突然换工作也并不是很有利。目前，他需要尽快调整心态，做好本职工作，积极融入新环境、新工作中，逐步创造融洽的工作环境，在集体中找到个人位置、自我价值和认可度。

其实从长远来看，王先生也可以利用几十年的工作经验，结合自己的特长，着眼职业生涯，做点规划，或者学习一点新技能，以取得新的突破。

经过多次咨询，王先生逐步意识到自己之前的认识误区，了解到目前所处的行业大环境和发展特殊性。为了家庭和个人发展，王先生对待本职工作开始变得积极，不再像以前一样消极怠工，收到的顾客投诉变少了，也不再对换岗的事耿耿于怀，而是主动跟上级多沟通，和同事更融洽地相处。他还给自己制定了中期目标，期望通过积极工作，未来能够到班车调度室工作，重新用上自己过去的工作经验，发挥自身价值。随着思想转变，他感到自己的家庭氛围也变得更好了。

专家点评

人的思维模式分为两种：成长型思维和固定型思维。固定型思维的人认为，人的特质和能力都是天生的，后天无法改变。而成长型思维的人则认为，任何能力和技能，都可以通过后天努力而得到发展。他们更乐于接受挑战，并且积极提升自己的能力和技能。

我们每个人都同时拥有这两种思维模式，只不过有些情况下成长型思维会占上风，而有些时候固定型思维会占上风，比如本案例中的案主王先生。当他固定型思维占上风时，就会害怕改变，改变意味着失败风险的增加，他尤其担心自己被嘲笑和否定，因此拒绝接受挑战和改变。所以他的发展空间也会受限于此，只会去做自己擅长的事情。在前进的过程中遇到障碍时也容易放弃，因为他害怕失败，不愿接受哪怕努力后依然失败的结果。

所以本案咨询师引导案主释放情绪，调整认知，帮助案主协调两种不同的思维模式，最终走出了困局。

35 岁的"早春"

苦涩的"奶茶"

奶茶今年 35 岁，在一家私营企业负责销售工作。这份工作她做了十年，这不是一个短暂的时光。奶茶工作很努力，却一直表现平平，眼看后进的同事一个个比自己做得出色，她开始怀疑起自己的工作能力，无奈以外，还有一种深深的疲惫感。

复产复工后，等奶茶回到岗位时，对工作产生了莫名的烦躁情绪。她开始厌恶工作，讨厌同事和她谈论工作内容和家长里短，并且因为一些小事，她不止一次对同事发火，难以自控的感觉令奶茶担忧，她不喜欢这样的自己，希望可以调节自己的情绪。

奶茶最近烦恼很多，每当她下了班回到家，就会不由自主地想起公司的考评以及同事之间复杂的人际关系。公司的考评制度严格，遵守这些规则对她来说很不容易，奶茶更加希望能够出差或者外出拜访客户，那让她感觉更加自由和舒适。而处理公司复杂的人际关系也是让她头疼的另一件事。最近她因为工作上的交接问题，冲自己的同事兼好友吼了一通，吼完后非常自责、后悔，她心想着，若是好友不再理她，以后遇到问题，她还能找谁倾诉？

因为这两件事，奶茶开始担心自己会被辞退，并为此感到焦虑。毕竟老板对她意见不小，上司为了保她也付出了很多努力。为了缓解焦虑，她经常用刷手机的方式帮助自己转移注意力，但是一不小心就刷到很晚，造成上班精力不济。她还通过暴饮暴食来宣泄情绪。奶茶已经意识到自己陷入了危机，她迫不及待地求助于我，希望我可以把她从困境中解救出来。

"山崩地裂"般的感受

事情似乎还在恶化。保护奶茶的上司被调走了，新来的上司在批评奶茶时动不动就骂脏话，这令奶茶感到恶心，时常想要回避，可工作中的接触避无可避。奶茶觉得很受折磨，但其他同事被骂后，却不会有她那么大的反应。

于是，我通过询问奶茶恶心的原因，引出了她的另外一种情绪——羞耻感。我引导她回忆类似的、产生过羞耻感或者对人感到恶心的经历。奶茶回忆说，在小学的时候，有一次在体育课结束后，被一个男生欺负，对方也是满口脏话地辱骂她。我问她当时有没有把这件事告诉父母，她表示没有，因为觉得很丢人，而且她认为是自己不被人喜欢，所以才被欺负的。

奶茶还回忆起一件曾经给她带来类似"山崩地裂"感受的事。那是她5岁的时候——奶茶叙说时的声音悄无声息地发生了改变，从中性的略高音调转向了低沉略带失落的音调——因为她无意中打碎了父亲的酒，突然挨了父亲一记巴掌，打得她腿都抖了，脸上留下了明显的掌印。妈妈立马批评了爸爸，学校老师看到后也批评了爸爸。但是对奶茶来说，这个明显的掌印连同那种羞耻感，就像烙在了心上，成了挥之不去的童年记忆。"我从小就不被爸爸喜欢，他总是拿我和哥哥比，哥哥什么都比我好。"奶茶自嘲地说道。

奶茶的过往，让我能够理解为什么她在受到上司批评的时候，会有山崩地裂一样的感受。被父亲从小贬低，使奶茶形成了脆弱的自尊，这脆弱的自尊稍微碰到外界或者内在的刺激，就会强烈动摇奶茶的自体感。因此面对上司严厉的批评时，奶茶的感受会比别人强烈许多。

未曾开始的自我探索

奶茶的大学专业是设计而非销售，毕业后经亲戚介绍进了这家公司，待遇不错，奶茶也非常努力地工作，但是工作十年了，现在才觉得岗位与自己不匹配，明明很努力，却只做到一般，这令她充满沮丧。

由埃里克森（Erik H.Erikson）的人格发展理论可以知晓，在成年初期，个体的任务是繁多的，其中最重要的是在工作和爱情中寻找持久的意义。因为奶茶没有探索过不同的工作类型对于自己的不同意义，因此无法找到适合自己的、对自己有持久意义的工作类型，也就容易在工作中产生无价值感，奶茶对于工作的厌倦和疲惫感正是这种无价值感的体现。

接下来，我用心理动力学疗法，对奶茶进行连续多次的心理疏导。

在前面三次咨询中，我都给予了奶茶认真的倾听和深度的共情，全面收集奶茶各方面的信息和成长经历，使用支持性的干预方式，增强奶茶的自我功能，肯定奶茶之前为工作所做的努力和牺牲，以缓解工作带给奶茶的挫败感。在后面三次咨询中，我向奶茶揭示了她当下碰到的自尊问题与过往成长经历的关系，以及职业倦怠问题与成长经历中缺少职业探索之间的关系，去引导奶茶思考和理解自己无意识的行为模式背后的原因。

在一次次咨询讨论中，我与奶茶不断深化沟通，认真倾听她的心声，感受她脆弱的自尊，并理解她的挫败感和痛苦。通过深度理解和接纳，我们之间形成了安全的咨访关系，渐渐地，奶茶可以将心头的疲惫感放下，并且展示出来，既让别人看到也让自己看到。我又带领她审视了自己过去的生活，以及行为模式，思考可以选择的其他生活方式。

知心课

化茧成蝶

随着咨询次数的增加，奶茶也发生了明显的改变。

她改变了思维模式，从长期抑郁消极的情绪中逐渐走了出来，开始思考这份工作于她的意义，以及自己适合什么样的工作。她不再一味地压抑自己的情感，开始在咨询中痛哭，并且逐渐接纳自己的情感，而不像过去那样将之隔绝在外。她也看到了自己曾经的努力和辛苦，学会了欣赏曾经的自己，并且能够找到现在的优势：有工作经验、有社会阅历、有一定的经济能力，可以开始去尝试新的生活、探索新的职业。

我为奶茶开辟了新的视角，透过这个视角，奶茶看到了自己过往的努力和艰辛，看到了那个不被爸爸认可、从小害怕被批评和训斥的小女孩，因为总是这样被对待，奶茶开始变得自卑，不相信有人会喜欢自己。通过回顾这些痛苦的、不堪回首的过往，我引导着她在悲痛中完成对自己的哀伤的接纳，进一步用语言来表达自己内心的情感，而不是通过回避、隔离或者暴饮暴食来回应。

通过重新审视过往的人生经历、学会接纳自己，奶茶在 35 岁这个年纪，停下了脚步，开始重新思考自己人生的方向，并且准备好了去探索新的职业和尝试建立亲密关系。

专家点评

个体如果对自我有清晰的认知，知道自己是什么样的人，知道自己想要怎么过自己的一生，职业发展会促进个体自我的价值展现，职业也会成为个体自我实现的途径。而职业倦怠有几个特征：（1）情感衰竭，指没有活力，没有工作热情，感到自己的感情处于极度疲劳的状态；（2）去人格化，指刻意在自身和工作对象间保持距离，对工作对象和环境采取冷漠、忽视的态度，对工作敷衍了事，个人发展停滞；（3）无力感或低个人成就感，消极地评价自己，并伴有工作能力体验和成就体验的下降，认为工作不但不能发挥自身才能，而且是枯燥无味的烦琐之事。

职业倦怠的核心议题是个体未整合好的自我。在某一个节点，当累积到一定状态后，需要重新审视自己，思考工作的意义，思考用什么样的方式过自己这一生的心理需求，希望自己成为一个什么样的人，以什么职业作为自我实现的途径。而把危机转变成转机的前提——重新确立对自我的认知。本案中，案主通过心理辅导，看到了自己曾经的努力和辛苦，学会了欣赏曾经的自己，并且能够找到现在的优势：有工作经验、有社会阅历、有一定的经济能力，可以开始尝试新的生活，探索新的职业了。

122

上班迟到的年轻人

小乐是一个很勤奋的年轻人，在单位里工作态度非常认真努力，得到了大家的认可。但是他也有一个缺点——早晨经常迟到。刚开始领导还睁一只眼闭一只眼，只是提醒他，他倒也虚心接受，但就是不改。最后领导忍无可忍，为了整顿纪律，特意找他谈话。他也很难为情，说自己并没有睡懒觉，也没有熬夜玩手机，每天都是准时起床、吃饭。但是他有个习惯，喜欢吃好饭后在床上稍微休息一会儿，结果就睡过头了。

小乐决定改掉这个小憩的习惯，一吃完饭就往单位里赶，果真就不迟到了。坚持了一段时间后，小乐又忍不住开始了早饭后小憩，因为如果不休息这一会，他总觉得少了些什么重要的东西，一天都不自在。结果他又开始迟到了，领导只好对他唉声叹气，他也很烦恼，于是来到心理咨询室寻求帮助。

不曾离去的奶奶

我耐心倾听了小乐的故事，并得知小乐从小父母离异，父母都已重组了家庭，他和父母相处时间很少，从小是跟着奶奶长大的，所以与奶奶感情特别深。但是去年，奶奶因病去世了，剩下他一个人，孤独地住在和奶奶一起生活过的房子里。

"你小憩的习惯是什么时候开始的？"我问小乐。

"我从小就有这个习惯，但每次都是奶奶来叫醒我……"回忆到这里，小乐突然流泪了。他顿时明白了自己迟到的原因。原来自己是在用这个方式怀念奶奶，依然在等待奶奶来叫他。对于奶奶的离世，小乐理智上看似接受，其实心理上的哀悼并没有完成。他的内心还有很多悲伤没有表达出来。

于是，我运用空椅子技术，引导小乐想象奶奶就坐在面前，让他把对奶奶的留恋、哀伤、孤独等情绪表达出来。当他把情绪宣泄出来后，再把角色换到奶奶的位置，去感受奶奶对他的爱和鼓励一直都在，从来没有离开过。通过在心灵层面与奶奶的沟通交流，小乐接受了现实世界奶奶的离开，知道自己再也见不到奶奶了，但是美好的回忆和奶奶的爱已深深融入了他的心里。他明白，奶奶的爱将永远陪伴着他，鼓励着他，他并不孤独。

处理完悲伤孤独的情绪后，我和小乐继续探讨了如何预防迟到的措施，小乐这回非常自信，认为不会再有问题了。他准备给自己定一个独特的闹铃声，

代替奶奶来唤醒他，铃声是一首歌，歌名叫作《爱一直在》。

此后，小乐逐渐走出了悲伤，他几乎很少迟到，单位领导也更重视小乐，最近还给他升职加薪了。"如果奶奶知道，一定会为我高兴的"，小乐边回忆奶奶的笑容，边给自己鼓劲。

专家点评

　　丧失是人生命中难以避免的部分，丧失挚爱的亲人更给当事人带来了无尽的伤痛。广义哀伤是指因为任何的丧失而引发的哀伤情绪体验，狭义的哀伤是指人在失去所爱或所依附的对象（主要指亲人）时所面临的境况，这境况既是一种状态，也是一个过程。丧亲后，个体会经历漫长的哀伤期，分为4个阶段：1.休克否定阶段——出现情感麻木、否认丧失的事实，这种否认有的是意识层面的否认，有的是潜意识层面的否认。本案案主从小是奶奶在早上把自己叫醒，奶奶去世后，案主用早饭后小憩等待奶奶来叫醒自己的这个方式来怀念奶奶，实际是拒绝接受奶奶离开这个事实。2.埋怨自责阶段——自责、后悔自己没有做出努力，对丧失的亲人感到生气，认为他们抛下了自己。3.抑郁阶段——情绪低落，不愿见人，对什么都没有兴趣，失眠、噩梦。4.恢复阶段——接受现实，开始适应新生活。

　　哀伤辅导是协助人们在合理时间内，引发正常的悲伤，并健康地完成悲伤任务，以增进重新开始正常生活的能力。本案通过空椅子技术，引导案主把对奶奶的留恋、哀伤、孤独等情绪表达出来；再切换到奶奶的位置，去感受奶奶对他的爱和鼓励从未离开。通过心灵层面与奶奶的沟通交流，案主接受了现实世界中奶奶离开这一事实，但奶奶的爱将永远陪伴着他，鼓励着他，他并不孤独。接着就顺利地过渡到恢复阶段，接受现实，适应当下的生活，上班迟到的现象就自然而然失去了存在的意义和功能。

小贴士

　　哀伤辅导：精神分析理论认为，哀伤是因为所爱的人的丧失，人们在心理上存在着延长亲人存在的倾向，他们幻想亲人继续活着，但这种幻想受到现实检验的不断挑战，因此造成心理的失衡与强烈的痛苦。哀伤是失去所爱的人时人类正常的心理和生理反应。但是也有些人的痛苦水平非常高，延续的时间比较长，社会功能受到损害，这时就需要开展哀伤辅导。哀伤辅导是应用心理咨询技术帮助过度痛苦的当事人对那些能够引发他极度痛苦的记忆和外部线索进行脱敏，从而降低当事人痛苦的水平，减少悲伤的时间，使之回到正常哀伤反应的状态。

十字路口的钟声

无助的职场"工具人"

28 岁的小钱是通过朋友介绍找到北新泾街道心理服务工作站的。进门时，他给我的第一印象是文质彬彬却带着忧郁气息，坐在咨询室里，小钱将自己的故事娓娓道来。

小钱对职场"工具人"的身份不满很久了，工作内容没什么意思，公司不给他施展能力的余地，领导也不重视他的工作，交给他的活完全体现不出他的价值。总之，一点成就感都没有。感觉自己就像一个处境尴尬的职场"工具人"，这令他备感受挫，每天上班心里都充斥着失望又失落的情绪。

说起换工作，他却变得犹豫不决，患得患失。"换了新工作，会不会又不适应？"每次产生换工作的想法，他都会这么问自己。再一想，自己都快 30 岁的人了，却没啥能拿得出手的资源，工作时间也不长，还没在行业里混出个名堂……越想越觉得即使辞职，自己也找不到什么好工作。

"其实，原来就图这份工作会轻松点，可以多陪陪家人，没考虑太多就跳槽了。"令小钱没想到的是，这家单位最近开始硬逼着他加班，连双休日都没法好好休息，变得"啥自由都没了"。最近的同学聚会上，他又受了一次打击，听闻同学们个个都是弹性工作，小钱心里更加不是个滋味，他又萌生了换工作的想法，比如像同学一样找份外企工作？然而一转念他又放弃了，毕竟自己外语不好，别人怕是看不上自己。

就这样，小钱陷入了进半步退半步的循环往复中，把自己困在了人生的十字路口。

一番思想挣扎后，他决定来听听咨询师的建议。充分沟通后，我分析认为，小钱因为遇到职业瓶颈，引发了现实性焦虑。

如梦初醒　走向新生

个案咨询的起始，我先评估了小钱的焦虑状态，初步判断他的焦虑还没有达到影响正常生活的程度，让其填写的 SCL90 数据结果也显示，小钱属于轻度焦虑。我将测评结果反馈给小钱，与他探讨了他是如何看待自己的焦虑情绪的话题。

在后续的咨询中，我渐渐将话题引向个人能力这部分，运用一些心理学沟通技巧，帮助小钱意识到目前工作与能力的匹配上并无太大出入，建议小钱对

知心课

自己的能力做一个系统性的评估来发现自身能力的局限性，并做出选择，是想从事有挑战性的工作，还是继续做自己能力所及的工作。"如果想要从事更具挑战性的工作，那就要学习更多的专业知识，提升自己的综合能力，在工作中展示出自己的实力以博得领导的赏识，从而争取到更有挑战性的任务。如果不想走出自己的舒适圈，那就继续目前的工作，实在想换个工作环境，也可以找一个与自己能力相匹配的工作。"我提出了中肯的建议。

起初，小钱对于自己能力不足一事，有些难以接受，仍然抱着侥幸心理。于是，在之后的几次咨询中，我建议他尝试下霍兰德职业兴趣测试、罗夏墨迹测试等，以明确自己的职业倾向。小钱积极配合完成了两项测试，得到测试结果后，他露出了久违的微笑，仿佛心中大石落地了一般。

见时机成熟，我开始给小钱布置"回家作业"，让他列出自己的现有能力清单及目标职业能力清单，并记录自己每天的成长。在每次的咨询中，我都会嘱咐小钱在下次咨询中分享一下他的两份清单，并讨论他离目标职业还有多远的距离。

经过一段时间的咨询，我收到了小钱的好消息，说是终于找到了心仪的工作。最近在和他的几次沟通中，他说现在已经明确了工作方向，并能够立足本职工作为领导分忧解难。而在本职工作外，他也在积极筹备考 MBA，铺就属于自己的职业道路，为下一步晋升做好准备。

专家点评

焦虑是当个体预感危机来临或是预期事物的不良后果时出现的紧张不安、急躁、担忧的情绪状态，由应激源刺激引发。焦虑在生活中是比较常见的一种情绪性应激反应，适当的反应性担忧可以提高人的觉醒水平，是一种保护反应。而过度和慢性的担忧则会削弱个体的应对能力和造成自主神经功能紊乱。案例里的小钱因职业发展引发了现实性焦虑，基于现实中的横向、纵向比较，小钱不满意当下的工作，换工作又担心能力不够，未来发展不好，引发了现实性焦虑。容易焦虑的人，往往是那些对自我接纳度不高同时有较高期待和要求，但又达不到而产生心理落差的个体，从人格结构来分析，这源自于本我和超我之间的冲突。帮助这类个体，可以从引导个体客观地了解自己、认识自己、评估自己开始，就像本案例中，咨询师通过霍兰德职业兴趣测试、罗夏墨迹测试等，明确小钱的职业倾向，使之对自己有客观的把握，并且，通过看到自己的能力优势，确定自己适合的方向。在对职业倾向、资源优势有了了解的基础上，再评估如何才能实现目标，思考方法和步骤，这样个体的内驱力就能被激发，有了行动力，焦虑自然就下降了。

小贴士

　　霍兰德职业兴趣测试：美国约翰·霍普金斯大学心理学教授霍兰德（John Holland）认为，个人职业兴趣特性与擅长的职业之间有着内在的对应关系。根据人们不同的个性特征和兴趣爱好，从事的职业可分为艺术型（A）、常规型（C）、企业型（E）、研究型（I）、现实型（R）、社会型（S）六个维度，基于这个研究结果所编制的职业兴趣测试问卷被称为霍兰德职业兴趣测试。

　　通过霍兰德职业兴趣测试，人们可以了解哪类工作更适合自己，做起来更有效能感，更容易出成果。因此，这个测试发布几十年来一直被当做开展职业生涯规划的重要工具。

我的"边界"我做主

模糊的人际"边界"

心理热线值班时，我接到一通电话，来电者安女士是一位四十岁左右的女性，苦恼于人际关系问题，想找人聊聊。

当时，安女士和几个志同道合的朋友一起组织了一个为期六年，规格较高的读书会。读书会在圈内反响不错，有一百多位同道好友报名。然而，因为读书会设置二十人封组，所以很多同样优秀的同道没能入组。

读书会的团队设置是由安女士作为发起人，三个班委协助。在筹建的过程中，其中一个班委汪先生对于读书会的思想理念与安女士有很大差异。尽管安女士内心很抗拒，对其理念不太认同，但在和汪先生的几次沟通中，她并没有清楚地表达出来——这让汪先生产生了误解，以为有改变规则的可能。经过一段时间的等待，汪先生的要求仍未被满足，因而很生气，想要退出班委。面对这种情况，安女士想挽留汪先生，但对方拒绝沟通。

其实，安女士认为汪先生的某些行为越界了，班委的职责是协助，可以提建议，但不可以命令。如果汪先生不愿沟通，那就得重组班委，并将四位老师一并劝退，这让安女士内心有些愧疚，觉得这对老师不太公平。

整个访谈过程中，我能明显地感觉到安女士的犹豫和纠结。在我们接受的文化教育中，人际边界是一个不那么清晰的概念，人际关系自然也就是边界模糊的关系。不那么泾渭分明可能会使我们感觉上温暖一些，但那是把双刃剑，温暖之余也可能让人不适。

不内疚地"Say No"

我和安女士一起梳理了事情的经过，澄清了她的主要冲突：（1）当和汪先生有不同想法，无法拒绝汪先生；（2）按规则既然汪先生退出，那也要将四位老师一并劝退，安女士仍然不能开口拒绝老师们。

拒绝对于安女士来说是一件极其困难的事情，她宁愿自己"不舒服"，也无法拒绝别人。其中深层次的心理原因是她对关系断裂的恐惧和害怕。当潜意识缺少安全感时，会对关系的断裂产生很强的恐惧，这种恐惧会在日后的人际关系中发生泛化，也就是不论对什么人都使用相同的模式。所以，拒绝就成了一个几乎不可能完成的任务。而人际关系的边界，很大程度上来源于"拒绝"，一个不会拒绝的人很难有较好的人际边界。

当汪先生"入侵"时，安女士的感觉是不舒服，在觉察之后，她很自然地选择了压抑。当汪先生提出不同的想法与建议时，如果安女士能真实表达自己的想法会怎样呢？如果被拒绝之后怀恨在心，那说明那人的心智不成熟，从某种意义上说，和这样的人断裂关系也不是一件坏事，否则个体很可能需要不断花费时间和精力与之对抗。

很多时候，当你不含敌意地拒绝对方之后，对方也许会有短暂的愤怒，但是大多数时候，他不但不会和你断裂关系，反而会因为你的真实，而对你刮目相看。

最后，我和安女士一起讨论并交流了对"真实表达"的理解。真实表达技术的核心是尊重基本的事实，但同时驳回对方的情绪，并坚定地表达自己的态度。当我们能够温和而坚定地表达清楚以上这些内容的时候，就能够做到确立自己的边界，守护自己的边界，并学会尊重自己的边界，再由此及彼，尊重他人的边界。

在以人际关系为核心的中国社会，面子是非常重要的事情，丢什么也不能丢面子。面子，是自己在他人尤其是在群体里的正面形象和社会地位。越有面子，就越应该受到尊重。可惜的是，我们常常把尊重曲解成"听从"，认为听从，不对他人提出异议，是对他人的尊重。所以，我们的行为，一般会选择尽可能不拒绝对方，这又导致了说"不"的练习不够。而当一定要说不的时候，我们在心理和说话技巧上都可能没准备好。正如本案案主，当和伙伴有了不同想法时，无法明确说不；按规则劝退他人时，也不知该怎么开口，造成内心无数的冲突，既影响了自己的情绪，也影响了办事效率，又对工作开展毫无益处。无力说不，最明显的坏处是一边压抑自己的需要，一边满足别人的需求，时间久了，要么憋出内伤，要么一朝爆发彻底破坏关系，让别人招架不住。无力说不，也不一定会得到你想要的他人的尊重，有时候反而会被轻视和失去尊严。要知道，只有尊重自我，才能赢得他人的尊重。要受到别人的尊重，就必须展现出完整的自我，而不仅仅是顺从、无私的一面。作为独立的个体，应该对他人侵犯自己边界的行为有所觉察，并且有接受自己真实感受的能力。换言之，我们应该"允许"自己不舒服。面对这种不舒服，我们不是要否定它的存在，而是要觉察到它在向我们预警，通知我们边界被人入侵了。所以，这种感觉不但不应该压抑，反而应该得到保护和特别地注意。

专家点评

小贴士

泛化：当某一反应与某种刺激形成条件联系后，这一反应也会与其他类似的刺激形成某种程度的条件联系，这一过程称为泛化。泛化现象在异常心理学中主要出现在"恐惧症"的症状中，指的是对一个特定事物的恐惧感，不断演变发展到对与该特定事物相似的事物也产生强烈的恐惧感。比如：电梯恐惧症患者，一开始是因为乘坐某一部电梯时发生故障受到了惊吓，因此不敢再坐这部电梯了。一段时间后，他发现自己坐其他电梯时也有相同的惊吓感，也无法乘坐了，再到后来他甚至听到电梯声音或者远远看到电梯都会产生恐惧感，这就是泛化现象。

我的未来在哪里

心中的迷雾

小沈是一位研究生毕业没几年的女性，因为自己的爱好，最后选择进入旅游行业，而没有选择和自己专业更有关联，在她看来却枯燥乏味的工作。

小沈是家里的老二，大姐在她读书的时候成了家。所以仍然单身的她，就成了母亲重点唠叨的对象。虽然听话的她也接受了母亲的安排，相了几次亲，可是总觉得那些人并不是自己心仪的对象，所以没有进一步交往。

虽然工作中，小沈的成绩还不错，年纪轻轻已经颇受上司看好，带起了一个规模适中的团队，还会培养公司的新人。可是在小沈的内心深处，总是觉得有些迷茫，不知道问题出在哪里。

在情感问题上，小沈虽然和妈妈的想法不一样，但其实很清楚自己的要求，既然是自己的幸福，那就应该掌握在自己手中。在职场中，小沈觉得自己其实并没有那么优秀，但是每份工作都会有"贵人"给自己指点，让自己能学到很多东西。比如现在的工作，虽然公司不怎么样，但有值得尊敬的前辈，他们教了自己很多东西。那么她的问题究竟在哪里呢？

"八阶段"理论

在咨询中，小沈一点点讲述了自己的过往，从她有记忆开始，一直到现在的工作。

在她儿时，爸爸妈妈早早带着姐姐来到了上海，把她托付给姨妈照看，每年只有一两次机会见到爸妈，所以在她的印象深处，更能带给她温暖的，是她的姨妈。

上学的时候，给小沈留下深刻印象的是她的一位老师，不但教会了她很多东西，还对她非常关心，那种关心，就仿佛将她当作了自己的孩子。毕业之后，还给她写下了深情的寄语。

而走上社会，小沈觉得几乎每份工作，都会有这样的人被自己遇到，就算是不多的几次恋情，也有遇到这样的人，好像到哪里都有贵人帮助自己。可是最近，似乎这样的贵人不再有了，因为现在的公司里那位值得尊敬的前辈已经跳槽离开了。

知名心理学家埃里克森曾经就个人的一生发展提出过"八阶段"理论，即

将一个人的整个生命周期划分为八个依次展开的生命阶段，其中每一个阶段都有相应的发展主题，埃里克森一一做了详细说明。

对照这个"八阶段"的发展理论，小沈应当处于第六阶段：成年早期。该阶段的发展主题应当是处理好亲密感与孤独感的冲突。所以在初始访谈结束以后，我也围绕这个主题，详细考察了小沈的成长经历、情感经历、家庭关系，以及工作经历。

在每一次的咨询中，我都可以感受到小沈开始进入这一阶段的发展主题。她在与我交谈的过程里，都会提及自己在感情方面的困扰，母亲希望自己尽快找对象结婚，可是她总觉得这些被介绍的对象，不是这里有问题，就是那里有问题。我始终隐隐约约地觉得，在这些问题之外，应该还有其他方面的问题，那才是造成小沈觉得自己很迷茫的真正原因。

成为"自己"

在考察了小沈的几个主要方面的生活经历之后，有一天，我拿起小沈的案例报告，想要做一个完整回顾，看看还有什么地方是我忽略了的。我看到了小沈的学历，忽然想起来，小沈是获得了硕士学历之后才毕业的，那么相比本科生来说，会晚三年离开校园。对照当年埃里克森提出的"八阶段"理论里的第五阶段青春期，虽然理论上说18岁就结束了青春期，之后就会进入成年早期，但是我觉得对于小沈这个个例来说，她的第五阶段应该是更晚一些才会结束，现在很可能是处于两个阶段之间的一个时期。

当有了这个启示之后，我再重新回顾小沈之前的历次咨询，一个贯穿始终的主题浮现了出来，小沈总是会在不同的阶段遇到可以帮助她的贵人。终于，我领悟到了，这些所谓的贵人，其实就是小沈的自我对他们的投射性认同。换句话说，这些人的身上，或多或少都有一些个性品质，比如专业、温柔、真诚、关怀，其实是小沈的自我所希望能够拥有的，所以小沈才会被他们吸引。

归根结底，这些"贵人"所象征的，其实就是小沈的自我，当小沈有一天能够将他们内化了，将他们身上那些吸引着她的品质融入自己的性格中了，小沈才算是真正结束了自己的第五个发展阶段，然后才会真正进入随后的第六个阶段，去寻找自己的人生伴侣。

带着这样的启示，在随后的咨询里，我给小沈进行了一次催眠治疗，带着她进行了一次时间回溯，回到了给她留下了最深刻印象的那位贵人的一次经历之中，在那次经历里，我通过隐喻的方式，将我之前所提炼出来的这些贵人所象征的那些个性品质，依次展示给了她。

这一次的治疗，从某种意义上来说，就是在她的心里种下了这些种子。随着时间的流逝，也许有一天可以生长发芽，成为真正完整属于小沈自己的品质。或许，到了那个时候，我们这次咨询才算是真正获得了成功。

埃里克森认为，人的一生要经历八个阶段的心理社会演变，才能拥有一个完整、成熟的人格状态。这些阶段包括四个童年阶段，完成希望、意志、目标、能力品质的建立；一个青春期阶段，完成同一性建构，形成忠诚的品质；三个成年阶段，完成爱、关心、智慧的品质建构。每一个阶段都有这个阶段应完成的任务，并且下一个阶段是建立在上一阶段的心理任务完成的基础之上，这八个阶段紧密相连。如果上一阶段的发展任务受阻，人格成长就会受到阻碍，也会影响到下一个阶段的人格发展任务的完成。本案案主从小没有和父母生活在一起，缺乏稳定的、安全的客体关系，但在成长中又从外界如姨妈、老师这些替代性的客体中获得了一些情感满足，其人格发展在童年期的四个阶段中，这些希望、意志、目标、能力的品质有所建构，但似乎又不是特别稳定，带着许多成长中的不确定。而在青春期需要完成自我同一性建构任务时，由于自我同一性得不到足够完善的发展，导致案主出现自我角色认同的混乱，而这一发展缺陷，导致了一系列对自我的不确定和对未来的迷茫。通过心理辅导的过程，引导案主感受到生命中曾出现过的许多客体对象——贵人，其实就是案主自我对他们的投射性认同。换句话说，这些人的身上，或多或少都有一些个性品质，比如专业、温柔、真诚、关怀，其实是案主的自我希望能够拥有的，所以案主才会被他们吸引。将这些品质融入自己的人格之中后，案主才算是真正结束了自己的第五个生命发展阶段，完成了自我同一性的整合，才能进入下一个环节，知道自己要什么，才能走向一个清晰的未来，确定自己的方向。

小贴士

八个阶段的心理社会演变：美国发展心理学家埃里克森在《童年与社会》一书中提出了人格发展的八个阶段，每个阶段都有一项主要发展成长任务，他认为每个人在成长过程中都是按一定的成熟程度分阶段地向前发展。他提出的八个阶段分别是：

0到2岁，主要任务：建立对周围环境的信任感；

2到4岁，主要任务：克服羞怯获得自主感；

4 到 7 岁，主要任务：克服内疚获得主动感；

7 到 12 岁，主要任务：克服自卑感获得勤奋感；

12 到 18 岁，主要任务：防止角色混乱建立同一感；

18 到 25 岁，主要任务：避免孤独获得亲密感；

25 到 50 岁，主要任务：避免停滞获得繁殖感；

50 岁以上，主要任务：避免失望获得完善感。

自我同一性，是埃里克森提出的 12 到 18 岁青春期孩子必须完成的任务目标。所谓自我同一性是指青春期孩子开始思考并明确感知到：自己是谁、在社会上应是什么角色、将来准备成为什么样的人以及怎样努力成为理想中的人等一连串的内心感觉，表明这些孩子对自己的需要、情感、能力、目标、价值观等较为明确。

与自我同一性相反的是角色混乱，是指无法正确认识自己、自己的职责、自己承担的角色。青春期角色混乱的孩子，在成长发展中出现各种问题的可能性会比较大。

无法自控的反复洗手

反复洗涤

刘主任是上海一家医院的呼吸内科医生，也是首批驰援武汉医疗队的队员。到武汉后，他就成立了"武汉老刘站队"，队伍里都是来自五湖四海的援鄂医生，同时也都曾是刘主任带教过的医生。刘主任，是业内出了名的拼命三郎。他老婆同样是医生，奋战在上海的抗疫一线。夫妻育有两个女儿。六年前，刘主任告别大女儿作为队长赴云南参加援滇医疗队，现在他又告别即将中考的大女儿和 3 岁的小女儿奔赴武汉。

在武汉近一个月的日日夜夜中，刘主任事事亲力亲为，作为其中一个病区的组长，他总是第一个到达病区，最后一个离开，归来时常常已是午夜。即使午夜，他也不忘在群中给站队的同仁们加油打气，并总结当天工作心得，分享给大家学习。

2020 年 3 月 18 日，在圆满完成各项医疗救援任务后，上海援鄂医疗队首批返沪队员回到了上海。在经历了十四天的隔离期后，刘主任回到了家中。可这个时候，怪事就发生了。刘主任开始反复洗手，总觉得手不太干净，还会反复洗涤家中衣物，总觉得衣服洗不干净。他一天要冲好几次澡，就怕自己冲不干净。明明知道这有点问题，却怎么也控制不住，使他十分困扰。所以，他来求助于心理咨询师。

洗掉那些"病毒"

从刘主任的描述来看，他应该有强迫症状。

强迫症状的主要表现形式是强迫思维和强迫行为。强迫思维是反复的思虑、查证、辨析，以求找到一个万无一失的、绝对准确的答案；强迫行为是通过反复检查、确认，以求心安，背后的主要情绪感受是焦虑和恐惧。强迫症患者会莫名其妙想要思考某个问题或者做某件事情，而理性又认为没有必要，不应该去做，从而自我压抑。比如各种担心害怕、过度敏感、多疑、吞咽口水、眨眼睛、摆弄眼镜、对称、秩序化、过度联想、对立思维、心理冲突、怕脏、反复清洗、仪式化……其中不乏焦虑、恐惧症状，只是被当事人自我控制和压抑，也就是说如果没有自我控制和压抑，症状本来会表现为思想、情感和行为困扰，比如焦虑、恐惧、抑郁及躯体症状。

所以，强迫症的治疗重点在于疏导情感，情感是强迫症状背后的动机。回到刘医生的症状，他被压抑的焦虑与恐惧来自哪里？在咨询过程中，我发现刘主任在武汉援鄂是英雄，可是回沪后，就面临着一个很现实的问题——很多人都觉得他从武汉回来，且在一线面对新冠肺炎的病人，他是一个最大的潜在风险者。邻里、亲戚见了他，也总是不自觉地流露出害怕，不敢靠近他，和他说话都隔得老远，让刘主任觉得十分别扭。就这样，刘主任一下子从别人眼中的"英雄"变成了"病毒"，过大的心理落差让刘主任觉得失望而辛酸。加之，新冠肺炎初起时有太多的不确定性，也让刘主任对家人不敢太过亲密，总觉得有一些隐隐的担心。

时间一长，他压抑在心头的焦虑担心无处释放，他的反复"洗"，看似想通过清洁消毒来洗掉那些"病毒"、那些"不干净"，实际是在以此缓解自我的焦虑和被压抑的情绪。他非常渴望恢复到与家人亲密无间、与邻里和谐相处的状态。

聆听内心的声音

在咨询的过程中，我了解到，刘主任是一个完美型人格的人，平时非常自律，在专业上追求卓越，在生活中也事事尽力做到最好。从医的三十年间，医德、医术都深受同事和患者好评。同时，刘主任也是一个非常理性的人。像这种理性过于强大且自我要求过高的当事人，往往身心积聚了大量的思想和情感需要表达，但这些又无法通过当事人自我要求和外部环境的审核，无法通过语言说出来，也无法通过行为做出来，从而转化为强迫症状，即当事人自己并不愿这样想或做，但就是会不由自主地思虑或产生行为冲动。

于是，我引导刘主任意识到自己在整个援鄂过程中，在隔离期间，在回家的这段日子里内心所压抑的情感，刘主任数次忍不住落泪。其实整个援鄂的过程中，他经历了很多艰辛和困难。物资相对匮乏，病人又都很棘手，数次面对生离死别，也让他特别无奈。当然，战友的陪伴，互相的支持，家人的理解，也让他十分感动。隔离期间，刘主任其实也偶尔会做噩梦，梦见一些已故的亲人，甚至是病患。他逐渐意识到自己的强迫症状只是一种躯体化的行为，真正的内因是潜意识中的死亡焦虑以及长期被压抑和积蓄的过往情绪。

经过数次咨询，刘主任的症状已渐渐消退，他特别感谢咨询的过程，给予了他重新看待症状、认知情绪的体验。

专家点评

认识和理解是接纳的前提，接纳又是改变的前提。经过本案例中咨询师对强迫症状的解读，我们会发现，强迫症状本身并不是问题，问题是我们对于自我的控制和压抑，以及背后所积聚的情感，强迫症状就是潜意识情感的表达和获得身心满足的方式。如果还是把精力放在如何减轻和消除强迫症状上面，而对背后的自我控制、压抑和情感积聚不闻不问，会使症状变得更加严重。所以，本案的咨询师先是引导案主认识强迫症，理解其成因，并允许自身症状存在，进而去探寻症状背后的情感，倾听内心的声音，适当地减少自我控制和压抑，寻求情感的表达和自我心身的满足，最终缓解了案主的躯体化症状。

小贴士

完美型人格：强迫型人格是指那些做事非常认真仔细、事无巨细都要求高度精确、达不到目标就会难以容忍、非常容易焦虑的人的性格特征。他们追求完美的程度远远超过常人，因此这种个性特征有时也被称为完美型人格。强迫型人格的人做事严谨，非常关注细节，一丝不苟，他们自我要求过高，心理压力特别大。强迫型人格是一把双刃剑，做事追求完美让他们表现出很强的责任心，往往受到好评，但是如果极度追求完美，他们会变得特别敏感、焦虑，在人际合作和相处时也会对他人要求过高，甚至苛刻，导致影响与他人的关系而不自知，这样会演变成强迫性人格障碍，是一种心理疾病的状态。

心灵加油站

不如意的工作

心理服务工作站的门，被一位来访者轻轻地敲开了。我立刻快步迎上前去。

我微笑着请她入座，又给她倒了一杯热水，然后让她做了自我介绍。来访者说，她姓张，是某居委会的书记。已经任职七年多了，在过去的居委，大家都彼此熟悉，班子成员对她很尊敬，下属对她也很认可，因此她工作顺利，心情也愉悦。但在今年年初，她调入一个新居委后，工作开展得并不顺利。面对新班子，新团队，新环境，她感到工作起来很吃力，人际关系又紧张，因此压力很大。最让她烦恼的是，工作做了一年，早出晚归，倾注了大量的心血，付出了很多精力，没想到在年底考核时，测评意见却很多，不仅班子成员对她有看法，而且下属干部对她也不满。

我一边听她倾诉，一边细心地观察。从外貌看，她穿着得体，淡淡的妆容很适宜，眉宇间透着精明干练。

张女士继续倾诉道："我自认该做的都做到了，但新班子成员里，有的表面上对我很尊重，实际上做的却是另一套。有些下属就考虑自身的利益，稍微不如意，就对我表示不满。现在，我的测评结果不理想，让我怎么也想不通，也开心不起来，结果弄得全家春节都没过好。"

她的眼神告诉我，她很委屈，辛辛苦苦忙了一年，想方设法为大家做了那么多好事，却落得上下都有意见，这让她非常痛苦，心理压力剧增，晚上也经常失眠，最后竟产生了不想去上班的想法。她看着我，忧心忡忡地问："你看我应该怎么办才好？"

尽情地宣泄

我默默地倾听着，鼓励她尽情地宣泄。于是，张女士围绕自己工作上的压力，年终考核上的委屈，尽情地倾诉着自己的委屈和痛苦。

现代职场，不仅是男人的战场，也是女人的竞技场，面对身边的瞬息万变，女性所承受的压力与日俱增。我对张女士展开了疏导，并给予她深度共情："我非常理解你现在的心情，你现在能承受和做到的，是很多人承受不了也做不到的。"张女士感到了被理解和被关注，她眼眶潮湿了。我又说："其实，现在所有的人压力都大，比如孩子不能输在起跑线上，应届生不能输在择业上，年轻人不能输在事业上，领导不能输在口才上……"张女士听了，连连点头称是。

张女士尽情倾诉之后，情绪渐渐地平静下来。看到张女士的情绪平和后，我便和她一起分析心里失落的原因：因为张女士在两个居委工作时的情况有差异，所以她在原来的居委工作，可以说一呼百应，工作起来得心应手，考核都是优秀。但到了新居委，虽然和原来一样努力勤奋，但年终考核不理想，心里感到很沮丧。

之后，针对张女士的现状，我和她一起确立了咨询目标，即调整心态，消除焦虑、抑郁的情绪。

一步步，慢慢来

环境变化、工作方法、处事风格、领导班子的沟通协调等都一一发生了变化，又不能把原来的工作方法和思路带到新的单位，所以导致了张女士工作时不称心，同事关系难处理，年终考评不理想，自己心情又很糟糕等客观情况。接着我又引导说："你前后对比，心里不平衡了，这主要是你情绪上的原因。你在原来的居委，环境熟悉，人员熟悉，所以测评结果满意，现在你到了新居委，环境生疏，人员也不熟悉，为此，就有一个适应的过程，与新居委班子成员和下属干部还有一个磨合的过程。"张女士听后，频频点头。

看着张女士，我继续对她进行心理疏导："你总是希望自己做任何事情或者所有工作都尽善尽美，如果有些许的瑕疵或小缺陷，你就会自责痛苦。凡事如此苛刻，你就会让自己陷入恶性循环中。"我停顿一下，又接着说："其实，你不必给自己制定过高的目标，应该循序渐进地实现阶段性目标，不管做什么事情，只要努力就可以，不要事事追求完美。相反，你还要时时为自己取得的小成就而高兴，知足才能快乐。"

我又给她提出建议——在新的环境里，寻找聊得来的同事，经常聊聊天，并给自己一些闲暇时间去放松一下。张女士紧皱的眉头终于舒展了一些，她说："我知道我太操心，大事小事管得太多，没有充分调动其他成员的积极性。对新环境也没有经过观察，贸贸然地就开展工作，所以就出现了这种状况。"我赞同道："你已能进行良好的自我觉察，今后在这方面改进一下，当大家渐渐熟悉了你的行事作风，认识到你是为了居委会好，他们就会慢慢地支持和配合你的工作了。"

离开咨询室前，张女士情绪平稳多了，她说："我今年先把工作思路理理好，再向班子成员——征求意见，然后分工负责。我首先要抓好老百姓迫切需要解决的问题，其他的事情，我要充分调动大家的积极性，同心协力去完成。"

我握着她的手说："你可以一步一步来，也欢迎你随时过来聊天，咱们心理服务工作站就是为大家服务的心灵加油站。"

专家点评

当代社会，人们通过不断努力，实现自我价值的最大化，自我要求越高的人往往会越努力，会越在工作中追求高效率、高标准、高质量和高产出，而女性的厚积薄发，更是成为推动社会发展的一股积极力量。然而凡事都有两面性，一味追求完美，太急于求成往往会走向事物的另一面。本案案主在人格特质里有很多元素，比如追求完美、做事认真、讲求结果、有高度责任感、有付出和奉献精神等，往往她对别人也会形成这样的要求，在原来的工作环境中，她已与周围人磨合得很顺利，配合也很默契。但是当环境发生了变化，个体的工作方式与环境不再匹配，便对她造成了巨大困扰。案主按照原先的工作方式没有得到预期的效果，导致工作积极性下降，焦虑沮丧之情在心中蔓延，再加上之前工作中积累的疲劳，让她对自我产生了怀疑，更严重的，还会产生职业倦怠。通过心理辅导，咨询师帮助案主疏导了工作中的负面情绪，当负面情绪释放后，理性让案主意识到自己在工作中过于追求完美和效率的状态，缺乏些弹性。作为管理者，一上来就高标准、严要求，并硬碰硬，关系还没建立并稳定下来，就产生了对抗情绪，不利于后期工作的开展。当情绪得到宣泄，认知得以调整之后，在同样的压力处境下，人就会以新的状态去应对，效果也会有所不同。

由孤僻走向阳光

春夏之交时，心理服务工作站走进了一位小伙。小伙看上去神情冷淡，目光呆滞。衣服破旧，头发蓬乱，满脸倦怠，情绪十分低落。一看就知道他有抑郁的倾向。

我主动地向他问好，并询问他需要什么帮助。

小伙弱弱地作了自我介绍。他叫小林，是90后，3岁时父母离异。之后他一直跟父亲生活，由此极度缺少母爱。小林15岁那年，与他相依为命的父亲突然患病离世，使他受到沉重打击。小林就像一棵弱小的树苗，在成长的关键时期，突然遭遇到狂风暴雨的猛烈摧残。

父亲病逝后，小林的姑父姑母过来陪他吃住。但他们工作很忙，不久便离开了，自此小林就开始独居生活。当时小林是初二学生，他勉强读完初三，考上了中专。然而一年后，他因专业无趣，竟自己选择离校休学。

从15岁开始，到如今22岁，小林长期独居，仅依靠微薄的低保金艰难度日。多年来，他没有父亲，缺少母爱，没有家庭，没有亲情。在成长的关键期，他没有好好上学，没有人际交往，也没有任何经济来源。天长日久，小林孤独哀伤，抑郁日渐严重，他始终看不到今后生活的方向，对前程不抱任何希望。

初步了解了小林抑郁的原因，是和他独特的家庭背景有关。于是，我开始了和小林面对面的沟通，想尽快让他走出抑郁，找到喜欢的工作，从此过上正常人的生活。

心上的缺口

初次访谈开始。面对着我，小林目光呆滞，情绪十分低落。小林有顾虑，而且有防范心理，他始终沉默不语。我用亲切的笑容和温和的语言，慢慢地与小林交流沟通，使他体验到一种从未有过的温情，他渐渐地放下了阻抗，断断续续地讲起了父亲离世的情景，倾诉着自己多年的孤独哀伤和痛苦无助。我默默地倾听陪伴着，并不时给予小林深度共情。面询结束后，小林的情绪逐渐平稳，内心感到从未有过的放松。借此，我和小林建立起良好的咨访关系。

我分析和评估小林：当年小林15岁，正处于青春期，是生理和心理发育的关键时期，也是小林不断地寻求独立，寻求自我同一性的过程。这时，父

母是他发展过程中最直接最重要的因素，父母的爱与陪伴，对于小林的健康成长至关重要。然而小林却自幼缺乏母爱，之后与他相依为命的父亲又突然离世，使他受到沉重的打击。他辍学在家，且长期独居，终日痛苦抑郁，对前程迷茫，对生活失去信心。久之，沉重的压抑和苦闷终于压垮了他，使他抑郁消沉，难以自拔。

爱与归属是人最基本的心理需求。小林在成长的关键期缺少了父母的陪伴与关爱，这是小林抑郁消沉的主要原因。

接下来，我用人本主义理论，同时采用认知疗法，对小林进行连续多次的心理辅导。

在每次咨询中，我都给予小林认真的倾听和深度的共情，全面收集小林各方面的信息和成长经历，并采用鼓励宣泄和心理支持的方法，使小林尽情宣泄心中的痛苦和苦闷。同时，我和小林还一起讨论对目前生活状况的感受，引导他探讨自己应该承担的责任和对今后人生发展的预想。

在一次次咨询讨论中，我与小林不断沟通，认真倾听他的心声，感受他的极度自卑和不自信，理解他的压力和痛苦。我给予小林亲切的关爱和热情的鼓励，使他感受到从未有过的亲情和信任。小林不断增强自信，产生了改变自己，改变目前生活状态的强烈愿望。

沐浴阳光

随着咨询次数的增加，小林也发生了明显的改变。

他改变了思维模式，从长期抑郁消极的情绪中逐渐走了出来。他也看到了自己的优势：年轻，精力旺盛。我不断地鼓励他，让他增强自信，积极面对现实。为改变生活状态，他到饭店去洗碗端盘子，他喜欢动漫网络设计，就先从简单的图片设计做起，然后慢慢积累工作经验和技能本领。最近小林通过自学，逐渐掌握了图片设计的基本技能。至此，小林走出了狭小的房间，看到外面世界的精彩和变化，对生活充满希望。

我为小林打开了一个通道，使他的负面情绪流出，让积极的情绪开始向里面流进。

他学会了什么是礼貌，什么是人际交往。为了让小林有更多的人与人的接触，我和居委会商量，把垃圾分类工作交给小林管理。盛夏酷暑，他冒着高温，顶着烈日，一直坚守在工作岗位上。短短几个月，小林情绪稳定，心态平和、认真负责，较好地完成了小区的垃圾分类管理，受到了居委会和很多居民的赞扬。

在咨询中，我和小林一起讨论，怎样才能拥有健康的人生？小林认识到，努力改善自己的外表，自我感觉也会好一些。他原来从不洗澡，也不收拾房屋，现在经常淋浴、清洁牙齿和整理头发，保持衣服整洁，举止文明。还主动打扫自己的房间，整理衣物和书籍。我引导小林开始改变自己，帮助他养成健康的生活习惯，使生活变得既充实又有趣。

从生人勿"近"到现在主动寻求咨询，小林在情绪、心态和行动上都有了很大转变。他已彻底恢复行动力，能够生活自理，也懂礼貌，会主动与人交流、互动，有明确的追求目标，希望通过改变自己，改善现状。如今，心情开朗的他从抑郁走向了阳光。

之后的人生路上，我将继续陪伴小林，引导他不断提升自身能量，努力激发他的责任感，牵引他走向新的人生。

专家点评

孩子的健康成长既需要母亲的陪伴，也需要父亲的参与，本案案主在幼儿阶段失去母爱，进入青春期又失去父亲，姑父、姑妈陪伴了一段时间又离开，多次经历客体依恋关系的丧失，自我在各个阶段得不到充分发展，导致心理与行为退行：退学、不愿意和人交往；长年累月的孤独、被抛弃感、低价值感造成抑郁消极的情绪和状态；不洗澡，也不收拾房屋，同时内心又积压了不平、愤怒和对生活不满的情绪。心理辅导过程中，咨询师和案主建立了稳定的信任关系，为案主再造了一个客体依恋关系，补充了成长中缺失的关爱、支持和信任，并通过人本主义无条件地支持、共情和倾听，引导案主把长期积压的负面情绪宣泄出来，通过认知调整帮助案主修复对自我的认知，重新看待生活，接纳生活中的挫折，同时咨询师积极寻找案主身上的正向资源，使其感受到自身优势，找到自己的兴趣点，重新燃起对生活的热情，走向未来。

走出杞人忧天的游戏

画地为牢

炎热的七月，一天中午，华阳街道平安办的夏老师身上带着热气，表情略微着急地找到了我："老师，我们所管辖居委有一个社工出现了心理状况，他现在已经无法正常工作，麻烦你今天下午过去看一下，给他做一个心理咨询，看看能不能帮助他恢复。"

下午一点钟，我准时到了居委会，居委会门口接待处站着一个中等身材的男子，三十出头的样子。他一边不停眨眼，一边和我说话，虽然他戴着口罩，我却隐约感到这个男子很不安，好像有心事放不下。当我介绍自己是心理咨询师时，他马上说就是他需要做心理咨询。

因为居委会书记和主任对本居委社工怀有人本关怀，自从疫情以来，就特意安排一间安静的接待室，所有社工每周一下午可在此轮流接受心理咨询。所以，这里的社工觉得心理咨询是一件很正常的事，没有心理负担和顾虑。

男子自我介绍说他叫小周。坐下后，我先向小周说明了心理咨询的原则和设置。小周表示，"我们居委会所有社工轮流来做心理咨询，咨询后大家感觉很好，并不觉得有压力，相信您有办法帮我们解决问题"。

小周目前属于已婚未育状态。他原先是在机场从事行李安检工作，后来因为翻班导致身体不适，所以来到居委会工作，已工作近一年。小周原先的工作刻板单一，按部就班。现在到居委会工作需要见不同类型的人，处理繁杂多变的事，让他感觉有些应付不来。但是，小周对自己有很高的期待，他想在工作上表现出色，没想到事与愿违，越想做好，反而越表现不好，令领导很不满意。比如领导让小周做一个表格，一个小时之后交上来，小周两个小时也做不完，他会有很多自己的想法，并以高要求把表格做到完美。除了做表格，其他的事也是如此。这样一来，小周常常不能按时完成领导下达的工作任务。疫情期间，居委会人少任务多，领导很着急，就催促小周尽快完成手头工作，不要拖延，但是小周做不到按时完成。这也是小周焦虑的一个原因。

家庭中，小周结婚三年，一直没要孩子。但父母催促着他早点生孩子，表示可以帮他照顾孩子。可小周觉得自己并不成熟，不敢要孩子，父母的催促也让他感到"压力很大"。这是另一个让小周焦虑的原因。

小周的爱人工资比他高一倍，令小周很没面子，所以，他想在居委会好好表现，来弥补工资低的窘境，但事实却恰好相反，于是，小周更焦虑了。

工作能力、是否生育、工资收入这三个问题使小周产生了极大的精力内耗，他有点走不出这样的困局。这也间接导致他的睡眠状况出了问题，并且工作中常出现大脑空白且眩晕的状况，人会突然呆住不动。

他的异常被居委领导发现后，领导非常关心他的状况，一方面给他减少工作量，另一方面安慰小周工作不用过于追求完美。同时，领导把小周的异常状况反映到平安办，请求心理咨询师介入，帮助小周走出困扰。

接受平凡

向我倾诉后，小周长长地吐出一口气，整个人放松了些，他说："老师，我第一次把自己的心里话都说出来，以前从不敢和别人讲，怕被人笑话，毕竟我是一个男人，抗压性不能太差，但现在我感到胸口的那块大石头卸下来了。"

针对小周的情况，我首先肯定了他的倾诉，能够把心理和身体的状况全部表达出来，心里的困扰自然会减轻许多。接下来，我向小周提出几点建议。首先，工作时，可以专注在要做的具体工作上，不要去猜领导或同事怎么看待这件事，做到基本符合要求就可以。其次，回家之后，不要再想工作上的事，建议专注于家里当下的每一件事。再次，冥想音乐可以安抚情绪，让大脑暂时平静下来，如果小周以前没有更好的助眠方法，可以考虑使用一下。最后，建议小周睡觉之前做一项运动，把自己的心思全部用在运动上，这个运动应该是他最喜欢做的，可以让他身心舒缓的……

一周后，我们进行了第二次咨询，小周带着笑意看我，眼神也恢复了清明，不像上次那样不停地眨眼，紧张不已。小周反馈上次心理咨询后，心情轻松了好多。他尝试了几个可以让自己心平气和的事，最后找到毛笔字比较适合他，每天晚上会专注地练一小时毛笔字，他还邀请自己的妈妈在旁边陪伴指导他。

下班后，他会主动找些家务事来做，还会逗妻子开心，这样夫妻关系也比以前融洽。他还会在睡前听一听单口相声，来放松自己的神经，睡眠问题和大脑出现眩晕的情况都得到了很大缓解。

第三次咨询是两周之后，这期间小周休假一周。休假回来后的小周，看起来好像换了一个人，比第二次咨询时的状态又好了不少。这两周，小周仍然坚持每天练习一小时毛笔字，在家时只专注眼前的事，工作时则默念：我已尽力，基本符合就可以。

小周还转变了"有事只放心里，不与家人分享"的观念，开始把自己的焦虑、担心和父母、妻子分享，也获得了家人的理解和支持，这让他卸下了很多心理负担，也减轻了很多焦虑情绪。

经过三次心理咨询，小周的情况有了明显改善，基本恢复了正常的心理状态。他的SCL90测试结果显示，其焦虑程度已降到轻度，较之最初的重度，已改善很多。

12月8日，我回访小周时得知，他现在工作顺利，心理状态仍保持良好。在对小周居委会书记的回访中获悉，贴心的居委会书记已为小周调换了一份比较简单的工作，小周也能完全胜任。

现在的小周已走出预设的心篱，他平和地接纳了自己的平凡和不足，做到了坦然面对真实的自己。我为他的转变感到开心，也为居委会书记的人性化管理而深受感动。毕竟小周的恢复不仅有他自己的功劳，也与工作内容的改变有关。正因社区领导全方位地关注民生幸福，并由人本主义出发，体恤地引入心理咨询服务，从最大程度上调动起社会系统的支持力量，"个人更健康，家庭更幸福，社区更和谐"的目标才有了明确的实现路径，这对个人、家庭和整个社区而言，都极具价值，且不可或缺。

专家点评

很多时候，焦虑情绪是人们自编自导自演的一场游戏，游戏里的自己往往被困在纷扰的思绪当中，导致内心的秩序感缺失，行为失控，不断纠结于过去发生的事，对未来则产生过度担忧，不能安住在当下。就像本案中的小周，咨询师及时疏导他的各种负性情绪，引导他放下"说不出口"的内心包袱，并建议他专注于一件自己喜欢的事上，全心投入其中，以此帮助小周恢复对自我的掌控感和信心，让他真切地感到，自己其实有能力安排好自己的工作和生活，并真实地活在当下，从而帮助他缓解了焦虑状态。值得肯定的是，案主小周愿意接受心理咨询师的建议，尝试改变自己，走出自己编导和演出的杞人忧天的游戏，这也是心理咨询能发挥作用的关键。

走出 18 岁的泥淖

2020 年 3 月，电话那头传来一阵轻声的呜咽，那声音听起来还很年轻，声音主人的难过正通过她掩盖不住的哭声向我传来。像是自问一样，她说："难道我就这么不堪吗？"

我主动地向她问好，并询问她发生了什么事情。

小姑娘做了自我介绍，说自己叫小梅，今年刚刚上大一，因为疫情在家无聊，在抖音上看到一款陪聊软件，说是只要陪别人聊天就能挣钱，小梅觉得挺新鲜的，就下载了尝试一下。结果刚刚开始陪聊就碰到一个奇怪的男人，在电话里发出一些奇怪的声音，说到这里小梅就忍不住哭了起来，而且似乎难以平复，并且不时地问自己："难道我就这么不堪吗？"

身陷泥淖

我知道，面对一个陌生的人，要把心里面觉得羞耻的事情说出来并不容易，在耐心地等待之后，小梅的哭声渐渐平息，开始讲述起了事情的经过。

小梅说，在昨天晚上有个顾客找她陪聊。其间，顾客要求小梅叫他宝贝和老公，在小梅同意后，并且以宝贝和老公称呼对方的时候，电话那头传来了呻吟声。听到这种奇怪的声音，起初小梅有些疑惑，但是几秒钟之后，小梅突然意识到对方在借助自己的声音进行自慰，小梅吓得挂断了电话，随后就忍不住哭了起来。在心里面开始骂自己，觉得自己怎么那么不堪，为了挣钱，竟然连这样的事情也做了，觉得又难过又讨厌自己，也觉得对方十分恶心，对丁那种呻吟声产生了强烈的厌恶感。

就这样在深深浅浅的哭泣中，小梅坚持着把事情的经过描述了一遍，对于一些让她感到羞耻的内容，比如对方的自慰，起初小梅不愿意去讲，在我的鼓励和坚持下，才把这些让她产生困扰的部分表达了出来。说完所有的经过，小梅的情绪明显地平静了许多，因为她感受到了咨询师没有要对她进行道德评判的意图，对她的境遇是真的理解和接纳。

分析和评估下来，18 岁的小梅正处于成年早期，开始从象牙塔走入社会。大学已经是一个小社会了。在大学里面，青年人拥有比以往更多的自由空间，也承受着比以往更多的压力和责任，他们开始将一只脚踏入社会，去探索生命的意义和自己的价值。他们寻求独立，探索未知，对于未曾经历过的事情充满

好奇，又希望自己能够在社会中找到自己的定位和价值。这个时候能够挣钱不仅仅能够满足一部分的消费需求，同时也是证明自己能力的一种方式。就这样，小梅不小心走入社会和法律的灰色地带，想要获得对于自己能力的肯定，却收获了一场惊吓。

走出阴霾

我通过与小梅讨论其下载软件的初心，陪聊过程中的感受，以及受到言语猥亵后内心掀起的波澜，帮助她理解一个处在这个阶段的年轻人的心理会是怎样的。我以一个中立的、不评价的态度来观察和理解这种情绪和想法，帮助小梅了解当一个人面对内在或外在冲击时，内心是如何运作和反应的。而这，与道德无关。我相信，通过这个事情，小梅已从结果学习到了经验，这种相信也让小梅感受到自己作为主体的掌控感。

在这次咨询中，我与小梅不断沟通，认真倾听她对于自己的那些否定评价、对于顾客声音的厌恶和反感，以及对于这个事情被人知晓后的担忧，理解她的压力和痛苦。通过营造一个积极的接纳的安全环境，通过共情、理解、接纳等心理动力学支持性技术，我引导小梅将内心的伤痛情绪充分地表达和宣泄出来，从而接纳自己，平息痛苦。

专家点评

根据发展心理学，埃里克森人格发展理论认为，18 到 23 岁这个阶段属于成年早期，需要完成亲密关系和社会责任感这两个重要的发展任务。处在这个阶段的青年人，他们不再是未成年了，刚刚成年的他们获得了自由和责任。许多人离开家，并且第一次作为成年人承担社会责任。他们会观察和审视自己：我能够自我管理吗？我能够照顾好自己吗？这是一个充满无限可能的阶段，而如果能力不足以支持其抱负的话，这也会是一个让人极其压抑的阶段。他们在尝试接触社会，又会遭遇到一些始料未及的事情，造成对人生观、世界观、价值观的冲突。正如本案案主，下载软件的初心是想要结交更多的人，拓宽自己与世界的链接，但是没想到遭遇了一场网络性伤害，受到了不小的冲击。此时，咨询师一边帮助她充分地宣泄情绪，一边给予她适当的理解和接纳，并给出正确的指引，以继续支持和鼓励她去做更多的探索和确认，最终形成对世界客观而完整的认知。如此，人格的完整性和弹性就能发展出来，对于挫折、压力事件的耐受性和适应性也就能发展出来了。

第四章

重点关爱

"我想做个好爸爸"

与时代脱节的爸爸

人说三十而立，四十不惑，35 岁的阿全正好卡在当中。作为一个体形较胖，刚刑满释放进入社区矫正的社会人员，阿全找工作有点困难。据闻，社工正联系共建单位帮助他寻找工作。

阿全早年离异，目前与父母同住，身边带着一个 10 岁的儿子。儿子正读小学，一直以为父亲消失的那几年是去外地工作。阿全很喜欢孩子，但不知道怎么和孩子互动。由于体形较胖，他找工作一直不顺利。之前之所以会进监狱，也是因为找了高利贷的工作。现在社区愿意帮助介绍工作，只要能养家糊口，他都愿意去做。不过，社区介绍了几份工作，他都在面试环节被刷了下来，这使他感到非常沮丧，人也变得消极起来。

除此以外，他现在了解社会主要就是通过看新闻、交朋友和看杂志，因为他不会用手机，不会玩微信，很多行为都和别人不太一样，他为此感到非常焦虑。

阿全在监狱的这几年正好是人工智能等高科技飞速发展的阶段，阿全不适应社会实属正常。一般人的适应期是一个月，而他刚出狱就急着找工作，给了自己很大压力。与那些出狱后消极避世的人群不同的是，阿全非常渴望工作，而且情绪稳定，谈吐有礼，积极上进。他说他最大的心愿就是抚养儿子到 20 岁。所以他要赶紧工作、存钱，供孩子读书。心理咨询可以帮助他找到适合、喜欢的工作，以及更好地适应工作。

"慢慢来，你可以的"

对于阿全的状态，我表示理解，对他积极进取的行为，也表达了肯定。但我建议阿全放松状态，给自己预留一两个月时间，适应新生活，不用把自己逼得太紧，给自己那么大压力，心急状态反而不利于他寻找工作。

说起如何爱孩子，他又有很多忧愁。他对孩子的爱，体现在愿意陪伴孩子玩耍，并且想要好好教育孩子。但同时，他不是个有耐心的人，不愿陪孩子搭乐高积木，也不愿陪孩子散步。由于他比较胖，不擅长运动，也不能陪孩子打球。

他想了解，如何与孩子建立关系？怎么和孩子互动？我对他讲解了爱的五种语言。一是肯定的语言。例如孩子认为父母是爱他的，但孩子希望他们不要常常骂他，多夸夸他。父母多肯定孩子是孩子价值感的来源，所以家长要用肯定的言语包装自己的管教。二是精致的礼物。礼物未必价格昂贵，但要投其所好。阿全说孩子喜欢乐高玩具和手枪。我觉得阿全可以和孩子一起玩。这就引出了第三种爱的语言，即精心的时刻。家长和孩子一起玩，抱着他读书给他听，与他一起散步、聊天，跟着孩子的变化而变化。"你的眼神对他很重要。"我告诉阿全，"你还可以和他说说你的经历，孩子也会非常愿意听。"四是服务的行动，帮助他完成他做不到的事情。五是身体的接触，即拍头、拍肩膀、牵手过马路、一起在地板上嘻嘻哈哈等，身体接触是增加爱的主要方式。我告诉阿全，可以从孩子的要求知道他喜欢的爱的语言，例如"你可以抱抱我吗""爸爸讲故事给我听"等，都是他的需求。还可以从孩子的抱怨看到他需要的爱语，例如"你为什么没有给我买礼物""爸爸不带我去公园玩"等，这些话里都能看到孩子的需求。尊重孩子的需求，才能走进他的内心，与他亲近起来。

我还给阿全做了霍兰德职业兴趣测试，找到他的职业技能优势。结果显示，阿全的社会型比较低，常规型比较高。常规型的共同特点是——尊重权威和规章制度，喜欢按计划办事，细心、有条理，习惯接受他人的指挥和领导，自己不谋求领导职务。喜欢关注实际和细节情况，通常较为谨慎和保守，缺乏创造性，不喜欢冒险和竞争，富有自我牺牲精神。社会型较低的人的共同特点是——不喜欢和人交往。阿全下周一要去肯德基应聘服务员，我和他讨论了这个结果和这个岗位的特点。首先肯定他是有能力胜任肯德基工作的，但他说自己不善于和人沟通。我也提醒他，记得维护和领导的关系，不要和客户起冲突。

后来得知，阿全已经被肯德基录取，办完入职培训后正式开始上班了。他感到很高兴，也给孩子买了想要的玩具，并和孩子一起玩乐。他已经开始了自己的新生活，并适应得不错。心理咨询不仅给了他重回社会的关心和温暖，在实际问题上还给了他专业的支持。这点也令我感到高兴。

适应是个体与环境相互作用的结果，是个体通过不断调整自我的身心状态，实现身心与现实环境保持和谐一致的过程。服刑人员刑满释放后，重新融入社会，会经历一个内心调适的过程。首先，特殊的身份让个体多少感受到自卑，容易有一种不如人、抬不起头的想法，需要提升自我价值感；其次，服刑的经历，铁窗生涯的几年，外面的世界已经发生了翻天覆地的变化，多少会让个体内心产生对外部环境的不适应，需要提升生存的技能。本案例中，案主有

专家点评

强烈的愿望想做好一个父亲，这为其主动融入社会，承担起父亲的角色带来了积极的动力。经过咨询师的引导，案主也逐渐了解了构建和谐亲子关系的有效途径。同时，通过霍兰德职业兴趣测试，咨询师又帮助案主找到了自身职业技能优势，产生对自我的正确定位和个性的客观认知，让其对自己从事的职业岗位有了清晰的认识，根据自己的职业倾向，确定就业方向，并引导他为这一目标制订行之有效的计划，为他融入社会创造了现实可能性。

穿过黑暗的隧道

她们是一群特殊的女性，生活在社区里，但却有着另外一重身份——社区服刑人员。在世人眼里，她们的过去并不光彩。因为曾经的一些非法行为，她们受到了惩罚，又因情节轻微，危害较小，所受惩罚也较轻。她们需要定期到司法部门接受教育和询问，自由受限。但是文明的进步，意味着司法部门不仅仅是惩罚犯错的人，更着眼于改变和转换犯错者的内在状态，使其更好地回归社会。

在这样的背景下，社会心理服务团队与司法部门合作，对一群女性社区服刑人员进行了定期的团体心理支持工作，七次团队活动，就像一个奇妙的旅程一样，充满变化和意料之外的惊喜和美好。

寻找光明之旅

第一次活动的时候，开场是生硬和抗拒的，这并非参与者出于主动意愿而参与的活动，而是一种强制参与的学习。有些话题是绕不过去的，比如她们的身份和对于身份的介意，比如她们内心的激荡和情绪的起伏。

但与此同时，我们也发现，这一群身处逆境的人却是真诚的，她们的言谈真实，毫无矫揉造作。当对她们的尊重能被她们真切感受到，当善意能被接受时，信任就自然而然产生了。而信任是一味神奇的药，能解开各种各样的烦恼和心结。我们在后续几次工作中，就这样逐步靠近她们。在充满善意和承诺保密的环境里，大家慢慢打开了心扉，讲述她们的人生正在经受的或大或小的考验。有的人失去了赖以生存的工作，有的人陷入自卑抑郁之中，有的人感到前途无望，有的人对于自己的遭遇愤愤不平，有的人遭遇了婚姻的波折，有的人与孩子或父母产生了矛盾……她们仿佛置身于风浪中迷失方向的小船，内心是恐惧、孤独而无助的，只有大家同心协力，互相支持，才能努力穿越这一段黑暗的人生隧道。

在善意、尊重与关爱之中

而在日常生活中，善意和尊重对她们而言并不足够丰富，或者说她们自身已经很深地沉陷在内疚、自责和哀怨中。她们仿佛置身于一叶扁舟，怯生生地穿行在峡谷间，害怕声音太大也害怕太安静冷清。而在这个团体中，带领者带

着大家用自由平等的氛围，彼此尊重的态度，为团体营造安全和抱持的环境，使大家在活动中可以一定程度地打开心扉，敢于大胆表达和分享，让彼此的情绪得以被看到和释放，感受到彼此的善意和温情，感受彼此的关爱，也学习关爱自己，从而增强了回归社会的信心。

许多个瞬间，我们都会被深深震撼，感动于普通人内心深处的善良，哪怕是这些犯了错的人，一样如此。那是一种人格上的高贵，不因为负面事件而被消磨，它依然深藏在许多沉默忧伤的人心中。

相聚的时间总是过得很快。虽然只是短短的七次团体活动，但大家之间有心与心的交流和彼此的支持，在临别活动中，团体成员和团体带领者之间像是认识了许久的老友一样，彼此互相祝福，表达谢意，那个画面也定格在心灵深处，成为难忘的美好记忆之一。

人生的路难免曲折不平，祝福她们带着信任和温暖，越走越幸福！

专家点评

社会心理服务的一个关键目的，就是引入一种新的价值观，使之更好地影响社区里各种人群的心理状态。对于犯错的人群而言，惩戒是一种必不可少的手段。但心理上的温暖和尊重，是一种更为人性化的手段，可以从根源上帮助和改变一个人的内在状态。

对于心理学团体来说，女性与服刑人员，这两个都是牵动着我们心绪的关键词。作为行业内公开的秘密，做服刑人员的活动相当不容易，因为作为社区服刑人员他们相比普通人失去了很多自由，连参加此类活动也是强制性质的。对大量强制的活动和课程，他们内心是非常抗拒和抵触的，往往流于表面应付。可是社会心理服务团队凭借丰富的经验和认真负责的态度将团体带领得很好，使这一系列的活动变得丰富且富有意义。以自由平等的风气、尊重的态度，为团体营造安全和抱持的环境，使人们在活动中可以一定程度地打开心扉、相互分享，让彼此的情绪得以被看到和释放，感受到彼此的善意和温暖，从而增强顺利回归社会的信念和生活的幸福感。

孤独的阿力

阿力是社区服刑的缓刑人员，今年已经47岁了。母亲年纪大，身体也不大好，兄长又半边瘫痪长年卧床，照顾家人的重担毫无疑问只能落在阿力一个人的肩上。阿力原本有一份工作，每个月除了母亲不多的退休金和兄长的残疾补贴，唯一的收入来源就是自己微薄的工资，生活压力极大。

当生活的压力一直压在身上得不到缓解时，阿力萌生了盗窃的念头，企图通过这种不正当方式来发泄负面情绪，缓解自身压力，于是走上了违法犯罪的道路。

靠近你的心

我第一次接触阿力是在司法所的接收宣告仪式上，场面有些严肃。当时，阿力认为心理咨询师与司法所的工作人员一样，只要自己态度端正，好好配合工作就可以。因此在交谈的过程中，我问一句阿力答一句，不会有过多的言语交流，就像例行公事一样。

当阿力第一次到街道参加活动时，面对我简单的问题显得局促不安，我通过放松语和音乐让阿力放松情绪不要紧张，再向他说明了街道的一些活动安排和活动性质，告知他来街道参加活动只要开开心心的就可以，无需有太大的心理压力。

在我的耐心解答下，阿力心中的不安渐渐消除，话也多了起来，他说自己没什么朋友，一直是个很孤独的人，从来没有得到过肯定和支持，犯罪后更担心了，怕自己服刑人员的身份会让人看不起。另外对心理咨询也完全不了解，所以顾虑重重，担心别人说自己有精神病。

我向他介绍了咨询的设置，以及自我功能在精神结构中的重要地位等，告诉他当一个人压力过大时，自我功能和应对能力会失调，但每个人都有修复自我功能的内在动力。

尽管每个人的性格和行为习惯都和成长经历有关，但可以通过心理咨询，真正了解自己，学会接纳自己、肯定自己、欣赏自己，增强自我功能，改变不合适的思维模式和行为模式，活出真正的自己，增强生活幸福感。我通过深入浅出的解释，让阿力对心理咨询产生了期待，也让他慢慢放下了之前的顾虑。

此后，阿力每次来参加街道活动的时候，我都会和他面谈，了解他的近况

和参加活动后的心得体会，同时也了解了阿力的需求和兴趣爱好，经过多次交谈后，阿力彻底放下了心中的戒备，开始接纳我，全身心地投入街道的活动中。

做自己的太阳

看到阿力渐渐步入正轨，我邀请他有心理烦恼时可以来街道心理服务站寻求帮助，于是阿力主动预约了心理咨询。在咨询中，阿力述说了自己的孤独无助，看到年老体弱的母亲和偏瘫在床的哥哥，家里的负担压得他喘不过气来。他觉得自己很没用，既赚不到大钱，也娶不到老婆。"这样的生活真的很没意思，什么时候才是个头呢?!"阿力发出了无助的叹息。

我一直耐心倾听着，不时与阿力共情，让他把这些年积压在心里的烦恼痛苦倾吐出来，并适当做自我揭露，分享我在陷入低谷时候的状态，让阿力感觉自己并不是一个人。当阿力情绪渐渐趋于平静，我开始引导阿力和自己的内心对话，接纳自己的孤独、无力，接纳"错误也是人生的一部分"，并且感谢自己这么多年来的坚韧和承担，学会爱惜自己，心疼自己，做自己最好的朋友。最后离开时，阿力感觉轻松了许多，也对自己有了更多信心，他主动和我预约了下一次咨询的时间。

经过半年的咨询，阿力变得越来越自信，特别是在居委的推荐下，他找到了一份新的工作，生活状况越来越好。阿力开始感到，原来自己并不孤独，身边还有很多人关心着他，给予他温暖。如今的阿力，会积极热情地参与社区公益活动，因为他很想把自己感受到的爱传递给周围的人，享受帮助他人的快乐。

专家点评

社区服刑人员除了与普通人一样，需要面对来自生活、工作等方面的压力之外，还需面对来自外部的歧视，自己内心的焦虑、紧张、自卑等不良情绪。相比普通人，他们更容易产生心理问题。因此，在社区矫正过程中，适时地对社区服刑人员进行心理辅导，帮助社区服刑人员树立健康心理，提升自我功能，这对于其积极参与社区行为矫正显得非常重要。如果自我效能感低、自我功能弱，生活中一旦发生压力事件，个体就很容易形成负面的认知，导致情绪上压抑、愤怒、沮丧，行为上退缩、回避。本案中，咨询师通过心理辅导的技术支持社区服刑人员阿力，让其感受到虽然自己具有服刑的特殊身份，但也是被尊重和理解的;又通过认知调整，引导阿力正确面对家庭现实的压力，接受真实的生活。改变，来自多方的共同努力，在陪伴的过程中，阿力感受到自己是被关心的，便逐渐恢复了信心，增强了抵抗现实压力的勇气。

光明在心间

人生的污点

　　51 岁的陆某是上海人，文化程度不高，因犯职务侵占罪被判处有期徒刑三年十个月，目前在上海某监狱服刑半年多。她的家庭结构是这样的：丈夫54 岁，待业在家，30 岁的儿子是公司职员，已成家且育有一子。

　　陆某在入狱前有较体面的工作和地位，曾获得多次荣誉，并在亲朋同事间口碑不错，但判刑入狱之后，自己之前数十年的努力和形象轰然坍塌，从高处落到低谷，陆某受到了很大的打击，觉得自己在别人心中一定很不堪，临老了还要进监狱，更是让她对自己入狱服刑的现实感到抗拒，无法正确面对，出现了心理失衡。

　　她的母亲已 92 岁，患病在床，为了不刺激到老人，家人只能谎称陆某外派学习。陆某一直很担心母亲的身体，同时对于自己不能尽孝膝前自责不已。儿子这边虽已成家立业，但自己受调查、判刑等事也对他的工作生活和心理造成很大影响，陆某觉得自己成了儿子的污点。虽然家人一再劝慰，但也未能使她放下包袱。自己孙子还小，之前一直由陆某照看，现在自己入狱服刑，也无法看到孩子，心中又是思念又是愧疚。

　　太多的自责感困扰着陆某，她却无力解决。在监室内她极少与人交流，也不会主动向狱警寻求帮助，内心的苦闷得不到倾诉和发泄，只能埋在心里，她看不到自己身上的积极因素和外界的支持性因素，只是不断地否定自己，久而久之，便引发了焦虑和抑郁的情绪。

重见阳光

　　陆某是因为入狱引发了情绪问题。所以我的目标是先帮她宣泄情绪，正视现实，接纳自我，再激发她生命中的积极性。

　　一方面，我通过倾听、共情、无条件关注、摄入性谈话法入手，收集信息，与陆某建立起良好的咨访关系，帮助她宣泄积压已久的情绪，同时，就入狱后服刑人员心理变化的特点进行多次指导，消除陆某内心的担忧，使她的焦虑、抑郁情绪有所减轻。

　　另一方面，我帮助陆某掌握正确认识、评价自我的技术，引导她发现自己身上的闪光点，当陆某能够正确看待入狱服刑这件事时，就有自信面对生活和

改造了。在咨询中，我帮助陆某看到自身进步，肯定其努力的意义，帮助其树立信心。在咨询结束后还向陆某布置课后作业，要求她列出影响情绪的事件和认知，并对其中不良情绪进行辨识。

此外，我帮助陆某巩固咨询所获成果，适应结束咨询的变化，提高她自知、自控、自我行动的能力。

通过多次咨询，陆某的精神状态有了很大改善，仿佛阳光又重回到她的生命中，让她感到了久违的轻松。"对家里的担忧也少了很多，和狱友间能更好地交流，有时候对方态度不好，我也能接受和自我调节。"她表示，现在的自己能更积极地看待问题，且在学习和劳役上有了进步，她相信自己还能有更大进步。

专家点评

身处监狱这个特殊的环境，服刑人员脱离了原先的生活轨道，没有了旧有的人际网络和社会角色，失去人身自由的同时，还要每天重复进行学习和劳动改造……方方面面都面临着不小的压力，所以服刑人员心理健康水平普遍低于普通人的正常水平，是心理疾病的高发群体。而心理咨询可以帮助服刑人员调适心理、调整认知、疏导压力、改善情绪，引导服刑人员放下包袱、消除疑虑、克服影响改造的一系列障碍，以积极的生活态度适应服刑生活。本案例便是如此。心理咨询师通过引导案主学习理性情绪疗法，调整对事件的错误认知，引导对方学会控制不良情绪，以正确的认知和乐观积极的态度面对服刑改造生活，从整体上改善了案主的精神状态。

冷暖知心人

祸不单行

2020庚子新年，突如其来的新冠疫情不仅打乱了千家万户的生活节奏，牵动着举国上下的心，各行各业更是因这一"黑天鹅"事件而遭到不同程度的影响和打击。

阿梨，三十岁左右，外地来沪已有七八年了，一直在上海经营着一家自己的美容院。之前因交友不慎被朋友误导发了一些不法的传单，而被街道列为监管对象，因其表现良好，原本街道今年打算申请对其取消监管，但不知道什么原因，阿梨年后突然发来手机短信给工作人员，说自己想放弃取消监管的申请。这几年街道也做了很多前期工作，阿梨也一直非常配合，原本这件事情按照既定的程序即将收尾，现在戛然而止。每年区里可以申请的名额是有限的，如果阿梨轻言放弃，也等于让街道的付出白费了。于是，街道工作人员找到我们，希望能够和心理咨询师一起，帮助阿梨走上正途。

见到阿梨的第一面，我发现对方是个打扮得体的女性，面容身材较好，只是眼神中透着一股忧伤。也许是因为自己是被监管的对象，她和工作人员说话时显得有些谨小慎微。于是，我很温和地向她介绍了自己，并表明了我们邀请她的用意。"主要是想了解最近发生了什么，看看你是否有什么需要，我们大家可以一起帮忙解决。"或许感受到了我们的真诚和善意，阿梨慢慢地放下了顾虑，变得不那么紧张，并将事情娓娓道来。

原来受疫情影响，美容院经历了一段时间的"惨淡经营"，目前已难以维持，原本经营不错的生意现在将要面临倒闭的困局，阿梨打算如果实在经营不下去的话就回老家去了。不料年中，家中的老父亲又生病了，原本家庭经济状况就拮据，还要照顾生病中的老人，导致阿梨在经济上、心理上都承受了巨大压力，有点不堪重负。与此同时，监护对象需要定期回访和反馈心得报告，加之听说取消监管需要提交很多报告，手续烦琐，阿梨顿时感觉压力很大，也不知道自己在上海还能坚持多久，所以没有精力去想取消监管的事情，也没有心力办理那些烦琐的手续，于是就有了放弃的念头。

在咨询的过程中，阿梨表达能力不错，但情绪比较低落，几度伤心落泪，表情很委屈。我对阿梨的初步诊断是，她的社会功能未受损，能正常工作，也能正常进行人际交往，只是受疫情影响，事业遭遇重创举步维艰，对自己的

未来充满了担忧，所以精神比较痛苦。另一方面，又为家里老人的健康担心，不知道该如何解决，所以产生了焦虑及其他负面的情绪。这些可以通过疏导缓解。

温暖异乡人

此后，我采用了支持性的心理治疗方式，先关注这件事情给阿梨带来的困扰，无条件尊重接纳阿梨，理解她的情绪和感受，倾听她的困惑和烦恼，为她疏导情绪。

"眼下的问题，不是你个人的问题，而是整个大环境下，每个人都正面临和承受的困扰，只是每个人的程度不同罢了。"在将阿梨面临的问题"一般化"之后，我逐步引导她客观地看待问题，降低焦虑，恢复理性的功能。

其间，我们将令她心烦的问题进行了解构，共同探讨解决困境的其他可能性。面对经营问题，我建议她改善经营方式，提高自身技能，换种营业思路，尝试新的可能性。同时，我也充分发动社区资源，为她家中老人提供一些医疗资源上的帮助。关于阿梨申请取消监管一事，我鼓励她坚持下去，在申请流程和报告提交方面，给予了她允许范围内最大限度的支持，并承诺阿梨提供后续心理支持和必要援助，帮助她一起解决现实问题，共渡难关。

经过一段时间的咨询，阿梨的焦虑情绪得到了明显缓解，通过心理疏导，她找到了情绪上的出口，心情变得好多了，解决问题的能力也同步提升。

"原先，我总感觉自己是一个人，一个人面对困境，一个人想办法，遇到难题时我不知道还有谁能支撑我一把，这让我感到孤立无援，压力非常大。"她拉着我的手说道，"但现在不同了，我感觉自己一下子多了好些亲人，帮我一起解决问题，渡过难关，让我这个异乡人得到了许多温暖和善意。谢谢你们！"并且阿梨坚定地表示，在咨询结束后一定会继续配合相关部门的工作，尽力把后续事情好好完成。

专家点评

从疫情初起至今，市场主体都面临着较大考验，尤其是中小型制造业、服务业，消费需求下滑可能导致部分中小企业出现经营危机。本案案主阿梨经营的美容院就受疫情影响导致经营困难，加之之前非法分发不法传单，被街道列为监管对象，原本家庭经济就很困难了，老父亲又卧病在床，在经济上、心理上都面临着巨大的考验。持续的压力事件，往往会让个体处在应激的状态，使人难以专心、错误百出、记忆力衰退、判断力下降、思维混乱、反应速度减慢及组织能力退化等。从心理学角度讲，人在无法改变环境的情况下，调适个体的心理状态，增加个体的心理耐受性显得尤为重要，正所谓"转不了境，就转念"。而转念需要得到心理支持，在心理服务的过程中，咨询师陪伴阿梨度过了内心最无助、煎熬的阶段，又给予现实层面的支持，引导阿梨积极正面地看待事情，让她相信对未来是可以期待的，而自己也可以尝试改变固有的经营思路，以适应因疫情带来的负面影响。就这样，在个体面临多重压力之时，心理支持和社会支持双管齐下，使案主转换了思路，能以积极的心态去面对挑战和困境。

路在远方，也在脚下

这是一个炎热的午后，窗外的知了声嘶力竭地叫着。突然传来敲门声，矫正中心的社工赵老师走了进来，她身后跟着一位面色苍白的女孩。赵老师悄悄告诉我，这位女孩名叫珊珊，最近因犯诈骗罪，被判缓刑三年社区执行，刚才在矫正中心会谈过程中，她突然情绪激动，失声痛哭，所以领她来到虹桥心理服务工作站。只见珊珊头低垂着，两只眼睛红红的，看来刚刚哭得很伤心。

赵老师贴心地离开咨询室，我请珊珊坐下，给她倒了一杯水，让她从激动的心情中慢慢地平静下来。受情绪余波影响，她的表述有点凌乱，其间我慢慢了解了她的经历。

虚幻的安全感

原来，珊珊从小目睹强势的母亲和总是被动攻击的父亲之间冷漠、紧张的争斗关系，导致她对于亲密关系有着一份特殊的渴望和期待。有了男友之后，珊珊常常会在亲密关系中迷失自我、过于投入和付出。

偶然，在一次跨国旅行中，"小两口"发生了激烈的争执。虽然双方吵得水火不容，但是由于身处异国，俩人又无处可去，所以只能一起待在小小的酒店房间里。这让珊珊顿时感到非常满足，充满了安全感，她感到，在这样的时刻，这个男人是真正属于她的，哪怕关系再不好，也不能离开她。

出于追求这种满足和安全感的体验，从那以后，珊珊开始有意识地和男友频繁跨国旅行，每一次都花费不菲。在每一次旅行中，两人都必然会发生争吵，随之珊珊得以再次重温那种"再怎么吵，这个男人都是属于我的，我不用害怕他会离开我"的体验。

直到有一天，珊珊发现，自己省吃俭用，把工资和奖金全部拿来，仍然还不上信用卡的账单，于是开始以各种理由向同事们借钱。就像滚雪球一样，终至不可收拾，同事们联合起来把珊珊告上了法庭。这个由金钱维持的幻觉游戏，就此落下了帷幕。珊珊获刑三年，她和男友的恋情也陷入了迷雾之中。

珊珊如梦初醒，悔不当初。她告诉我，2018年自己在看守所中度过了大半年，在这段难熬的等待中，见不到自己的父母和朋友，心里空落落的。后来自己的案子宣判了，目前是社区服刑的第一年。

"最近我好压抑，感觉压力很大。"珊珊哽咽着说，目前她还欠着二十多万元的债务，却无力偿还，只能由父母帮忙。她的母亲是一名退休教师，父亲是一名即将退休的保安，本来两老该享享清福了，结果还要替自己还债，背负那么重的担子。想到这儿，她就无比歉疚。她很渴望尽快找到工作，自己将债务还清，不想再让父母受苦。可又觉得以她现在的"特殊身份"，很难实现。

此外，事发前自己和男朋友的恋爱关系，就已经受到男朋友母亲的极力反对，现在自己出了事，珊珊觉得这段恋情恐怕即将走到终点。

由于对于债务偿还、职业发展、两性情感的走向感到十分迷茫，尤其是其中职业发展这一点，珊珊感到压力巨大，挫败感强烈。说到伤心处，珊珊的眼泪流个不停。我请珊珊根据最近一周的感受填写了焦虑和抑郁自评量表。心理测试结果显示，珊珊有重度的焦虑情绪和轻度的抑郁情绪。

自助者天助之

在我一次次耐心倾听、安抚，给予充分理解和共情的咨询中，珊珊对我的信任与日俱增。

我从改善珊珊对于社区服刑的适应不良出发，分析她面对社区服刑存在的焦虑情绪背后的原因。通过带领珊珊做放松训练，减轻当前的不良情绪，令她重新回归平稳的状态。

我和珊珊一起分析事件发生的深层原因，尤其是在处理亲密关系时出现的问题，珊珊看到了自己内心深处的心理需求，以及有偏差的思维模式和行为模式。她逐步开始接纳自己，面对现实。

由于珊珊的不合理信念，导致她在面对以社区服刑身份求职的这件事时，不能很好分析和认知自己求职遇到困难的真实原因，进而泛化为"我肯定找不到工作，找不到工作就还不了债，我的父母就要一直替我还债，还要连累我的男友"的个人认知和判断。时间一长，珊珊的挫败感越来越强烈，从而使其出现焦虑、不安和情绪低落。

其实，珊珊的工作经验非常丰富，工作能力很强，做事有条理，逻辑清晰，而且不怕辛苦，不怕麻烦，做事认真负责，对上司交代的工作尽心尽力，在工作能力和态度上，比很多同事都优秀出众，一直受到上司的欣赏和器重。这些都是珊珊重回职场时的底气和"利器"。

因此我采用以合理情绪疗法为主的咨询方法，通过用合理信念取代不合理信念后所出现的积极心理体验，帮助珊珊获得战胜恐惧的自我效能感，最终达到形成新的情绪及行为的咨询效果。

有一次，就求职中的阻碍和压力，我们做了比较深入的讨论。

我："回到你求职这件事的本身，你认为社区服刑会导致自己找不到工作，对吗？"

珊珊："我觉得如果用人单位知道我的特殊情况，一定不会录用我的。"

我："那你是否尝试过去找工作？"

珊珊："找过，但是我当时可能心态不好，表现得很差，用人单位因为我表现得不合格而不要我。"

我："你没有调整好自己的状态，做好求职准备，用人单位其实能够感受得到，那时的你并没有求职诚意，比较浮躁，对你的印象可能会不好，你觉得呢？"

珊珊："是我的错，我已经从心里放弃了。"

我再接再厉："如果你意识到自己内心放弃了找工作，所以求职不顺利，那么此时此刻你打算做些什么改变吗……"

那次咨询结束时，我给珊珊布置了作业：借助本次谈话的内容，回去仔细思考自己存在的其他不合理信念，同时客观评价一下谈话后一周内的心理情绪变化。

在下次的咨询中，珊珊流露出对自己正面积极的认识，看到在职场上自己的优异表现和良好的团队合作精神，确信自己的工作经验和工作能力是有很强竞争力的，这些是用人单位在招人时非常看重的地方。她进而反思自己有些事情确实想多了，还是行动最重要。她很有信心地告诉我，如果有单位因为她过去的犯罪记录而不愿意录用自己，那是她没法控制的事情，只有接受。但她不会再因此大受打击和灰心丧气，她相信以自己的经验和能力总会得到认可和肯定，找到一份合适的工作。如果找到了工作，她也将倍加珍惜，努力工作，好好经营自己的职业生涯。

两个星期之后，珊珊满脸喜悦地告诉我，她已经找到了自己喜欢的工作，离家很近，待遇也很满意，公司的领导和同事也很好相处。我一边祝贺她，一边对她进行合理信念上的巩固：今后遇事学会反思、保持自我觉察，在逐步强化理性信念的基础上，通过自我分析，尝试将不合理信念予以摒弃，并用新的观念直面自己存在的问题，学会"举一反三"处理问题。

转眼到了珊珊和我约定的最后一次咨询时间，珊珊再次做了焦虑与抑郁自评量表，不同的是，这次的测评结果显示均为无明显焦虑和抑郁情绪。珊珊成功地帮助自己，在逆境中掌握了人生的主动权。

本案例中，社区服刑事件并不是案主情绪不好的真正原因，它可以被称为诱发事件。真正导致案主出现各种糟糕情绪的原因其实是她对于社区服刑的看法，以及对于之后将面临的一系列挑战所产生的恐惧心理。情绪越糟糕，现实越"残酷"，由此陷入恶性循环。

咨询师从共情入手，安抚案主纷乱的情绪，给予她精神上的支持和鼓励，一边帮助她调节个人情绪，一边引导她进入理性思考频道，并运用启发式的方法，帮助案主理清产生不良情绪的深层次原因，将她的不合理信念导向合理信念，进而正视问题，设定合理目标，拟定务实的行动计划。最终，使案主依靠自身认知转变和正向心态的建立、巩固，展现自身优势，积极解决所面临的问题，战胜了逆境，也让身心回归平和。

埋下希望的种子

少年的彷徨

17 岁的小石出生在一个特殊的家庭。他母亲因年轻时交友不慎，染上了吸毒的恶习，先后几次被强制戒毒，但都以复吸告终，也曾因违法犯罪被劳教一次。儿子小石就在这种断断续续有妈妈、没妈妈的环境中长大，同时也在妈妈的影响下，12 岁就辍学在家游荡，自然而然地沾上了毒品。

2019 年 3 月，他母亲因在警察上门准备带她去强制戒毒的时候，从二楼窗口跳下去导致大腿骨折，只能在家卧床休息。街道禁毒办王老师、心理咨询师朱老师想上门去探望，一来看看石母，二来也想让小石去做尿检。本以为小石一定在家，但出乎意外的是，连续去了两次，还是没见到他本人，电话里明明约好了时间，他很轻易就爽约了。留给王老师的除了一声叹息之外，更多的是没能帮到他的遗憾。

了解了这一家的情况后，我制定了方案：首先采取心理疏导和干预，通过引导取得尿样，之后给予小石和家人生活上的关爱和照顾。

打开新的人生拼图

第一次接触小石是在他狭小的家里。房门只能半开，侧身勉强可以挤进去，房间里堆满了不用的杂物，空气中弥漫着怪异的味道，给人一种压抑到窒息的感觉。我从他目前的生活状况说起，点出他自卑的心理状态："这样浑浑噩噩的，靠着最低生活费了却一生，你是否甘心？"面对这个问题，他沉默了。

通过慢慢引导，小石终于说出了内心的想法，看着我鼓励真诚的眼神，他表达了对这个家庭的失望，他不喜欢这样的生活，但也无力改变，只能靠吸毒来麻痹自己。我给他推荐了高尔基的书籍，让他在书中找寻自己的影子，然后和书中的主人翁比较。

第二次咨询发生在半个月之后，我按照约定上门，令人惊喜的是，小石没有爽约，他和妈妈都在家，而且家里已经开始变样。在妈妈的指挥下，他清理掉了部分堆放的杂物，露出了一块可以供客人站立的空地，屋内的空气质量也好了很多。这一次的约谈，他空前地表现出了沟通的意愿，并承诺社工老师一定会配合之前约定的尿检时间。

又过了半个月，第三次再见小石，他似乎有了很大的转变，开始和我交流读后感了。我用艺术疗法，去治愈小石内心深处的自卑和行为上的恶习，通过聊天的方式，也让他有所顿悟，应该改变这样的生活方式，过上一个正常人的生活。

小石的转变是积极的，之后的行为也印证了这点，4月、5月的尿检他没有食言，都认真配合完成。

目前，后期干预还在进行中。小石想要改变生活状态的积极行动，也令我欣慰。对特殊群体的帮教工作从来不会一帆风顺，总在波折中行进，但为了同一个目标——为特殊群体送去温暖，帮助他们走向新生，我们会不遗余力，继续为他们输入力量，和一份来自政府、社会的关爱。

毒瘾心理依赖的产生是由于长期吸毒导致大脑特定部位的结构发生改变，在大脑里形成一种"奖赏性神经中枢"，使人产生一种愉快满足的欣快感觉，致使吸毒者在心理上对毒品有一种渴求连续不断使用的强烈欲望，继而引发强迫吸毒行为，以获得满足和避免不适感。吸毒者戒毒后往往会有戒断症状，这是他们停止吸毒后，身心出现的不良反应。战胜心理上的依赖，度过戒断期对吸毒者来说，非常关键，戒断期间也容易出现反复。戒毒心理矫治是利用心理学的技术和方法，在专业人员的指导帮助下，并配合各种社会有益资源，使吸毒人员正确认识自己，认识到毒品对自身、家庭以及社会造成的危害，纠正错误意识，调动自身积极性，增强主动戒毒的动机，真心诚意不再吸食毒品，对自己人生负责。对于戒毒工作的心理干预注定是一条漫长而曲折的道路，在一个不断摸索尝试和充满变数的过程中前行，其间，需要家人的支持和关爱、专业的引导和陪伴，以提升其戒毒的意志力和行动力。

专家点评

与导演相遇的精神世界

——一次社区融合活动的创新尝试

长期以来，人们对于精神疾病，往往采取回避态度而非积极应对，国内传统的精神疾病康复手段一般是隔离的，特别是将一些严重的精神病患者永久隔离。有些患者因无家可归、没有依靠，只能长期住在医院。不少人对精神疾病患者甚至是康复者存在着或多或少的偏见和歧视，让他们产生很强烈的病耻感，严重影响了其生活幸福感。社会对精神疾病的偏见和歧视不仅影响了患者的康复，而且影响社会稳定和社会道德提升。我们该如何帮助他们回归社会，而不是让他们感受到社会性死亡，全社会必须正视这一问题，并通过有针对性的科学的社会工作，逐步消除对精神疾病的歧视。

判别一个人是否精神病的条件科学与否，精神病人与正常人的差别界限，并无绝对客观的依据。并且大多数精神病人有着浓厚的与人交往的渴望，因此，国际上先进的精神病人康复手段是社区融合型的，让部分社会上非精神病人员加入精神病人的康复团体中，一方面满足精神病康复者融入社会、融入社区的渴望，另一方面精神病人往往有其丰富的精神世界和独特的心路历程，其中一些部分也会成为社会非精神病人的宝贵财富。

我们心理辅导中心擅长做的工作本身是对话活动，通过倡导自由平等的对话风气、互相尊重的态度，为团体营造安全和抱持的环境，使人们在活动中可以一定程度地打开心扉、相互分享，而看似两个不同世界的人的交流也是辅导中心感兴趣的。因此团队尝试组织了一次社区融合对话活动，邀请知名的导演、精神医学专家、社区精神疾病康复者坐在一起对话，自由平等地交流分享彼此的感受。活动取得了很好的效果，而且在国内有着开创性的深远意义。

一次平等对话

这是一次神奇的对话，一方是知名大导演、舞蹈家，以及精神医学的专家，一方是社区精神疾病康复者。对话的缘起是因为"精神"这个词语，艺术家们探索精神世界，精神疾病患者承受精神世界的困扰。"精神心理世界"是二者共同的关键词，也是内在运动的主要空间。

艺术家们之所以愿意参与这样的对话，是因为他们认为自己的奇思妙想和不羁的想象力，或许也是一种"病态"，甚至他们自身也时常被内心的痛苦所折磨。他们接触精神康复者是因为文明本身的要求，对弱势群体的呵护和关心，也是对社会精神本身的一种善意支持。

作为组织和发起人的社会心理服务工作者，从一开始就秉承"对话和信任"的原则，让参与对话的所有个体，回到一个"在对话的社会人"的角色中。不预先设定精神康复者的理解能力和表达能力，更不规定他们何时表达或者是否愿意表达。

这样的尝试带着理想主义的影子，在整个社会还对精神疾病患者有着根深蒂固的偏见时，让艺术家与康复者一起讨论各自的体验和思考，似乎也是难以完成的任务。然而，整个对话过程却出乎所有人的意料——对话的走向和效果既不是心理团队成员所致，也不是由几位艺术家来实现，而是由一位敏感而勇敢的康复者推动。

微妙的情感共振

话题开始于导演，导演讲述她自己过去的故事，听者分明能够感受到导演的赤诚与善意，她从自己的成长经历谈起，描述过去一些印象深刻的瞬间，开场之后的这一段讲述让整体氛围变得安静，在场的人都在些微拘谨的状态下默默倾听。

当时的感受是，康复者们似乎不会开口说什么了，这次对话很可能演化为一场围绕艺术家的故事分享会。心理团队组织者也努力用各种方法，根据看到的一些微小细节进行穿插和推动，然而始终未能实现内在对话状态。

这时候，一位腼腆而斯文的康复者打断了组织者的刻意推动，他用一种随意却直白的语句，击碎了有些僵硬的空气。从专业的角度看，他有着精准而清晰的直觉，能够把握一个对话空间的内在状态，那是一种难以言明却每个人都身处其间的氛围。很多时候，对话的展开就在于能够快速捕捉和表达那种微妙的氛围，从而让身在庐山不识真面目的人，能够恍然大悟。

康复者的一句妙语让场面瞬间沸腾，各种真实流淌的情绪和思想交互呼应，让在场的每一个人都体验了情感共振的美妙。虽然，有许多康复者依旧拘谨，言谈也难免有些生硬刻板，但是他们的眼睛里闪烁着久违的光，那是因被看到、被尊重而发出的光。

对话整体的感觉有融合也有难以融合的部分，融合的是源自人性的共同感

受和情感，而不能融合的是语言体系。康复者长期过度僵化的康复模式，让他们的语言像是一个模板下生成的，惯用的词语和价值表达倾向于被训练出来的自动反应。这一点令人伤感。

专家点评

一个社会的文明程度，取决于对待弱者的态度。关注和呵护弱者，令其被理解支持，并促进其自主能力的提升，是社会心理服务的功能之一。

其实，康复者的内在与健康人并无根本区别，只是对情感的尊重需求可能更为迫切。精神康复工作可以从过度简单的手工劳动走向更为复杂的人文关怀，并组织相应的活动。本案例中，康复者的敏感令人惊讶，他们能准确地感知他人的善意，并回以善意，化解了微妙的氛围，让浸透人文关怀的对话活动得以顺利进行，这份照顾他人精神世界的善意，令人动容。

这次对话活动并没有产生轰动的社会效应，毕竟冰冻三尺，非一日之寒，这注定是一场漫长的变革之路。千里之行，始于足下，既然开始了，就让我们带着爱，不忘初心，鼓足勇气继续前行吧！

陪伴，最温暖的慰藉

2020 年 1 月 1 日，北新泾街道禁毒办、北新泾街道司法所与北新泾街道心理服务工作站等多部门均正式搬入了北新泾街道综合治理中心，各条线物理距离的缩短，也带动了彼此联动的便利性，使各条线更易紧密联动，通力合作。

新年伊始，北新泾禁毒社工小张带着吸毒人员阿书走进了心理咨询室。我对阿书的第一印象是文质彬彬，戴着一副眼镜，衣着简单而干净。他是第一次来到北新泾街道综合治理中心，为了签订社区戒毒协议。小张把我介绍给了阿书，"这位王老师，是我们社区禁毒帮教小组的成员之一，后续的帮教工作将由我俩共同陪伴你度过"。而后，小张和我共同为他进行了初次谈话评估。

少言寡语的坚冰

阿书今年 34 岁，未婚。原本开了一家烧烤店，由于生意不好，关门了，如今无业在家。吸毒被抓时，他正在家中。他和外婆同住，父母皆住敬老院。寥寥数语后，阿书便不愿多说了，给人感觉很冰冷。

初次访谈的整个过程中，他不曾正视过我的眼睛，总是低垂着头，像个犯错的孩子。签订完社区戒毒协议后，我和小张便和他约定："之后的尿检与访谈，我俩均会一起参与。"

和吸毒人员初期建立咨访关系是个不容易的工作，取得对方的信任会比一般人群所花时间更长、难度也更大。

陪伴，人性深处的温暖

后来的多次尿检，每次我都主动前往陪同。渐渐地，阿书开始对我放下警戒，有了眼神的交流，话匣子也逐渐打开了。其实他是个比较开朗的人，很愿意沟通，只是对"吸毒人员"的身份觉得羞耻，生怕别人知道后，会对他指指点点，然后落入被排挤孤立的境地，长时间处于这种心境，他也变得羞于言辞，不敢正眼看人了。

阿书与父亲关系紧张，与母亲关系则很疏离，自幼与外公外婆住在一起。从小，他与外公关系就很好，每每谈及儿时与外公的相处，阿书总是会露出很开心的笑容。外公是个可以交心的长辈，是阿书心灵的支撑者，但不幸的是，

多年前老人已经过世，所以如今的阿书常常感到内心无比孤独。遇到大事小事，都不知道可以找哪位家人倾诉。

阿书的父亲和母亲住在敬老院，他每月会去看望他们一次。女性在他们家毫无地位，所以外婆和母亲一直就是沉默寡言的，阿书也不太与她们交谈。父亲在得知其吸毒后，也几乎毫无反应，只给了他一个冷冷的回应：自己的事情自己负责。这样冰冷的家庭关系常常让阿书心寒。加之，自己的烧烤店又倒闭了，这让阿书对于生活及生命都十分失望。

趋光而行

听完阿书的故事，我也觉得十分心疼。但当我问及他"是什么让你在觉得吸毒人员的身份羞于见人的情况下，依然选择主动和父亲提及此事"时，他显得有点蒙，弱弱地回复说："我也没想过。""那是因为你很期待父亲可以多关注下你的近况，多关心你一下，是吗？"当我这么问时，阿书先是一惊，然后忽然点了点头，眼角现出泪光。

之后的见面中，我常与阿书一起回忆过往与外公在一起的温情时刻，回忆从儿时读书到现在工作中最有成就感的故事，每一次的相处，我都会给他赋能，协助他燃起希望，找到自己内心的支持与力量感，也经常与他一起探讨他心中渴望的未来。

随着多次深入咨询，阿书发现他内心渴望的未来与吸毒者的未来相去甚远。"我还是希望可以有稳定的工作，组建自己的家庭，我也不想我的家人为我蒙羞，我知道吸毒是不好的事，如果这样下去，我身边的人也会因此受到伤害，我不想要这样的未来。"他决心为自己的未来努力，再也不去触碰毒品。

两个月后，在朋友的帮助下，他又找到了工作。上班前，他还特意给自己安排了一次成都重庆之旅，玩了一段时间后，心情舒缓了许多。如今，他仍然每月按时去敬老院看望父母，过上了梦想中规律而稳定的生活。

专家点评

一般来说，吸毒人员的家庭支持系统和社会支持系统都较为薄弱，他们往往没有群体归属感，也无正常稳定的工作，处于无所事事状态。这类人群往往内心空荡且自卑，觉得生活没有意义，对未来很迷茫，同时排斥社会正常群体，更愿意与有相同吸毒经历的人抱团取暖。他们对外界的信任感极低，有很强的防御性。不愿主动与他人接触，不会主动寻求帮助，对心理咨询师也有严重排斥现象。本案案主，从小跟随外公外婆长大，与父母关系疏离，自己出事后，父亲冷冰冰的语言让其感受不到来自家庭的温情和关爱，加上吸毒产生的自卑心态让其更加地封闭自己，躲进一个人的世界不与外界接触。但是封闭的人并非没有感情的需求，其实他内心深处依然有对亲情、对爱的渴望，而接触吸毒人员需要以人与人之间的情感链接为铺垫。首先，咨询师的尊重和持续关注能让对方感受到自己不仅没有被歧视，还一直被关心着，打破了他情感封闭的状态；其次，通过寻找到生命成长中的重要他人——外公这个客体形象，帮助对方一点一滴回忆起外公对他的关爱，为他赋能，协助他燃起希望，找到自己内心的支持与力量感；最后，当个体得到了充分的尊重、得到了爱，内心渴望积极、渴望美好的意愿就容易被激发出来，心理咨询师继而与服务对象一起探讨心中渴望的未来，进一步激发他对未来人生追求的想法和动力。可以说，持续稳定的支持、恰当的赋能是开展特殊人群辅导工作的重要手段。

未来在你脚下

走出盲从的"高大上"

2015年1月，萍萍初次因吸毒被登记在册，后因吸食冰毒被查获进入社区戒毒。两年后又因复吸被强制戒毒两年，出强制隔离戒毒所后，目前于北新泾街道进行社区康复。

每每与北新泾街道禁毒社工交谈，社工都会主动提起"我们禁毒社工的服务还包含心理服务，如果你觉得有需要找人倾诉的事，可以找我们街道的心理咨询师聊聊，她们在心理疏导方面特别专业，会帮你疏解压力，给你很多新的见解"。刚开始听说"心理咨询服务"，萍萍特别抗拒，总觉得"我才不需要呢，再说了家丑不可外扬"，可在禁毒社工的多次推荐下，萍萍的内心也渐渐松动，决定尝试一下。

2020年10月，萍萍第一次走进北新泾街道心理咨询室。白皙的脸蛋，高挑的身材，精致的妆容，得体的服饰，言谈举止大方温柔，看得出是一个对自己高要求且很讲究的人。

谈起吸食冰毒这件事，她也觉得非常后悔。刚开始接触毒品的时候，她觉得"吸毒是高大上的事情，电视剧里面吸毒的人都是纸醉金迷的，我特别向往这种感觉，觉得那样很好"，在一次社交活动中受朋友诱惑，忍不住就想试试看。毒品的确带给她一些精神刺激，以及暂时的愉悦和享受，可效力一过后，她又立刻陷入了空虚和无助中。她无力挣脱这种空虚感，而毒品好似一条摆脱空虚的捷径。她并不了解毒品的危害性，只当是一种精神安慰剂。

复吸后，她进入强制戒毒所，看到很多长期吸毒成瘾的人，有些因吸毒与家人断了联系，有些因毒品导致脑疾病，有些因毒品上瘾导致精神崩溃，甚至自伤自残等。她非常震惊，决心戒毒，过新的人生，不再和毒品，及那些"老朋友"有半点联系。她来到咨询室，希望社区康复期间，我可以陪伴她。

对话真实的自己

起初的几次会谈，萍萍都未提到过家人。当初期的信任感建立起来后，我主动问及了她的家庭情况，谈到家人，萍萍的眼中就泛起了泪光。她生活在双职工家庭，家中有个哥哥。自幼她都觉得爸妈重男轻女，什么好东西都留给哥哥，她心里特别不服气，所以就拼命学习，渴望可以在学业上战胜哥哥，来博得父母的喜爱。她的确也很争气，成绩名列前茅，中高考都是保送生，属于典型的"别人家的孩子",工作自然也很顺利。

不过工作几年后,萍萍内心升起了迷茫,"我觉得不知道我的人生到底有什么意义,儿时好像为了父母在读书,现在是为了什么在上班呢"?她渐渐感到自己的人生很没有价值,常常觉得内心空洞,却又无力摆脱,"我想感觉快乐起来,可我开心不起来,吸毒的时候好像能暂时忘却烦恼,可这个烦恼马上又会回来"。

萍萍的描述中透出一股悲凉感,我告诉她,比起父母眼中的她,比起"优秀"的她,我更在意那个真实的萍萍究竟是什么样的。萍萍摇了摇头,满脸迷茫地说:"我好像找不到,也不知道那个真实的自己是什么样的,也许目前就是空虚而无助的。"我鼓励她接纳那个"空虚而无助"的自己,并学习和自己的难受相处一会儿。

经过几次咨询,我欣喜地发现萍萍渐渐有了一些活力,当我和她探讨这活力的来源时,萍萍告诉我:"其实陪伴空虚无助的自己,反而让我开始心疼自己,我好像从来没有在意过自己,我想好好地了解我自己。"她也找到了新的朋友圈,有了新的社交。"其实家人对我也挺好的。复吸后,我就不上班了,父母和哥哥并没有放弃、远离我,在我出戒毒所的时候,他们还都来接我。以前感觉不到他们对我好,总觉得父母很严厉,可这次闯祸了之后,本以为他们会劈头盖脸地骂我,甚至不要我了,可他们却啥也没说,接我回家,照顾我,也没有人再提及此事。"萍萍对于生活的描述开始越来越积极正向。她的心田开始照进一缕一缕的阳光,可以感受到爱的雨露滋润了。

社区康复时光是特殊群体修复自我,开启崭新人生的蜕变阶段。我将继续陪伴萍萍一起度过这段时光,浇灌她的心田。

社区心理服务过程中,戒毒人员这一特殊的群体是常见的服务对象。个体吸毒的原因有很多:比如好奇心理。大多数戒毒人员的初期吸毒是建立在对毒品的强烈好奇之上的。比如无知心理。初次吸毒者,由于没有或严重缺乏关于毒品方面的知识而使自己判断失误或盲目涉毒而导致吸毒。又如追求时髦、追求虚荣,认为吸毒很酷的心理。再如解除忧愁、空虚、逃避现实中种种失意的心理。本案的案主在反复吸毒的过程中,同时具备以上心理特征。戒除心理的毒瘾,需要帮助个体重新建立自我,看到自身的价值,接纳自己,同时接纳过往的经历,找到生命新的意义。现实世界里,亲人朋友对案主的情感关爱,有助于推动个体心理戒毒。戒毒过程既是一种考验,也是一段人生经历。虽然我们都渴望生命不曾有黑暗与缺失,但既已误入歧途,我们就要学会正视过去,面对现实。我们会被过去所影响,但不会被过去所决定,未来依旧可期。

专家点评

无形的网

阿暮是一名社区矫正人员，他坐在图书馆里看书时，总担心身后会有人干扰自己，强烈的不安全感使他常常只能坐在角落，或后背贴墙而坐，无法安心看书。室友播放音乐的行为也令阿暮非常反感，有时简直难以忍受，尤其是睡觉时，他总担心会有音乐声干扰自己，从而休息不好，但他又不好意思跟室友发生当面冲突，觉得为这样的小事发脾气，可能是自己的不对。

长时间不能摆脱这种心理困境的阿暮很是苦恼，这种状态已经严重影响到他日常的学习和生活。于是他主动来到心理工作站，向咨询师求助。

天生我材必有用

阿暮小时候住在农村，家里经济状况不好，他一直认为自己是家里的老大，有责任挑起家庭的重担，必须找到一份好工作，但又觉得力不从心。他表达出强烈的自卑情绪，对待生活的态度也很消极，认为所有的一切都糟透了。

我与阿暮一起探讨了心理困境产生的原因。择业困难是构成其压力源的核心，因为择业压力，而使自己越来越紧张焦虑，不安全感也越来越强，其实质是因为自身能力与理想目标之间落差太大，落差越大，心理压力也就越大，就像一张无形的网压在身上，压力与日俱增。

即使有时候不去想它，但是问题和压力却仍然存在，也正是因为择业压力，阿暮变得异常敏感和脆弱，这一点在他的日常学习和生活过程中都有体现。哪怕有一点动静，在外面看书或者在房间里睡觉就会受到干扰，严重时，即使没有任何干扰，阿暮也会产生怀疑、担心和害怕，由此也面临着人际交往中的冲突问题，而这也是阿暮采取回避和压抑等消极应对策略的必然结果。

最后在我的分析和指导下，阿暮逐渐意识到要学习接纳自己的能力和当下的感受，降低对自己过高的期待，设定可行性目标并努力去实行，学会鼓励自己一步一步往前走。在别人因为一些小事引起自己的反感和不快时，通过换位理解，与人沟通，把这种自我消极情绪排解掉，那这张无形的压力网就会慢慢消失。

整个咨询过程中，阿暮发现自己对厨师这行挺感兴趣，自己的做菜手艺也不错。经过一年的时间，阿暮不但通过了厨师的技能培训考试，而且还找到了厨师的工作，工作虽然忙，但是他忙得很开心，很充实。

专家点评

　　许多人会认为，压力主要来自外界。其实，从心理学角度来看，压力和人本身的心理状况有很大关系，即心理压力。所谓心理压力，是指人们由于一些已经发生或即将发生的、存在或虚幻的事件而产生的精神困扰。并且这些困扰使得人的精神思想和行为语言受到了一定影响。本案例的主人公面对压力时，做出了聪明的选择，在心理咨询师的及时疏导下，调整认知偏差，正确认识自身价值，学会融入人群，最终跳出了压力之网。

愿做你心灵的港湾

一朝沾毒

阿华今年三十出头，有一段吸毒史。每个人的吸毒原因不同，但根因都差不多，往往是基于一种自我怀疑，以及长期对生活不满，再一不小心结交了不良朋友，受其引诱寻找刺激，便误入歧途。阿华便是如此，因交友不慎接触了毒品，一朝沾毒，悔恨莫及。

他曾经戒毒过一段时间，但没多久又出现了复吸。在此期间，导致了身体残疾，身心受创，此后仍可以行走活动，也具有劳动能力，但他仿佛已放弃了自己，多年无业，至今都和父母居住在一起。

对儿子复吸一事，母亲非常痛心，为防止儿子一错再错，一直盯紧儿子，除没收手机，又限制儿子社会活动。每次出门回家，阿华都要向母亲汇报情况。母亲也始终担忧儿子的未来，看到儿子有女朋友了，就想"如果能上班、娶妻生子，过上正常人的生活，该有多好"，这是一个母亲对子女最朴实的愿望。但同时，她又怕儿子步入社会后，走上复吸之路，内心非常矛盾。

这种矛盾心理，阿华也有。作为成年人，他一方面要受母亲管控，让自己远离毒品，另一方面，他也想和普通人一样，有份正常的工作，过上独立自主的生活。母子的求助动机强烈，希望通过心理咨询解决人生困扰，开始新的人生旅途。

心中的远方

初步了解并分析了阿华的吸毒原因和家庭背景，我开始介入个案。第一次面询，母子都不愿走出居委到指定咨询室咨询。在居委工作人员的帮助和支持下，初次面询被安排在居委会议室进行。

在母亲接受咨询时，阿华因为内心有所抵触，只肯站在门口看着，且看了会儿就离开了。一个半小时咨询下来，阿华母亲的情绪被安抚，"感到了从未有过的放松和舒坦"，她表示一定会说服儿子前来咨询。不到一个星期，在阿华女友的陪同下，我和阿华开始了单独面询。

我用人本主义的治疗方法，使阿华改善自我认知，能认识到自我的潜在能力和价值，并在良好的环境中，与别人正常交流，充分发挥自我肯定、自我实现的潜力。

站在中立的立场上，我给予阿华充分理解和共情，分析他的成长经历，讨论作为成年人应有的责任，探讨对目前生活状况的感受和对今后发展的想法。我慢慢走近了阿华的内心，倾听着他的心声，也感受到了他的自卑、压力和苦衷。就这样，我们之间建立起良好的信任，阿华开始打开心扉，尝试走出心灵困境，改变自己。

随着咨询次数的增加，效果逐渐显现。阿华从内心抵抗心理咨询，到主动要求咨询；从只愿就近咨询，到欣然前往离家较远却更加规范的咨询室咨询。更主要的是，他与我的互动变得积极起来，我能清晰地感受到他对改变现状的强烈意愿。母亲和女友也明显感到阿华在情绪上、心态上、行动上有了很大的转变，在日常行为中，他开始愿意打理自己的生活，主动和家人沟通，心情明显开朗和乐观了起来……

心理辅导还在继续进行，这是一场持久战，我已做好充分的准备，耐心地引导阿华提升自身能量，加强意志力训练，增强他的自控能力，并且激发他的责任感，帮助他规划今后的新生活。

专家点评

毒品成瘾是社会、心理和生物学多种因素相互作用的结果，不少吸毒者因追求刺激新奇感或者外在应激事件，出于好奇、享乐、从众的心理染上毒瘾。生理的毒瘾好戒，但是心理的毒瘾难戒。要帮助吸毒者戒除心理的毒瘾不仅需要家庭的努力，也需要专业力量的介入。吸毒者一般自我价值感较低，对于生活缺乏主动承担责任的品质，又具有追求快速刺激和满足的心理需求，更习惯于用逃避的方式来面对生活的压力、挫折和困难处境，本案例中的主人公便是如此。心理辅导过程中，咨询师秉承尊重、接纳、理解的姿态，取得了咨询对象的信任，让对方在安全的关系里慢慢敞开自己的内心，把真实的心声表达出来，通过挖掘对方身上的积极资源和优势，鼓励他找到自我，恢复对生活的勇气，增强抵抗毒品的意志力，真正为自己的人生努力和负责。

终将被世界温柔以待

流浪的"孩子"

23 岁的小川，是一名社区失业青年，自从 7 岁爸爸被判刑入狱后，妈妈就跟爸爸离婚了，之后再也没有来看过他一眼。往后的岁月里，他不得不跟伯父一起生活，伯父与伯母本就不和谐的家庭氛围更因为他的到来，常常充满火药味，为此他很少回伯父家。

不幸的事接二连三地发生。寄养在伯父家几年后，伯父也入狱了。这样小川彻底成了流浪的孩子，今天去奶奶家，明天到姑姑家，没有一个稳定的归处。生活无依的他最终没能完成学业，23 岁了还找不到工作，整日跟社会上一些游手好闲的朋友聚会，无所事事。他的言行还总是释放出对社会不满，想要生事报复的信号。

社区干部曾多次给他介绍工作，遗憾的是，小川总是过几天就跟领导或同事发生冲突，无法继续工作。伯父服刑期满释放回家后，他又搬去了伯父家，每天上网，伯父忙前忙后，托人为他介绍工作，他不但不领情，还常常对伯父发火，让伯父非常难过，在社区干部的推荐下，小川来到了心理咨询站。

小川第一次来见我的时候，顶着满头大汗，表情有点忐忑，略带稚气的面庞透出无措，就像一个大男孩。他举着一张小纸条递到我面前，上面写着：你是心理咨询师吗？我笑看着他，点了点头。第一次咨询就在这样的情况下开始了。

那次咨询中，小川表现得拘谨而防备，却又很配合。我用情绪聚焦疗法，与他共情，理解他的沉默和防备。咨询就在像挤牙膏般的状态下一点一点地推进。随着交谈的深入，我隐约看到了小川的过去。近二十年的时间里，小川一直生活在一种动荡不安的状态中，过着长年寄人篱下的生活。由于父亲不断入狱，他的家庭经济状况很差，几乎每隔几年就要搬一次家，换一个养育者。于是，这个曾经的小学数学课代表，变成了后来不学无术的混混，逃学、打架、混迹网吧，几乎样样都来，成了外人眼里典型的"坏孩子"。然而，在这具"坏孩子"的躯壳下，却藏着一个脆弱的灵魂，在呼喊着，哭泣着，渴望被拥抱，被温暖。我似乎能看到他的伤心无助，能感受到他对现状的强烈不满，以及对未来该何去何从的迷茫。

"这是由依恋问题导致的安全感缺乏，所以你很难在一个单位稳定地待下去。我们可以一起解决这个问题，你愿意每周来找我吗？"在我的循循善诱下，他欣然接受了。

一川入江海

首次咨询结束，我们邀请他的伯父做了一次家庭心理会谈。我从家庭系统角度，解释了小川不稳定的状态与他的童年不幸有关，伯父终于理解了小川为何更喜欢躲在网络游戏里，而不是出去寻找工作。因为他担心重蹈覆辙，再次在工作中与他人发生冲突，而这种行为问题，来源于从小安全感的缺失。小川深感苦闷，但又找不到解决办法。幸而，他还有一位关心他的伯父，愿意帮助他，支持他继续通过心理咨询，改变在工作环境中发生冲突的行为模式，重建心灵依恋，增强内心的安全感。

在之后的咨询中，我们谈到了他的心结，谈到了他不幸的童年过往，以及他对需要独自承受原生家庭所造恶果的痛恨。每次咨询后，我都会和机构同行一起讨论咨询的艰难，在咨询师团队的共同支持下，我陪伴着小川一步步前行，渐渐抚平了他内心的伤痛和愤怒，赋予他一个信念——只要不放弃，世界终将以温柔待你，你一定能找到自己的心之所归。

每次咨询结束，我都会和社区干部交流小川的情况。一段时间后，小川变了。据社区干部反馈，如今小川对待家人的态度变好了，开始懂得关心、照顾家人，也找到了工作，正在努力适应中。这个曾经桀骜不驯的边缘少年、一年前还与周围格格不入的问题青年，终于离开自己设下的牢笼，开启了新世界的大门。

更令我欣慰的是，咨询结束一年后，小川依然在原来岗位上努力工作，并且主动报名参加了社区公益服务，成为一名爱心志愿者。"我想帮助和曾经的我一样深陷困境的人群。"

案主成长于一个特殊家庭，错过了依恋形成关键期——婴幼儿时期，错过了好好立规矩的童年时期，其青春期的成长也会面临很多挑战。缺乏安全感的成长经历，让其自我设限，担心无法处理好职场人际关系，于是就用完全退缩、封闭自己的方式躲在网络游戏里，以逃避的方式拒绝走进社会，参加工作，承担为自己的人生负责任的义务。

"不幸的童年要用一生去治愈"，通过多次心理咨询及家庭心理辅导，咨询师逐渐使案主意识到并发泄了早年积压的情绪，感受到来自他人对自己的

专家点评

接纳、理解和支持。并在社区这个大家庭里，感受到了久违的温暖，让他相信——在这个"不幸"的世界，友善始终是存在的。这也为他能够回归社会提供了现实动力。当个体接纳自己的"不幸"，在不幸中重新建构起对生命的热情，依然期盼自己光明的未来时，那些"不幸"就有可能转化成成长的资源，同时还会发现生命的另一种馈赠，通过自己的成长去帮助那些和自己有同样经历的人，完成自我的升华。

小贴士

依恋形成关键期：依恋，一般被定义为婴儿和其照顾者（主要是母亲）之间存在的一种特殊的情感关系。它产生于婴儿与其父母的相互作用过程之中，是一种情感上的联结和纽带。儿童依恋期主要是指婴儿出生后的零到十八个月，这段时间母亲的爱、陪伴和照顾对孩子的一生都有极其重要的影响。

目前越来越多的心理研究发现，孩子的依恋期不仅仅在最初的一年多时间里，而是可一直延续到11岁。所以有不少心理学家认为在孩子进入青春期之前的时间段，都可以被视作儿童依恋期，这段时期孩子对父母的情感依赖很强。若这段时间孩子得不到正常的母爱父爱，会对他们的人格发展和社会适应性造成严重负面影响。

走出丧子阴霾

正式告别

67 岁的凌阿姨，儿子去世已经十多年，外表看上去比较平和的她，其实一直将失去儿子的伤痛埋藏在心里，难以释怀，六年前她身患乳腺癌，中药吃了五年左右，每天无法外出，内心非常痛苦。

鉴于凌阿姨的身心状况，我在"一对一"的关护中，首先帮她一起梳理生活中影响情绪的问题。一个是睡眠问题。凌阿姨噩梦较多，常常梦见儿子出事那天的场景，而且夜间难以入睡，即使睡着了，睡眠时间也较短，睡眠质量也不好。

另一个是夫妻关系问题。儿子去世后，凌阿姨一直沉浸在内心的伤痛中，与丈夫沟通交流较少，丈夫也每天借酒浇愁，"血糖那么高，还要天天喝酒"，凌阿姨便经常埋怨丈夫不注意身体健康。家中流动的"空气"也是冰凉无味，缺乏活力的。

为了帮助凌阿姨解决问题，我制订了心理辅导计划并逐步实施。针对睡眠问题，我一方面运用空椅子技术，让凌阿姨与儿子进行了一次正式的告别。由于儿子出事那天事发突然，凌阿姨都没来得及和儿子告别，有必要通过这一"仪式"让她把最后想和儿子说的话，这么多年内心的苦，好好诉说一番。另一方面，我教授了凌阿姨意念放松方法，让她每天睡前进行训练、强化，帮助她缓解了入睡困难的问题。

相伴夕阳

之后我们又将目光投向夫妻关系，我多次上门运用家庭疗法，帮助凌阿姨改善夫妻关系。我先是让他们夫妇面对面进行了一次敞开心扉的沟通，认真倾听彼此心中对儿子去世的感受，两个人如何看待目前这种生活状态，有没有改变这种"死气沉沉"的生活局面的愿望和想法。在确定凌阿姨夫妇都想有所改变后，我又进一步开展辅导，引导夫妻俩多给予对方一些理解、关爱和支持，而不仅仅只在乎自身的感受和痛苦。同时，我指导这对老年夫妻该如何相处，也传授了养生保健知识，让他们将注意力转移到当下的生活，两人携手描绘属于自己的"夕阳红"。

正当夫妻俩在我的引导下，生活状态慢慢出现了好转，夫妻关系也有所缓解的时候，丈夫因糖尿病并发症而瘫痪在床。在凌阿姨的精心照顾下，夫妻俩度过了形影不离的艰难时段。

心有所依

丈夫病逝后，凌阿姨经历了第二次的心理创伤。但这次凌阿姨表现得非常平静，她感觉自己已经尽心照顾了，对得起丈夫，没有像当年失去儿子时那么伤心。在我的悉心引导下，凌阿姨很快调整了心态，把家里重新装修一番，经常约小姐妹到家里来做客，还和小姐妹结伴去旅游。

唯一让凌阿姨牵挂的是在读职高三年级的孙女，关于孙女能否在 2019 年三校生的高考中如愿，毕业后能否找到心仪的职业等，成了凌阿姨新的心事。我也随之调整心理服务目标，继续关注凌阿姨身心变化的同时，也关注她孙女的职业发展和身心健康，让凌阿姨的家庭能够保持和谐、稳定。

经过我多次贴心辅导，凌阿姨重新走上了正常的生活道路，面对一个又一个"坎"，她都勇敢地跨了过去。相信凌阿姨在今后的生活道路上会越来越好。

专家点评

在中国家庭的生命历程中，子女占据着重要的地位，父母对孩子的心理依赖较强。子女的丧失会导致失独者心灵没有依托，精神上得不到慰藉，从而对生活感到寂寞孤独甚至失去对未来的希望。而目前，对于失独家庭的帮扶制度并不完善，失独父母老年生活堪忧。此外，子女丧失后的家庭很难维持平衡，容易产生心理危机，失独家庭的社会支持非常重要。显然，本案的失独家庭在经历丧子后仍沉浸在漫长的哀伤期，没有走出来。心理辅导过程中，咨询师借助一些心理技术帮助凌阿姨与儿子做了情感链接，进行了心理层面的告别，使凌阿姨真正接受儿子已经离世这个事实。放下之后的凌阿姨，开始正视当下的生活，积极面对新的人生磨难，展示自己生命的光华。

小贴士

心理创伤指因遭受严重精神打击或长期痛苦经历而造成的心灵上的伤害。任何产生心理创伤的痛苦经验如不能及时得到解决，经久持续下去，会导致精神疾病的发生。

脑科学和神经科学研究发现，心理创伤会使记忆碎片化，在经历过创伤之后，人们会变得仅仅通过一种扭曲的、只探测环境是否安全的神经系统来体验世界，始终会处于高度警觉的状态。心理咨询可以有效缓解甚至平复他们的不良身心反应，从而帮助他们合理地回应危机，逐步恢复安全、放松的生活体验，保持身心健康。

第五章

危机干预

撑起希望的明天

祸不单行

春节过后没几天，人们还沉浸在甜美幸福的佳节氛围里。而街道某小区突然传出一个声音："有人跳楼啦！有人跳楼啦！"这一声音打破了小区的平静，打断了人们的幸福回忆。听到这个声音的人们，脑海中立刻产生习惯性思维：谁跳楼啦？为什么跳楼啊？人还活着吗？

跳楼的是一个 1988 年出生的小伙子。该户户主是出生于 1956 年的老李，早年与妻子离异。离异后，前妻和小李的户口都迁走了，但小李人却留了下来，与老李相依为命。老李比较内向，本分老实，与邻里交往不多，小李更是很少出门，邻里对小李的了解微乎其微。

原本老李家的生活还算平静，但天有不测风云，"人祸"又一次降临于老李家，平静的生活被彻底打破。春节刚过，老李突发脑梗，被邻居送进医院抢救治疗，家里只剩下小李一人。

28 岁的小李，若是一个有独立行为能力的人，那也没什么可担忧和害怕的，可小李偏偏是个精神病患者，一直是靠药物控制，从没有参加过工作。服药后的小李和正常人无异，所以周围的邻居也没有过多关注他。这次老李住院，长时间没有按时足量服药的小李病情发作，精神失控，从四楼一跃而下，幸亏这天三楼、二楼都有晒衣服，形成很好的缓冲网，减缓了摔到地面的速度和力度，小李的命算是保住了，但摔断了 6 根肋骨，也住进了医院。一个脑梗住院、一个肋骨断裂住院，老李父子俩真是祸不单行。

危机干预

街道立即采取应急措施，并请我一起进行危机干预。我和街道通过协商和沟通后，给出了三方面的建议。

第一，小李是精神病患者，除了要确保他按时足量服药外，还要妥善安排小李出院后的生活照料和保密工作。因此每天都会有家事关护站的成员上门与小李谈心交流，督促其按时足量服药。

第二，小李父母离异时，将小李户口迁出，使得小李很难享受到很多国家的优抚补助政策，因此将小李户口迁回街道是当务之急。我在与小李母亲取得联系后，动之以情、晓之以理，竭尽全力地用引导、劝告、解释等心理技术让小李母亲将小李的户口迁回街道，并落实了关爱政策，将其纳入了常态化的关爱和呵护工作。

第三，老李脑梗后，需要比较漫长的康复训练，他渐渐地产生了消极厌世的悲观情绪，不配合康复训练。这时我就疏导、鼓励老李重新振作起来，帮助他主动与两个同胞妹妹取得联系，引导和劝告她们消除思想顾虑。在一次次的沟通，一次次的互相谅解后，两个妹妹也时常来照料和帮助老李，老李终于拾起生活的信心和勇气。

经过一段时间的咨询，老李在持续的关爱和有效帮助下，已经能够正确地面对现实，不再惧怕困难，并对未来充满希望。

心理学研究表明，长期处在社会心理逆境中会抑制个体多巴胺的产生。而多巴胺是一种提升神经兴奋与运作的神经递质，多巴胺下降会削弱人对环境的适应性、应对困难的能力。本案例中，一而再再而三的磨难让这个本就困难的家庭雪上加霜，不过社区工作者和心理咨询师携手努力，一来提供家庭情感支持，让受助对象感受到面对困境时不再势单力薄，有勇气、有力量去面对困境；二来尽可能从现实层面支持家庭的功能，为家庭创造解决现实困难的途径和方法，减轻家庭的现实压力；三来增加弱势家庭的社会支持系统，增强家庭面对现实困境的力量，从多种渠道获得支持和帮助，分摊现实困境带来的压力状态。正是心理咨询师与街道工作人员的陪伴关爱，才使这个困境中的家庭走出阴霾、走向未来，这也是构建社区心理服务体系的意义所在。

专家点评

父母的"黄金梦"

金秋十月，心理咨询中心来了一位曹女士，带着一脸愁容坐下。曹女士说："从小我儿子可听话了，学习好考上了名校，眼看着要去美国读研究生了，他怎么会去自杀呢？是不是感情被骗了想不开？现在他懒得和我们说话，每天就是躺在床上，黑白颠倒，有时候我们说他，不耐烦了就大发脾气，像换了一个人似的……"

来访者迫不及待地开口，让我感受到她内心的无助、不解和失望。

"我就是个学习机器"

一周后，我见到了曹女士的儿子，高个微胖，声音偏轻，说话无力，言简意赅却直达要点，回应里毫无情绪。我判断他极其有可能处在抑郁状态或者已经是抑郁症了。于是，我让他做了抑郁量表，结果也验证了我的推测，于是我建议家长考虑带孩子去医院做诊断。

为了探寻他抑郁的根源，我和他谈起了成长经历，直到谈到自己曾经的梦想和未实现的愿望时，在抑制和沉默之间，我感受到了他的情绪流动。他清晰地记得自己小学三年级就想以后当航天研究人员，他对天空和太空有着很多好奇和探索的欲望，高考选专业时他就想报航空航天方向。

事与愿违，父母都希望他学计算机专业，他几经内心斗争，在最后的志愿填报时还是屈从了父母的意愿。进入大学后，他更是被父亲建议和"强迫"走读，他父亲的理由是，离家近且有更多时间学习考研——美国藤校研究生。

他对父亲由不满到愤怒，但是最终他的自由意志没实现。大三开始紧张备考，连他爷爷住院生病他都没有去医院探望过。他的原话是："考完研，觉得自己一辈子的精力都用光了。"他觉得自己又经历了一次高三冲刺。问到他当下的感受时，"我感觉自己就是个学习机器"，他说完还追加了四个字："生无可恋！"

"谁在乎过我的意愿？谁支持过我的选择？谁能理解我现在的感受？"这是他内心愤怒的文明表达方式。因为他一直是超理性的状态，每每我问他："你在说这件事时你的感受是什么？"他都说："没有什么感受。"

在了解完他的成长经历后，我决定让他体验一下和自己身体连接的感觉，以及察觉一下当下的情绪。腹式呼吸放松 15 次后，我问他身体的感觉或者感受时，他感觉到自己的胸口是"腐烂"的，但是不觉得疼。我知道那很可能是麻木的感觉。冰冻三尺非一日之寒。

后来我得知，他被医院诊断为重度抑郁，需吃药治疗。

补上一堂心理课

该办理的留学手续一直拖延，直到三个多月后的一天他想尝试自杀——他的父母才意识到问题的严重性。尽管如此，他父亲对服药还存在疑虑，一方面担心药物会让大脑反应变慢，另一方面依然觉得是孩子意志不够坚强。

曹女士的儿子物欲不高，在大学期间，他靠编程就可以挣到钱，挣来的钱他都买了游戏装备，在他自杀的前几天，他把他所有的游戏和钱都转给了他的一个密友。正是这个密友的警觉性让他父母发现了他想要自杀的意图。

其实，曹女士的儿子内心深处期望实现儿时的梦想，并从事航天方面的工作或研究，然而，高薪才是父母的愿望；他渴望与同学建立亲密关系，得到同伴的支持，但是父母不让他住校；他暗恋一个女孩并且为了女孩发奋提升语文成绩，而父母"恋爱耽误学业"的提醒却让他错失了谈情说爱的最好年华……似乎，他从来没有做过自己，也从来没有为自己而活。

我判断，目前光靠吃抗抑郁的药，再配合心理辅导还远远不够，曹女士和丈夫也需要学习了解孩子的内心，把孩子当成独立的人，让他有选择生活的机会和权利。

有一种爱，会让接受方喘不过气，又无力反抗，到最后接受方只能以放弃自我或以失去生命为代价，作为无声的呐喊。这种爱往往就发生在父母与孩子之间，很多父母习惯于用自己认为对的方式"爱孩子"。当家长剥夺了孩子为自己发声的权利，就剥夺了孩子成长的机会，孩子容易变得没有主见，变得像"机器""工具"一样，并形成较强的依赖心理，而放弃自我的后果是孩子一旦进入社会，人际关系问题、适应问题、职业低价值感问题就会逐一冒出来；如果孩子不想完全被家长控制，想要做自己的火苗在内心蠢蠢欲动，但是来自家长的势能实在太强，导致孩子无数次挣扎都宣告失败，那么孩子就会失去活着的意义，进入"生无可恋"的状态，孩子无法直接对抗父母，但会以伤害自己的生命作为最大的反击，因为自己的生命是父母给的，毁灭自己就是对父母最大的报复。这一场"控制型"的爱，结局往往是两败俱伤。父母需要做的是——尊重孩子作为独立的生命个体，明确他不是家长的附属品。父母爱孩子，不是为了完成一个精美的作品，而是跟随孩子的节奏，找到适合孩子成长的路径，并送上祝福。

专家点评

共情下的退伍老兵

不合理的诉求

这是一位83岁的退伍老兵，我第一次见他是在街道办。当天他因为不满所在医院的服务，与护理护士起了争执，由保姆推着轮椅来街道办上访，要求工作人员出面与医院院长沟通，开除与他争执的护士。工作人员将其安顿在保卫科的门卫处。因为老兵提出的诉求不切实际，带着强烈的情绪无法正常交流，还固执地认为自己提出的要求合情合理，因此街道工作人员请我进行危机干预。

当我见到老兵后，充分理解他的心情，体谅其处境，专注倾听，让其有机会发泄不满、表达诉求，切实做到变"堵"为"疏"，使这位老兵在心理上产生亲切感和信任感。

我先通过适当的共情让老兵的情绪没那么抵触，再引导他说出其详细的上访诉求，并认真地倾听了他与护士发生的众多争执，以及与其他病友、护理人员相处的情况，当老兵倾诉完毕之后，我和街道工作人员以及保卫处保安师傅都来安抚他，让老兵的心情舒畅许多。

变急躁为冷静

最后，在我的调解下，老兵明白有些事情可以通过不同的方法去解决，如和院方沟通调换护理人员等，来解决自己的实际诉求。至此，老兵决定取消这次上访。随后我对他表示，如果还有心理方面的诉求可以到街道来接受相关的咨询服务。

大多数上访人员都有一种赢得理解的心理渴求。一个笑脸、一杯热水、一句暖人的话语，就能拉近双方的心理距离。只要平等相待、认真记录，遇到情绪激动的情况，要宽容理解、耐心劝慰，使其感受到亲切、温馨的氛围，感受到受人尊重、被人理解，从而变急躁为冷静，有效促进问题的解决。

其实，多数人在情绪稳定时都是通情达理的，但当别人察觉不到或忽略其情绪时，就会因为不被理解而表现出非常固执的一面。所以，这场危机干预能顺利进行的原因在于——换位思考以及适时的共情。

情绪和理智都是大脑对客观世界做出的反应，都是大脑的功能。情绪，源自原始的行为本能。情绪系统很大程度上是独立运转的，并且可以更快地接收到外界信息、更直接地操控人的行为，但是它的行为标准却依然停留在原始状态，没有跟上环境的变化，因而经常在现代环境中惹麻烦。理智系统则更加精密而准确，很大程度上弥补了情绪系统的不足，但是由于大脑结构的原因，理智并不是头脑中的主宰。从人类演变的进程看，人类负面情绪的产生是用来保护自己的；而个体是否成熟、人格是否完整，在于其理智的完善程度。只有真正看到情绪的重要性，并认真"聆听"它的意见（注意，并不是服从它），理智才能真正"说服"情绪。

人生不如意十之八九，所以人不可能没有负面情绪。当个体处在负面情绪中时，需要让情绪能量下降，而能使情绪能量下降的有效方法之一，就是共情。

共情是人本主义创始人罗杰斯提出的，是指体验别人内心世界的能力。共情的意义在于：

1. 能设身处地地理解对方，从而更准确地了解对方的情况；

2. 对于那些缺少理解、关怀的对象，会感受到自己被理解、被接纳，从而情绪上会得到满足，这对关系会有积极的影响；

3. 通过同理心激发对方自我表达探索，从而加深对问题的反思。

当咨询师赋予案主足够的共情，案主因为感受到被理解和支持，情绪能量开始下降，理智开始工作，最终化解了一场矛盾风波。所以在与人相关的工作中，关注情绪尤为重要。

同样，人们在与自己相处时，也要学会关注和识别自己的情绪，理解关爱自己，合理表达宣泄情绪，既不压抑自己，也不攻击伤害他人。多换位思考，运用理性的力量调整自己的想法，与周围环境和谐相处。

你在这个世界并不孤独

深秋之夜，热线突然响起，电话那头传来一位女生激动的哭泣声，我听到她喊了一声"老师"，便没有再说话，伴随着急促的哭泣——哭到发出的声音都是沙哑的。此时，我感受到了她深深的悲伤和绝望。

我主动向她问好，并询问她的姓名，她努力从哭泣中回应我，说她叫小文，但其余的诉说都被哭泣淹没。"小文，你哭得这么伤心，现在一定难受极了，也让我很心疼，我很努力地想听你诉说，但好像你的情绪已经让你说不出话了，你愿意跟着我一起做几个深呼吸，先让自己平静下来吗？"就这样，在共同进行了几次深呼吸后，小文和我开始了对话。

世上孤独的我

小文是一名高三女生，晚自习刚请假，自己一个人在家，心里特别难受，甚至想要去跳楼，但自家住四楼，觉得不够高，前几天也去顶楼踩点了……听到小文这么说，我心头一震，调整一下呼吸后，我的脑海中立刻浮现出危机干预六步法，然后开始了这场"生死"对话。

在疑似危机的个案中，我知道自己更应该坚持的助人原则：非批判性、无条件积极关注、共情、尊重、真诚，依然是基础，也是最重要的助人原则。我耐心地倾听小文的故事，同时也发挥语言的作用，尽量做到表达清晰，语音、语气、语调、语速稳定且自然。

我询问小文的具体位置，得知她是一个人坐在床上拨打电话，顿时松了口气。她说，自己和同学在外租房子住，父母在外务工，每天晚自习后回到住处，父母都不在身边。今天晚自习请假是因为心情特别差，想要去医院看心理医生，但是到医院已经没号了，所以很崩溃，觉得无助，想到明天又要去上学，压力很大，甚至感到绝望，才想来寻求帮助。

顺着小文的诉说，我也了解到小文 2020 年 6 月去医院检查过，被确诊为抑郁症，正在服药，但服药不及时，抑郁发作频繁，目前来电表示自己真的无法上学，父母虽知晓，但并没有陪伴着她。

听到这里，我一方面很心疼，另一方面也很疑惑小文父母的反应，询问得知小文家庭是重组的，亲生父母都在外地务工，且生母继母都有小孩要照顾。当初，自己一人在外省上学，是因为爸爸觉得这里教育更好，所以小文自高二以来就一直都是一个人，父母一般一个月来看小文一次，每次来也就待一天，第二天就要匆匆赶去外地上班。小文没有亲密的朋友，和同学的关系一般，社会支持匮乏。在学校，她尤其受不了同学之间大声讲话，身心都会出现不适反应，也导致在校无法专注学习。

听到这里，我好像看到了一个拖着沉重步伐的女孩，在通往高考的路上，一个人孤独前行，却早已疲惫不堪。

为了保证她的生命安全，我开始评估小文的危机状态。小文明确表示自己活不下去了，活得很累，没有意义，且一直在哭泣，情绪状态很不稳定。我直接询问她自杀的想法和行动计划，开始评估她的"自杀意念"，核对她的"自杀决定""自杀计划"和"自杀尝试"。

对于自杀的想法，小文有自己的一套计划，并表示自己还去踩过点，但因为害怕高和痛，导致自杀计划中止，但可以判定，她仍是一个高风险危机者。

好想爱这个世界

在这样的时刻，我尽量搜集小文的积极资源，设法打听她监护人的联系方式，但是小文不肯给我，可能也是有一些担忧，于是我开始和小文聊起她的家庭和生活，小文的情绪慢慢缓和了，我提议小文先把药喝了，她也照做了。可以感受到，小文还有很强的内在求生力量。

针对小文的抑郁情绪，我提议是否可以第二天先去医院，小文表示还需要请假，请假需要爸妈同意，她担心爸妈不同意，因此觉得绝望难受。针对爸妈担忧这部分，我和小文做了一些探讨和行为演练，小文表示自己愿意试试。同时，小文答应我，明天去完医院后会给我电话，也承诺今明不会实施自杀行为。

第二天，同样也是八点，电话再次响起，小文来电了。这次来电，电话那头依旧传来小文的哭泣，但感觉比之前好多了。小文表示今天父亲从外地赶回来陪自己去了医院，医生给自己换了一种药，父亲等自己情绪缓和后就又走了，她很伤心，觉得自己不被关爱，她是多么希望爸爸能多陪陪自己。在这里，我用人本的态度倾听小文的心声，陪伴着她，也承诺以后小文有需求都可以来电。

后来的咨询中，我和小文聊了很多。例如，我们一起看到了父母对小文的关心——母亲暑假曾经陪伴了小文一整个夏天，也带小文去过医院，且父母经常会和小文通过电话短信联系。小文也聊了很多她的兴趣和梦想。她说，自己

知心课

想成为一名作家。同时，我们一起畅想了高考后小文的生活，以及那些她想要去完成的梦想。

后来的小文，虽然依旧有抑郁情绪，但是她的内在力量变强了，不再产生想要实施自杀的强烈冲动。她渐渐对生活有了希望，心中有一簇梦想的火苗在燃烧。

专家点评

热线工作中的危机干预，就像医院的急诊室，处理的是紧急事务，是为后面深入、系统的治疗提供机会，而不是在接线中开展治疗。咨询师要做的是心理问题的清创、包扎、缝合的工作，让求助者不再有严重的风险，然后根据需要把他转介到更加安全和系统的咨询环境里。就像本案例中咨询师所做的那样，她就像一名急诊医生，并没有展开全面系统的治疗。在热线中面对可能的心理危机，她以"危机干预六步法"——建立关系、界定问题、评估风险、探索替代方案、形成计划、获得承诺——有效地开展工作，获得了良好的效果。

潘老上访记

无助的生活

曾经，潘老的生活很让人羡慕。但后来女儿定居丹麦，而儿子也在多年前去世。留下了两位老人相依为命，日子倒过得还算平静。

最近，因老伴高血压卧床不起，潘老的生活节奏全乱套了，没有了朋友的关心和帮助，还要照顾卧床的老伴，潘老感觉很无助，因此想到街道找人谈谈心，也想看看有没有什么办法能帮助解决老伴卧床需要照顾的问题。

潘老当天到街道综合治理中心上访的时候是由一位女接待员接待的，由于工作人员一下没有听懂老人的湖南普通话，反应有些迟缓，本来就对街道带着很大情绪的潘老还没等工作人员详细了解情况就直接冲着接待的同志发了脾气，情绪一度失控，还说了一些过激的话。

卓有成效的干预

于是，身为街道心理服务站驻点咨询师的我及时赶到现场，进行了危机干预。我邀请老人坐下来，耐心倾听潘老诉说了自己的诉求——潘老抱怨居委会对自己不闻不问，对现在的生活充满了抱怨。我尝试与潘老共情，感受潘老的孤独、无助与失望，了解到潘老是湖南人，也是最早的几批大学生之一，湖南毕业后调到上海工作，从事专业的研究工作。

但是，因为儿子十几年前去世，女儿定居国外，老伴卧床不起，生活无人照管，潘老很着急，情绪困扰很大，我通过潘老在书法上的爱好，与其建立了初步的联系，缓解了他的情绪，也告诉潘老后续生活中遇到情绪困扰焦虑时可以过来做心理咨询，我们会陪伴他去面对各种心理烦恼。

后来，街道老年办工作人员也倾听了潘老的诉求，并为其提供了一些解决困境的途径，也留了联系方式方便其以后有困难时可以找到相关人员。在大家的关心下，潘老紧缩的眉头舒展了开来，脸上露出了久违的笑容，离开时他对街道工作人员表示了真挚的歉意和感激。

专家点评

　　心理危机干预是指针对处于心理危机状态的个人及时给予适当的心理援助，使之尽快摆脱困难。与人有关的工作中，有时候事情本身不是重点，关键在于双方建立的关系。本案中，咨询师通过找到案主的兴趣点，与服务对象有了共同语言，通过理解、支持、接纳案主的负面情绪，感受到老年人生活的不易，案主激烈的情绪背后实际是一种诉求的表达，让案主感受到社区对他的关心和理解，这为寻找解决问题的合适渠道提供了机会，从而化解了一场危机。

亲爱的，外面的是你自己

心灵的认同

童年，并不都是美好的记忆，每个成年人，或多或少都会有一些童年的记忆在影响着他成年后的生活。今天这个故事的主人公是一位离婚独居的中年阿姨。她曾经有过抑郁情绪，长期以来睡眠不好。因为走路发出声音与楼下邻居发生矛盾，邻居多次报警。前不久她又一次与楼下邻居闹矛盾而有割腕行为。在此情况下，我主动联系了相关街道代表一起去阿姨家了解情况。

一开始，阿姨拿出当日凌晨警察过来调解的录音给大家听，录音中可以听出楼下邻居有很强烈的愤怒情绪，阿姨也在听录音和回忆的过程中有较明显的恐惧感和委屈。她抱怨民警的工作方式，觉得民警是楼下邻居的帮凶，从这些表达中我可以看出阿姨内心深处非常希望有人能站出来帮自己。

我通过适时共情给予了阿姨支持。让阿姨自由表达了委屈和不满，然后运用空椅子技术让阿姨扮演楼下的邻居，去体会对方的情绪和感受，经过感同身受的体验，阿姨意识到自己的行为给对方造成了很大的困扰，心中有了歉意。

同时，阿姨也向我倾诉了自己失眠的烦恼，因为和丈夫一直相处不好导致离婚，生活中自己一个人带孩子，感到压力很大，也很辛苦，很多时候会把情绪发泄给孩子，给孩子带来很大的伤害，所以孩子也不愿意和她在一起。

童年的影响

再次见到阿姨是一周之后，她的情绪比上次好转许多，一方面是阿姨在我这里宣泄了自己的情绪，了解了自己的困扰所在，心理状态发生了转变，自己去医院看过后也配制了治疗失眠症的安眠药，这一周来睡眠质量有明显提高，睡眠好了，精神和心情都会有好转。

另一个原因是与儿子的关系有所改善，阿姨说她真诚地向儿子道歉，表达了对他的想念。儿子最近给她发了一张照片，照片中儿子笑得很开心，这一点是让阿姨情绪改善的主要原因。阿姨和我谈到小时候自己不是在父母身边长大，而是被阿姨带大的，而且她的阿姨一直没让她读书，童年的阴影对她产生了很大影响。我鼓励她看到自己在艰难中的坚韧，感谢自己的努力和坚持，同时去原谅曾经给自己带来伤害的人。

经过多次沟通了解，街道、社区医院与居委的工作人员都为这位独居阿姨

提供了很多帮助，从改善睡眠到鼓励阿姨外出。在我的沟通协调下，帮阿姨办理低保的建议也得到了初步同意。阿姨对这些帮助过她的工作人员也表达了深深的谢意。

此后，阿姨和楼下的邻居关系越来越好，平时碰到也会热情地打招呼。儿子现在每周都会回来陪陪她，一起吃饭或者出去玩。当我和街道工作人员看到，阿姨从自身到居所都收拾得整洁温馨，且书桌上摆着她想参加的技能培训的书时，都知道阿姨的心结终于慢慢打开了，她的生活也将会越来越好。

专家点评

心理学告诉我们：个体的人际关系取决于他和自己的关系，也就是如果个体的自我比较完整，人格比较健全，在社会性发展过程中就能较好地发展与他人的关系、与社会的关系，乃至与这个世界的关系。而个体人格的完整性取决于成长中被养育的过程，如果在成长过程中被正确地对待、被无条件地接纳、被积极地关注，就会形成"好的我"，发展出亲和型的、与他人互动的模式；但是如果在成长过程中，被忽略、被拒绝、被否定，就会形成"坏的我"，与他人互动时会采取防御的方式，过度保护自己。通过心理辅导，本案案主感受到被人理解和支持，而不是站在对立面去评判她，这种正确的对待方式，降低了案主内心过度防御的心理，使她开启了理性思考模式，感受到自己的行为对他人造成的负面影响，意识到自己的过度防御割裂了自己和儿子的关系。改变从自己开始，当个体的自我接纳度提升，也就有了面对人际冲突的勇气。放下旧有的过度防御的模式，主动道歉是一种高自尊水平下的积极示弱，呈现出对于修复关系的态度和渴望，柔性的情感让对方感受到一份善意和真诚，同样也会给出正向的反馈，至此双方的情感就流动起来了。正如张德芬所说：亲爱的，外面没有别人，只有你自己。自己是一切的根源。

小贴士

自我接纳：人们常常会不喜欢自己的某些地方，比如，有些女孩总是觉得自己皮肤黑，不漂亮；或者总是后悔自己错过了难得的机会，没有别人成功等。在这样的心态下，他们内心会变得比较自卑虚弱，人际关系也容易出现问题。自我接纳就是接纳自己身上那些不能被自己认同，或者自己不敢面对的某些"缺点"和特征。对自己的接纳程度越高意味着个体的自我趋向越完整，内心也越强大和自信，一个强大自信的人在与他人的交往中往往会表现得平和宽容，因此人际关系会更好。

求助无"门"的孩子们

一次惨剧　一场博弈

这是个惨痛的事件，一位学习优秀的中学生，在某天自杀身亡。

在接到消息后，我们协同市和区的专家团队立刻进入学校，对该同学所在整个班级进行了心理危机干预。在这次工作结束之后，当我在复盘和梳理案例之后，很长一段时间都不愿意回看案例，甚至不太愿意记录曾经看到的和听到的内容。

因为这原本是有可能避免的悲剧，但是却错过了许多重要的时机。当问到班级的孩子们，"你们和那位同学为何不去求助？"孩子们沉默了一会儿，一起表示："我们求助了，半年前就求助了。"那位同学曾经跟自己家长说过，甚至做出过危险的动作，但是家长们不以为然，认为这只是一种威胁。

几次以后，可怕的结果还是发生了。这次事件的整个过程像是成人与孩子的一场危险博弈，有着很强的赌气成分，但事实上，却是亲子关系早已过度紧绷，缺乏温暖和理解的体现。那是一次让人心痛的危机干预，一开始有些孩子还说说笑笑，一副漫不经心的样子，甚至有些老师误以为这些学生情感淡漠，没有人情味。

然而，这只是青春期的孩子故作轻松的一种表象。他们以自己的方式，表达着自身情绪，也悄然地展开与成人的对抗。他们并不信任靠近他们的心理团队，他们的直觉和聪明，让他们对世界的运行法则有着独特的领悟。他们不想有人轻易走进自己的内心，也不想有人以帮助他们的名义消费他们的悲伤。

因为很多时候，成人世界给予的关心更多是流于形式，是为了某种特定目的而采取的手段，这群少年独立而敏感，他们向我传达了一个明确的信号：如果想要帮忙，请以平等的姿态，和不越界的方式进行。

微妙的呵护

为了这次团体危机干预，我们做了严格而充分的准备，并不抱着居高临下的专家姿态。同时，我也并不认为心理干预需要挖掘和放大悲伤，更不认为少年们自身缺乏自愈和互助的能力。

整个过程以向那位逝去的同学在班级里进行告别仪式的方式展开，我们将他往日坐的桌椅放在教室中间，同学们和老师的椅子围成一圈。在音乐、告别

诗的情境下，两位专家和一位学校老师，支撑起一个心理动力的互动空间。当悲伤不能被安全地表达时，刻意的引导不会起到作用。

在前半程，主要是专家团队和老师对事件进行澄清和追忆，将应急状态中自然出现却难以表述的内在状态，以恰当的方式表达。到了中程，我们拿出两张大的绘图纸，让每一个孩子写下对那位同学的话。写完之后，如果他们愿意，可以朗读出来。当孩子们呈现各种悲伤、愤怒和无奈的时候，我们会予以恰当的共情。其间，干预专家以平等善意的姿态，建立起与孩子们的信任关系，使温暖和支持的力量可以真切地被接受。

当真诚和理性的克制被感觉到的时候，信任会悄然发生。少年们的紧绷和压抑，也渐渐如融化的春水一样自然流淌。悲伤沉默的老师，焦急而善意的学校领导，原本不能安静的哼着歌的"捣蛋学生"，忽然都变得温和下来，表达着伤心、后悔、愤怒和无奈。言语所经过的地方，微妙的呵护出现在彼此之间。

之后，告别和开始，成长与人生，深刻的生命主题教育，缓缓开启。老师和少年们会记住那个他们都喜欢的背影，也会扪心自问，教育的终极目的究竟何在？

干预结束后，一位始终沉默的少年，忽然跑到卫生间呕吐起来。老师说，他是那位同学最好的朋友，也是一位优秀的学生。或许，身体反应也是一种深刻的心理表达。

专家点评

这个案例虽是个案，却反映了教育深度的问题。仪式化的告别，文字化的表达，平等的交流，适当的共情，都是危机干预中恰当行为的关键。在危机干预中，具有侵略性的过度主动，与带有隔离漠然的过度被动，都是不恰当的。越是专业化的干预，越是不能局限于表面化的概念和形式。而对于被干预的对象，充分的信任和尊重，是工作起效的关键。不要认为孩子就不能清晰表达感受，那些看似漫不经心的孩子，大多不是表演和装酷，而是为了刻意压抑悲伤，不能理解这些就不能做到真正的善意支持。危机干预者要时刻记住对生命心存敬畏，对人心存有敬畏，不能胡乱地用专业技术去冒犯被干预者。任何技术失去了专业伦理的底线，都会走向事物的反面。

危机干预也是生命教育，教育的真谛不仅仅是知识和技能，还应包括对生命意义的探寻。成人世界和孩子的世界，总是充满了意志的对抗，这绝非一件理所当然的事情。成人需要承担更多责任。相信未成年人的智慧，用对话而非说教的方式，将会有意想不到的效果。

无声的呐喊

脸上的笑，心中的泪

走进咨询室的是一位 16 岁女孩，名叫茜茜，大大的眼睛清澈明净，透着丝丝的忧郁，看上去活泼懂事。她是由妈妈陪着来的。

妈妈的眼中布满血丝，脸上留有泪痕，她急迫地说："我女儿平时很乖，成绩也不错的，可是最近发现她有自残行为，问她也不说原因，就说心里难过，我们做父母的都急死了！"

茜茜告诉我，她最近两个月感到情绪压抑，又沮丧又难过，心里有各种情绪堆积，总觉得自己很没用。"初三压力很大，身边的同学纷纷被提前录取，而我却被拒之门外，只有去拼中考。"茜茜说，刚入校的时候，她的成绩也还行。后来作业渐渐多了起来，她完成作业的正确率却不高，效率又低。相比之下，有些同学上课时不听课，却能高效完成作业，考出好成绩。她一边羡慕同学，觉得他们很优秀，一边又感到自卑，觉得自己很差劲，而当她感到压力特别大的时候，就会不由自主地开始自残。

交流一番后，茜茜的成长环境在我眼前浮现：她的爸爸曾是一名律师，后来做了管理者，做事严谨，富有条理。"爸爸总会特别冷静地骂我，一条一条分析我的缺点，很有逻辑性，具体内容我现在记不清了，但我还记得那种觉得自己特别没用的感受。"每当她被爸爸打击时，心里会很难过，却又无力反驳，小的时候还能用哭来宣泄情绪，如今大了，倒是不好意思再哭哭啼啼了，怕显得自己更无能。茜茜的妈妈是一名警察，平日里脾气较为暴躁，讲话很有气势，对她的要求同样很高，"似乎怎样也不能让她满意"。茜茜很在意他人对自己的评价，她希望得到父母的安慰和鼓励，而不是用理性跟她分析问题，讲明道理。

茜茜描述着难过、痛苦的情绪体验，脸上却始终绽放着笑容。当内心的痛苦无法用言语去表述，她便用自残的极端方式，向外界呈现内心的痛苦，缓解焦虑。

压力应对小妙招

整个咨询过程，我与茜茜深度地共情，肯定了她积极努力和向上发展的力量。毫无疑问，茜茜崇拜自己父母的职业生涯，期待能超越他们，她渴望着成

为一名品学兼优的好学生。同时，她的内心超我强大，对自我有严格的要求，因此内心绷得很紧，导致本我的放松渠道缺乏。当理想与现实的路径难以重合，她内心产生了矛盾冲突，压力也越来越大，引发了内心的巨大痛苦。

因此，我引导她充分表达自我，并给予积极的回应，让茜茜感到，我能理解她的痛苦和无力感，愿意积极协助她寻找办法来缓解压力，释放焦虑，管理情绪。

最后，我们制定了应对压力的策略：

第一条是情绪导向策略。当压力来临时，首先要学会识别情绪，是焦虑、愤怒，还是失望、恐惧？认识它们之后，再寻找原因——这些情绪是因为什么产生的？"你可以用叙事的方式写下来，也可以向好友或受你信任的专业人士倾诉，或者以唱歌的形式呼喊出来，还可以用运动、劳动来发泄……"我告诉茜茜，这类行为的目的就是帮助她表达、疏通内在的感受，以减少压抑，释放痛苦。

第二条是问题导向策略。比如制定解决问题的可行性方案，把阻碍问题解决的因素一一罗列，寻找解决方法，对于自己无法解决的，寻找身边的支持力量，帮助自己共同解决困难。

咨询后，茜茜表示以后遇到压力，首先会管理好自己的情绪，不会再用极端方式了。接下来就是制订计划，解决困难。并且，量力而行，学会求助。

三个月后，茜茜妈妈发来了信息。内容大致是，茜茜近来情绪稳定，晚餐时会和爸妈交流学习困难和心中的烦恼。作为父母，他们也意识到了自己对孩子过于苛刻了，现在正尽力转变自身心态，以接纳和鼓励的形式与孩子平等对话，不再对她提出过高要求，给她增添内心负担。茜茜也不再自残，在学习上、生活中都积极乐观。在最近一次期中考试中，茜茜在全年级的排名跃升了三十名。一切都在往好的方向发展，他们感到很欣慰，对咨询师的帮助、引导，也表达了由衷的感谢。

专家点评

每一个严苛的父母身后都有一个悲伤的孩子，父亲的过度严苛容易让孩子怀疑自己，认为是自己不好，渐渐对自己失去信心；母亲的过度严苛让孩子感受不到情感的温暖，有委屈不敢说，渴望理解却得不到，再加上学业、人际等成长中的压力，长期压抑的情绪得不到释放，渐渐地个体就会出现情绪表达的困难，心理学上称之为"述情障碍"。"述情障碍"，又称为"情感表达不能"或"情感难言症"，表现为不能适当地表达情绪、缺少幻想，普遍存在于心身疾病、神经症和各种心理障碍的患者中，需要用极端的方式，比如身体的疼痛来释放感受。对于此类精神疾病，一方面家庭需要改善、做出努力，改变与孩子相处的模式，让孩子感受到关爱、理解。另一方面，需要帮助个体提升对情绪的感受度，训练用恰当的方式释放负面情绪。比如，当压力来临时，第一步要学会识别情绪；第二步是认识它们之后，再寻找情绪产生的原因；第三步是表达情绪，可以借助书写、画画、语言来表达；第四步是面对压力，找到压力问题和压力事件的解决方案。本案例中，咨询师帮助案主建立了健康的情绪管理方式并重新建立应对压力事件的方法，以获得掌控感，提升对自我和情绪的管理能力，从而增加对社会环境的适应性。

营救在分秒之间

命悬一线

2020 年 6 月 24 日下午四点，我和一名律师赶往出事现场，为一名正欲跳楼自杀的徐姓女子开展心理干预。

我从现场的朋友中收集信息，了解了徐女士原生家庭、个人性格、恋爱观、社会人际关系、当天或最近几天是否有应激事件发生等相关信息。我了解到，徐女士 1990 年出生，今年 30 岁，湖北人，西南财经政法学院毕业，曾是房地产公司的高管，后来自己和朋友合伙开公司。徐女士患有抑郁症，因为和男友的感情问题，从去年以来已有三次自杀行为，都是闺蜜帮助劝下来的。

据了解，在家庭生活方面，徐女士和父母关系很糟糕，自认为是被父母抛弃（代际抚养）的孩子。父母一直重男轻女，偏爱弟弟，为此徐女士曾在大庭广众之下和父母吵架。在个人性格方面，徐女士个性好强，工作能力强，但人缘不好，喜欢泡酒吧。

众叛亲离的痛

在感情方面，她个人情感经历比较曲折，男友是经好友介绍认识的。相识之初，男友号称自己年薪 60 万元，高价租房和徐女士同居，之后又感觉自己的经济能力达不到徐女士的要求，所以提出分手。但徐女士则以怀孕为由提出结婚，男友提出堕胎后会和她结婚。徐女士堕胎后没几天，男友非但不关心还提出发生关系，导致徐女士生理出现问题。此时的徐女士也因发现男友的经济实力有假而心灰意冷，提出了分手。两人协商起草了一份医院治疗协议，如违约将支付 80 万元违约金。但没想到的是，男友违约并失踪。之后，徐女士用自杀、曝光、到男友单位去闹等方式表达愤怒，不久前男友起诉法院，告徐女士侵犯名誉，并以堕胎孩子并非他亲生为由，拒绝承担后续治疗费用。

从徐女士的前室友描述中，我还了解到，徐女士对室友会有攻击行为，包括对前男友、对父母也是如此。但同时，她内心也渴望有人陪伴和关心，这些表现都疑似边缘型人格障碍。

根据现场收集到的相关信息，我迅速做出评估，徐女士有多次自杀行为，有抑郁症的诊断报告，生活中有事业不顺、情感纠纷、经济压力、身体健康受损、室友莎莎不愿一起租房而离开等诸多挫折，她对生活产生了失控感。男友的法院起诉和收集的证据，引发了徐女士出现急性应激障碍的应激反应。徐女士要求打 110 电话，称自己有诉求。很明显，其自杀动机是有目的的威胁性自杀。

营救成功

徐女士从早上八点到下午五点一直保持一种高危姿势，同时和心理咨询师倾诉交流，她的情绪持续处于悲伤、愤怒、无助的状态之中，结合不吃不喝所导致的意识混乱、自控力缺失、情绪失控等问题，随时都有可能发生坠楼身亡的恶性死亡事件。在掌握基本信息和初步评估之后，我开始了危机干预。

首先，制定危机干预对策。我通过快速了解徐女士的人格特质，判断应激源是被起诉导致的恐惧害怕情绪，邀请专业法律人员对她进行现场解释，同时公安消防人员协商配合营救方法，以我提出"要一瓶矿泉水"为施救机会的信号。

其次，联合进入施救现场。我和律师进入阳台后保持阳台门敞开（原来下午客厅通往阳台的门一直被关着，不利于营救），接着通过律师为她进行法律解释，鼓励她相信法律，当她描述事件出现愤怒情绪而抖动哭泣，我用她平时的强势语言帮她指责男友。等徐女士冷静放松下来，愿意听我和律师讲话时，我以请她喝水、律师需要看她手机内容为她维权为由，使她放松警觉，趁此机会，等候在旁十几个小时的消防人员把她拉进了阳台内。

最后，防止再次出现自杀危机。面对被解救后的徐女士情绪一度失控，我以环形扣抱的方式应对，以减少身体的冲撞，避免发生撞墙等二次伤害，并用大声安慰的声音盖过她歇斯底里的哭喊，快速让其冷静和控制住情绪。

解救后的一小时内，徐女士情绪出现反复，为防止再次出现自杀危机，我建议她到专科医院做精神评估，同时接受心理咨询，用理智的方式解决面临的困境。并通知其家属尽快赶到医院。终于，一起危机事件，在心理咨询师、律师，以及相关部门的全力配合下成功化解。

近年来，随着各类危机事件的出现，自杀现象频发，在心理健康领域中自杀预防和危机干预备受关注。自杀是一种蓄意的致命性后果行为，实施者知道或希望有致命性后果。导致自杀的最直接原因往往是生活中遭遇挫折，引起强烈的、难以摆脱的精神痛苦，产生抑郁绝望的心情，完全失去了适应能力，只得以结束生命的方式来获得最终解脱。正如本案案主从小和父母关系疏离，家族里重男轻女的观念，让其在关系中产生被抛弃、被忽视的感受，形成了情绪不稳定、好强、缺乏安全感、低自我价值感等人格特点；和男友的情感经历中，

专家点评

再一次感受到被抛弃，激活了小时候的创伤体验，现实的困境和内心的困境，一下子让案主无法面对，产生抑郁绝望的感受，想通过结束生命来结束痛苦。

发生自杀危机事件时，需要第一时间启动危机干预。

第一，确定问题。即从求助者的角度，确定和理解求助者本人所认识的问题。在整个危机干预过程中，危机干预工作者需要共情、理解、真诚、接纳、尊重等核心的倾听技术。

第二，保证对象安全。在危机干预过程中，危机干预工作者要把保证对象安全作为首要目标，把自我和他人的生理和心理危险性降低到最小。

第三，给予支持。强调过程中交流，使对象知道工作人员是能够给予其关心帮助的人。工作人员不评价求助者的经历与感受是否值得称赞，或是否心甘情愿，而是应该提供这样一种机会，让求助者相信"这里有一个人确实很关心我"。

第四，提出可变通的应对方式。因为多数情况下，对象处于思维不灵活的状态，不能恰当地判断什么是最佳的选择，有些对象甚至认为无路可走了。这一步侧重于求助者与工作人员常会忽略的一面——有许多适当的方法或途径可供求助者选择。

小贴士

抑郁症：是这一种比较多发的心理疾病。主要由两大临床症状表现：抑郁情绪和躯体症状，有的患者也会出现行为上的问题。

常见的症状表现为：情绪低落，没有愉快感，做什么事都提不起兴趣，身体容易疲劳，抵抗力弱，失眠、头痛头晕、食欲下降、体重明显减轻等，有些患者甚至会产生轻生的念头和行为，必须及时治疗。

危机干预：每个人在其一生中都会遇到应激事件或者挫折经历，一旦这种应激或挫折不能自行解决或处理时，就会发生严重的心理失衡，这种心理严重失衡的状态称为心理危机。

危机干预是一个短程的心理援助过程，是对因为处于困境或遭受挫折而严重心理失衡者予以关怀和帮助的一种心理咨询方式，国外也称之为情绪急救（Emotional First-aid）。

自杀者、精神崩溃者都是危机干预的工作对象。危机干预不仅援救当事人，一般还涵盖与该事件相关的、可能因此事件而遭受心理创伤的人员，比如：当事人家属、目击现场的儿童、现场救援人员等。

浴"火"重生

临近 2019 年，上海一个郊区检察院的工作人员小金从八楼一跃而下，人生永远定格在了那一刻。在现场，惊魂未定的，还有极力阻拦无效，目睹小金跳楼轻生的她的分管领导，小安。

那天，小安发现小金情绪不稳，前往她宿舍关怀，谁知小金突然走向阳台想要轻生。小安一边大声呼喊一边极力阻拦，即使被歇斯底里的小金用剪刀刺得浑身是伤，也没有放开抱住她的手。可是对方一心求死，拼命挣脱后纵身一跃。这一幕恰巧被闻声赶来的男子拍成视频上传到网上，小安瞬间成了"网红"，从一名检察官和施助者成为接受组织调查的"杀人嫌疑犯"。

小安有口难辩，身上重创带来的疼痛远不及被误解的绝望，小安也来到了轻生的边缘。这时身为危机干预团队心理咨询师的我，带着赵社长的嘱托，介入了这起特殊案例。

刚见到小安时，她精神恍惚，目光呆滞。那幕跳楼的恐怖场景不断闪回眼前，令她窒息。我带着母亲般的温度，安抚、倾听、同理和陪伴，小安渐渐放下防备，愿意接受我的咨询。同时，我还疏导小安母亲的情绪，指导她守护身心受创的女儿，解开了小安"不敢告知家人"的心结。我一边根据小安的状态，采用多种咨询、干预的专业技术，一边竭尽所能，从小安亲友到同事，全力开发她的支持系统，让她从极度恐惧、痛苦的急性创伤应激障碍中走出来。看到小安回归理性了，我再给予她力量，鼓励她积极配合相关部门调查，坚信"身正自有公道"。终于事实真相也被领导在全院大会上澄清，还了小安清白。

整个咨询历时两个月零八天，我频繁往来于市区和郊区之间，上万字的咨询记录，封存了整起个案干预的艰辛历程和案后思考。

小安曾因这场毁灭性的劫难痛不欲生，但最后，我引着她找回了遗失的勇气，她终于涅槃重生，变得比以往更为强大。现在不仅以积极的心态返回工作岗位，还参加检察官晋级考试，准备迎接新的挑战。

望着小安迈开轻松的步伐远去的身影，我默默送上祝福。

"人生总会遭遇拐点，但愿浴'火'重生的你，健康幸福！"

 知心课

专家点评

创伤后应激障碍（PTSD）是指个体经历、目睹或遭遇到一个或多个涉及自身或他人的实际死亡，或受到死亡的威胁，或严重的受伤，或躯体完整性受到威胁后，所导致的个体延迟出现和持续存在的精神障碍。案例中，小安目睹和亲历了同事小金的自杀事件，并且想通过自己的努力把对方救下来，最终以失败告终。亲眼目睹小金自杀的整个过程，给她造成巨大的心理冲击，创伤性事件在她的大脑中入侵式闪回，使她警觉性增高、易激惹、焦虑情绪上升。对于此类个案，越早干预效果越好，如果没有及时介入，会影响个体的精神和心理状态，进而损害到正常的社会功能。患有创伤后应激障碍的人遭受了严重的创伤，很大程度上会影响正常生活、工作的能力，这时需要有一个倾听者，倾听、陪伴，无条件接纳，让其感受到自己的痛苦有人能感受到，不是一个人在面对，事件越大陪伴的时间相对也越长。本案例中，心理咨询师引导个体形成对创伤事件的正确认知，修正内疚自责感，接受无常的客观存在，形成对死亡的客观认知。而对于自杀结束生命的人，我们可以引导案主以尊重的态度去面对，尊重个体以这种方式告别世界，并完成与自杀者的仪式性告别。

小贴士

闪回：是创伤后应激障碍最重要的症状之一，其特点是当事人会不由自主地反复想起创伤的经历，如同身临其境一般地重现出来，同时体验到极其强烈的内心痛苦，也会反复做与创伤性事件相关的噩梦，伴有心悸胸闷、大汗淋漓、面色苍白等一系列显著生理反应。患者往往处于精神崩溃的边缘，是存在自杀风险的高危人群，需要及时开展心理救援。

在彼此的世界里各自安好

2020 年新年前的一天，作为失亲少女佳佳的监护人，母亲胡女士带着佳佳，来到心理服务工作站，为站点送上一面锦旗，上书"爱心付出，干预专业"，表达了自己的感激之情。这一切，还要从两个月之前的一场意外谈起。

2019 年 11 月 7 日，江苏路街道曹家堰居民陈先生因心脏病猝然倒地，还在读预备班的 11 岁女儿佳佳闻讯后赶到，双手托起父亲的头放在自己的膝盖上，面对父亲的猝然发病，和在倒地后头部被锐器刺伤的大出血，她不知所措，惊恐万分。路人帮忙拨打 120 救护车，但两分钟后，父亲在孩子的怀中去世。在父亲被推向停尸间的那一刻，佳佳不敢相信在那么短的时间内，与自己相依为命的父亲会真的离开自己，她甚至没有太多的时间痛哭和思考，只是木然地听着别人的指挥，机械地做一些自己该做的事情。

一个"傻姑娘"

12 岁的佳佳，是非婚生孩子，现就读于本市的一所初中。她的家庭很特殊，妈妈生下她没多久，就离开了他们父女俩。佳佳的父亲又当爹又当妈，把佳佳辛苦养大，妈妈常年居住在香港地区，与佳佳父女两人已经多年没有联系。

父亲去世以后，一个姑妈陪伴了她三小时，之后因没有亲戚帮忙照顾，小佳佳由居委安排在养老院，与护工居住在一起。在养老院居住期间，护工告诉居委干部，跟她们住在一起的是个"傻姑娘"，自己爸爸去世也不知道哭，每天呆呆的，也不与人讲话，一坐就是几个小时，并且经常不洗漱、不洗澡。

佳佳母亲胡女士是湖南籍人，十二年前在深圳打工和男友陈先生认识并同居。陈先生去世之后，她处理了香港的工作，一个月之后赶到上海，将佳佳接回家中共同生活。在两人的相处中，佳佳与母亲因小事不断争吵，无奈之下，胡女士找到居委书记诉说了自己的烦恼。

一方面，陈先生的哥哥姐姐不待见自己，并把陈先生的保险箱撬开，现在保险箱里面空空如也，自己和女儿的生活没有着落；另一方面，女儿对自己有强烈的敌意，不愿意去香港，即便是去了，因为是非婚生子女，法律上也没有很好的保障。此外，对于陈先生的猝死，胡女士虽然和孩子一样很悲痛，但与女儿无法沟通，感觉非常痛苦和悔恨，希望得到帮助。胡女士觉得自己女儿的

性格很奇怪，在叙述事情的过程中思维紊乱，经常与母亲因小事争吵，且原来正常的月事已经一个多月未来。因此，胡女士请求我介入，对女儿开展心理咨询，并且希望我尽快与其女儿接触。

了解了胡女士的诉求后，我决定用专业的"危机干预六步法"进行干预。

首先，我在安抚陪伴的基础上，对佳佳做了创伤性应激障碍量表的测试，选择目前国内通用的 17 项量表，主要通过了解当事者对丧亲所表现出的情绪反应、躯体症状、饮食入眠、生活状况等问题情况，了解当事者是否存在PTSD，测评结果分值为 42 分，评估结果为有一定程度的 PTSD 症状。针对此，我决定严格按照应激干预六步法开展心理干预工作。

告别爸爸

确定问题阶段，我先后与监护人胡女士和女儿佳佳谈话，收集资料，使用倾听技术，充分表达了同情、理解、真诚、接纳、尊重。在安慰、陪伴、同理的基础上，引导当事者通过腹部呼吸和放松训练，缓解紧张情绪，鼓励她建设性地面对和经历居丧过程，用言语表达内心感受及对灾难的回忆，帮助她了解自身的悲哀过程，平静诉说自己的感受，减轻恐惧。结合情绪表现、躯体症状、PTSD 量表，客观评估确定当事者的问题情况。

为了保证来访者安全，在危机干预过程的这一阶段，我还是运用核心倾听技术，不断地向佳佳传达自己无条件接纳、保守秘密、共情理解的工作原则，让她感觉到自己的坚持、真诚和力量，对建立信任关系起到了积极的作用。

在前一阶段建立良好信任关系的基础上，在与佳佳的沟通与交流中，我秉承客观、中立的态度，不评价、不褒贬，关注到佳佳在经历丧亲后，不时出现的闪回、噩梦、负性思维，运用目前比较流行的心理治疗方法——"眼动系统脱敏技术疗法"来帮助她。

在治疗之后的测试中，佳佳对父亲从抢救无效到被推向停尸间的"恐怖、痛苦"从"10 分"降低到"8 分"，并开始痛哭流涕、宣泄情绪，自觉压抑、痛苦的情绪趋向于缓解。针对佳佳存在严重的入睡障碍问题，我教会她以肌肉松弛方法来缓解，让她感受并相信"这里有一个人确实很关心我"。这一切之后，佳佳的脸上有了些笑容，并告诉我，妈妈也失眠，她要回去教会妈妈。

面对佳佳处在思维不灵活，认为自己的未来生活没有希望的状态，我一方面做佳佳母亲胡女士的工作，希望她能多表达对女儿的关心，另一方面引导佳佳充分认识并关注到母亲对自己的关心。同时，我通过积极关注在校生活，让佳佳看到未来生活的无限可能。

在这一阶段，我先后通过使用"格式塔空椅子技术"和"催眠术"来帮助佳佳宣泄不良情绪，构建积极的、建设性的思维方式。实施现场，佳佳在我的引导下，想象对面的空椅子上坐着父亲，他生前的音容笑貌、坐姿和衣着表情栩栩如生。佳佳抱着象征着父亲身躯的椅子背，动情地放声大哭，并跪在地上与父亲互诉衷肠，告诉父亲，会好好照顾自己，让父亲放心，自己会坚强地活着。同时，她还不忘叮嘱父亲在另一个世界也好好的，整个过程令人动容。通过让佳佳宣泄、放声痛哭，她的情绪得到了最大程度的宣泄，找到了较好的归位。事后她说，这是父亲出事以来第一次哭得这么痛快，在过去的一个月里，面对陌生的护工阿姨和情绪对立的母亲，自己只能在厕所里偷偷流泪，表达悲痛。

在催眠术实施之前，我通过感应性测试，认为佳佳敏感性较好，适应做催眠治疗。实施过程中，通过传感凝视法，随着诱导语言的导入，佳佳与酷似父亲的智慧老人在仙岛上水帘洞的莲花池中相遇，互诉思念之情。她向父亲表示，父亲虽然没有留下财物，但创伤会历练她的意志，今后不仅会好好地活着，并且要自强自立，将来做个对得起父亲，对得起社会的有用之才。催眠被唤醒后，佳佳自称感觉良好，说好久没有这么舒服地睡觉了。通过心理学专业技术的治疗，佳佳从父亲死去的悲伤中走出来，转移到对现实生活中的解脱和认知。

在"制订计划"这一过程的实施中，我邀请胡女士积极参与，将母女之间来往甚少、生母在上海生活时间不多、父母之间感情淡薄、受父亲感情影响等客观因素导致对母亲的偏见、敌意等一一点出，并让佳佳充分认识到，在未来的生活中，母亲是血缘关系上自己唯一的亲人，是自己可以依靠的对象，旨在消除母女之间的隔阂，各自反省、检查自己的不足。

在这一过程中，母亲当场表态，虽然是非婚生子女，但血缘关系是永远的纽带，今后自己会承担起做母亲的责任，全权负责孩子未来的学习和生活，抚养她成为一个对家庭、对社会有用的人。佳佳也向母亲对自己在与母亲相处之中的不妥之处表示道歉，母女两人终于摒弃前嫌，相互理解、接纳，相拥而泣，两人都对未来的生活充满期待。

在之前的工作基础上，佳佳在母亲和我的作证下，书写了承诺书："我一定要好好活着，要开开心心生活下去，为我爸爸，我不会因一点困难而放弃，自己爱护自己和身边的好伙伴，爱惜生命、珍惜生活，为自己和爸爸好好地活

下去，长大了做一个对家庭对社会有用的人，我一定要勇敢而坚强地活下去。"
在她的保证书上，胡女士和我也庄重地签上了自己的名字。

通过干预治疗之后，佳佳积聚在内心的不良情绪得到完全的宣泄与释放，躯体不适症状也在逐步好转中，虽然有时还是会想念爸爸，但已能理性接受"爸爸离开了自己"的现实，与妈妈的关系也在逐步缓和。对未来的生活，两人也做了妥善安排。在之后的回访中，佳佳已经在妈妈的陪伴下顺利度过疫情，恢复正常上课。妈妈返回香港后，委托了好友照顾佳佳的日常生活，她们的生活都在逐步走上正轨。

丧亲对个体来说是一个巨大的创伤，丧失父母会对未成年人产生深远的影响。约翰·鲍比（Bowlby）的依附理论认为，丧亲者会经历麻木、思念与寻找、崩解与失望以及重组等不同阶段，这是面对分离情境以及避免再度失去依附对象的自我保护反应。约翰·鲍比进一步说明，儿童时代不安全的依附关系，经历丧亲的分离焦虑，在成人后会对生活造成更大的困扰，如果当时没有得到适当的疏解或因压抑而致悲伤延宕，会引发复杂性悲伤，影响到未来的生活、工作与人际关系。

本案佳佳父亲的突然离世，容易使她产生创伤后的应激反应，需要及时开展心理辅导，进行危机干预。通过确定问题、保证来访者安全、给予支持三个步骤，加上眼动系统脱敏技术疗法帮助佳佳走出震惊之余的麻木、痛苦的状态；运用格式塔空椅子技术和催眠术把悲伤的情绪，对父亲的思念表达出来，进行与父亲的潜意识对话，让佳佳感受到父亲虽然离去，但父亲的爱永远留在她内心，进行了父女情感链接，让孩子带着爱、带着力量继续自己的人生。

第六章

情绪困扰

爱在心口，请别沉默

吉小姐经过朋友介绍找到了我，她的父亲刚刚去世，有一些悲伤的情绪及分离焦虑无法化解。

她今年 49 岁，气质好，整体保养得也好，谈吐优雅，表达清晰。原生家庭里，母亲比较强势，在家里基本都是她说了算，而父亲相对比较老实，基本不做主。母亲因为她自己的原生家庭而没有上学，是一个文盲，而她的兄弟姐妹则都上了学。

吉小姐还有一个哥哥，母亲似乎对哥哥付出了更多的关心和照顾，对于这个女儿则不太认可，这导致了吉小姐在自己的成长路上非常努力，憋着一口气要做出成绩让母亲瞧瞧，但是即便是在自己的行业里成了佼佼者，她还是没有得到母亲的认可。母亲对待父亲的态度也不好，父亲去世后，吉小姐觉得和母亲的关系也画上了句号，可以不需要再和母亲有任何的往来，但她发现自己仍然被这种情绪所困，为了处理好它，所以找到了我。

爱的渴望

母亲的不认可一直让吉小姐耿耿于怀。她叙述了自己的成长过程以及母亲对自己的不公对待，由此她一直非常努力。她急于想摆脱这种不公平的家庭氛围，于是 20 岁就早早地结婚了，还把自己嫁得很远。结婚后生育了一个儿子，在儿子 2 岁的时候，她与前夫离了婚。前夫给了她一笔钱，这也成为她回沪时的创业资金——学历不够补学历，能力不够补能力，经过一番努力，吉小姐的事业做得风生水起，但是爱情路上还是只有自己一个。

好在儿子比较贴心，虽然读书成绩不好，但是对母亲非常顺从。高中毕业后，儿子去当了兵，自己也安心了，不过吉小姐和母亲之间的关系一直非常紧张。

在她的描述中，我可以看到吉小姐的努力，但从父亲去世后，这种压抑突然有爆发的趋势，这部分属于"情感依恋"的缺失。从其描述中，可以看到吉小姐对于得到母亲认可的情感渴求，所谓的不再和母亲有任何来往，只是长期压抑的委屈和自认待遇不公的愤怒表达。

被认可的幸福

　　根据吉小姐的情况，我引导她多看看自己拥有的东西，比如事业和儿子，并引导她去寻找成长史里除了母亲以外的人对她的认可，建立新的自我认同模式，感受其他情感依恋的存在。

　　然后，我找到一个她自己觉得特别不能接受的情结，用 EFT 情绪疗法，开启自我对话模式，引领她感受母亲内在的需求和对她不公的深层原因。过程中，吉小姐几次哽咽，似乎能感受到母亲从小也是在不公的环境里长大，所以在教育自己孩子成长的过程中，无法摆脱原生家庭的束缚。其间，吉小姐言语激烈，将对这种不公的不满情绪充分地表达和发泄了出来，把压抑在自己内心四十多年来的愤怒、委屈情绪统统释放了出来。

　　在后续的陪伴中，吉小姐的情绪渐渐变得平和，甚至可以接纳一部分母亲的感受。

　　个案结束两周后，吉小姐给了我积极的反馈，不仅感谢我让她说出了在内心压抑许久的话，让她的情绪得以彻底释放，同时也解开了母亲对她不公的原因，给了她体谅母亲的可能。更重要的是，她在一次小长假里，主动去探望了母亲，这是自父亲离世后，她第一次回去探望。其间，她似乎并不那么排斥母亲了，并且觉得母亲似乎没有自己原本所想的那么糟糕，两人之间似乎还是有着情感链接的，甚至她还从母亲的眼神中看到了对自己的爱。所以，吉小姐准备尝试重建和母亲的亲情关系。

　　在中国式家庭里，对爱的表达通常是不够的。其实，爱需要表达，更要让家人感受到自己是在爱的氛围里成长、生活的。

　　原生家庭对一个人的成长起到非常大的影响，如果父母对孩子表现出积极的接纳、关爱、支持，孩子内心就会形成"安全型"的依恋，相信自己是受欢迎的、被爱的、有价值的，情绪调节能力也会比较强；反之，如果原生家庭拒绝、否定、忽视孩子，孩子内心慢慢形成"不安全"的依恋关系，如回避退缩、矛盾焦虑等，内心也会积累很多负面的情绪，而且这种情绪状态会在自动模式下破坏个体的人际关系。有意思的是，这种负面情绪背后，始终是一个未完的情结，从心理学角度讲，所有完成不了的与自我的和解，都需要和父母的关系做一个疏通。心理辅导的过程，为本案的案主提供了一个安全的环境，充

专家点评

知心课

分表达了对妈妈的愤怒和不满，长期压抑的负面情绪得到了释放和正视。在这个愤怒的背后又是对妈妈深刻情感链接的需求，在心理老师的帮助下，案主回到当时的创伤性场景，尝试和心目中的妈妈对话连接，发现妈妈不同的方面，而这是案主从未看到过的，妈妈原来内心也有一个"受伤的小女孩"，从而修正案主内心妈妈固有的"图示"，接纳了妈妈的不完美。当个体完成与原生家庭的和解，就可以重新获得能量，也会变得更加柔和，爱的能力也会发展出来，关系也会处理得更好，这也是心理学的魅力所在。

不被遗忘的爱

独居老人的孤单

独居的何老太今年已经 93 岁高龄了，因为年纪大，又患有高血压、白内障等多种疾病，走路都得借助老年座椅，行动颇有不便。何老太的老伴早已离世，虽然育有一儿两女，之前也都由儿子照顾她的衣食起居，但七年前儿媳放疗时发生医疗事故，导致重病不起，也需要儿子照顾；至于两个女儿，一个居住在北京，癌症晚期，另一个患有先天性心脏病，身体羸弱，何老太就只能自己照顾自己。

独自居住的何老太不能经常外出，儿子定期会提供必需的生活物品，何老太每天自己会做一点比较简单的饭菜，每月要去附近的门诊配药并进行身体检查。最近一次因为做饭，在家里摔倒后无法起身，昏睡了七个多小时无人知晓。

后来居委了解到何老太的家庭困难，通过社区各项资源为老人提供关心和帮助，比如联系社区医务资源，让家庭医生、眼科医生定期到老人家中为其检查身体，让老人足不出户就能享受到医疗服务。

社区的爱与温暖

作为一名心理咨询师，我会定期上门为老人提供心理咨询服务，为老人疏导孤独恐惧的心理，并教老人一些心理小技巧来消除不安情绪，比如腹式呼吸、心理宣泄、自我积极暗示等，帮助何老太积极生活，在欢乐中重塑希望。

我还会定期组织老年大学的老师到何老太家中分享学习趣闻，列举老年大学高龄学员的生活态度，做同辈之间的心理疏导，拉近与何老太的关系，也邀请何老太进入老年大学学习，和同龄学员一起，感受真实、快乐的学习生活氛围，消除孤独感。慢慢地，何老太在诗词班中找到了学习兴趣。

同样，在端午、中秋这类传统节日里，老年大学志愿服务队还会制作手工粽子、月饼，一起送到何老太家中，让老人感受到来自社区团体的关怀关爱，增强社区融入感。我在整个服务介入过程中，终于让何老太和家人、居委、楼栋长、志愿者，还有老年大学等相关系统交互作用、相互影响，使这位高龄老人感受到不被遗忘的爱与温暖。

知心课

专家点评

我国自 2000 年开始进入人口老龄化社会，而且老龄化的速度越来越快，据相关数据显示，2021 年 65 周岁及以上人口为 17603 万人，占总人口的比重为 12.6%。维护老年人的合法权益，让老年人晚年的生活过得有安全感、有保障、有质量，既要考虑到老年人的基本生活需求的满足，也需要考虑到老年人精神世界的关护，老年人的养老模式始终是社会关注的一个重点。很多独居的老人因为缺少照顾和关爱，容易在心理上出现问题，生活上出现状况，这部分既需要社区居委的力量，也需要社会专业服务机构的参与。居委了解到何老太的家庭困难，通过社区各项资源为老人提供关心和帮助，让其足不出户就能享受到医疗服务。心理服务机构积极关注到这个特殊的群体，了解到老年人内心孤独的感受，以及受到行动能力限制的现实问题，通过心理关爱给予老人心灵陪伴，并教授老人一些心理小技巧来消除不安情绪，结合老年大学整体资源，定期组织老年大学老师到老人家中分享趣闻，为高龄老人建构起社交通道，让他们重新感受到了生活的乐趣，找回了做人的尊严。

从至暗人生走出

"我是抑郁症吗？"

她不开心很久了，可是谁也不知道她为什么不开心。

她有一位疼爱她的丈夫，有一对自愿为她照顾孩子的父母。可是她不上班，整天在家里无所事事，还常常抱怨父母不爱自己，只爱妹妹。

一天在丈夫的陪同下，她来到心理咨询室。

她，30岁不到，脸色黝黑，看上去像长期失眠的样子，表情忧郁。当我问到她在不在意丈夫在她旁边时，她看着丈夫说，你离开一会吧，丈夫十分识趣地离开了咨询室。

她一开口就问我："我是抑郁症吗？"因为她已经从网上看到了有关抑郁症介绍，"这些（症状）我都有"。

之后，她开始述说自己遇到的问题，比如全身没有一个地方是舒服的；食欲很差，一天吃不了几两饭，而且，吃再好的也味同嚼蜡；睡得很晚，醒得很早，整夜做梦，特别是被人追的梦很多，有一次在梦中被追得无路可逃，跳了山崖；经常因噩梦惊醒；对自己的评价很不稳定，有时候觉得自己走出穷乡僻壤，来到上海很了不起，有时又觉得自己一文不值。

当问及她的成长经历，她的眼眶顿时红了起来，满含眼泪。

原来她的父母在她们姐妹很小的时候就去了广东打工，几年才回来一次。她和妹妹一直是和爷爷奶奶一起生活。爷爷奶奶要管六个差不多大的孩子，除了她和妹妹外，还有叔叔们的孩子。大家经常吃不饱。但是读书成绩都还不错，经常是班级前十名。

她说奶奶爷爷很爱他们，但有干不完的农活，平时都很辛苦，除了吃饱穿暖，其他无暇顾及。

直视"我的创伤"

"你有没有被人欺负？"我问道。没想到，这么一句简单的问话，她突然放声大哭。我急忙拿来纸巾递过去，静静地陪伴着她，直到她的情绪逐渐平复，只剩下轻轻的哽咽声时，她才开始述说那次改变她命运的遭遇。

那是藏在她心头十五年的痛。原来她想通过努力学习考上大学，学习服装设计，将来做一名设计师。可是，在她12岁那年，发生了一件令她十分愤怒

和痛苦的事情，并且直到今天，仍然在折磨她。那一幕幕场景，像恶魔一样一次又一次出现在她的脑海里，缠绕着她，面对这些恐怖图像，她只有害怕、哭泣、自卑和愤怒。

一天，她放学回家，走在半道上突然感到饿急了，但又没有东西吃。因为家里孩子多，她带的饭常常不够吃，所以饿肚子的事经常发生。可是这一次的感觉特别不好，瞬间就不省人事了。等她渐渐苏醒过来时，发现自己被同村的一个男人，拖到离大路很远的树林里，身上的感觉告诉她，自己被强暴了。

从那以后，她就从一个活泼开朗的女孩，变成一个沉默寡言的女孩，整夜整夜睡不着，饭吃不下，瘦得皮包骨，人黑瘦黑瘦的。上课也听不进，成绩一落千丈，下降到班级倒数第一。这时候有的同学就欺负她，给她起外号，把她饭盒里的饭吃光，塞上泥巴和稻草。那时的她，什么理想、什么设计师，一切都随着这件事的发生，灰飞烟灭了。

她一直没敢告诉家里人，因为怕爷爷奶奶年纪大了经受不住。这件事藏在她心里整整十五年。直到爸爸妈妈不再外出打工。她觉得如果不是爸爸妈妈外出打工，自己也不至于被强暴，也不会失去了美好的追求，成为一个整天浑浑噩噩的人，上不了班。所以她觉得是爸爸妈妈欠自己的。听完她的表述，我心痛极了。整整十五年，她承受着多么沉重的屈辱，经历了多么阴暗的人生。

但是，她是值得我尊敬的，因为她没有选择逃避，而是选择了坚强地活下来。她告诉我，当她遇见自己的丈夫，她觉得自己有了依靠，有了孩子，她觉得自己有了责任。因此为了丈夫和孩子，一定要坚强地活下去。然而，痛苦并不因为她的坚强离开，而是一直在折磨她。最终，她选择了求助于心理支持。

从她的讲述来看，创伤性事件还时不时地在她的心理上自动闪回，使得她的情绪不由自主地起起伏伏，不仅如此，身体还会出现相应的反应，如失眠、噩梦等。这些会影响她的生活、学习、工作等各个方面。但是，她今天能把过往的创伤性事件讲给我听，表明她有面对心理创伤的勇气。我表扬了她，说出创伤，就是给了我们共同修复她的创伤的机会，从今天开始，你不再孤独。

我说，我为你的遭遇感到愤怒和痛心。由于遭遇了这一件事情及其后续的继发性事件（歧视），你的心理遭受到严重的创伤。由于创伤在大脑的记忆库中留下了难以磨灭的痕迹，成为一个个与事件发生过程中的许多线索相关的会令人十分痛苦的结，从而影响一个人的认知、情感、行为和人格。但是通过心理咨询，可以大大降低受这些结影响的程度。

我提醒她，人的成长并不都是一帆风顺的，有不少的人的生命历程和你一样，饱含身心的痛苦。然而，有部分人在面对创伤的同时会去深刻思考人生的意义，为自己的追求做更加客观而又创新的设计。面对创伤，把创伤变为动力，这是一个艰难的过程，需要一定时间的心理咨询和较长时间的自我努力。

我也为她简单地讲解了相关的心理健康知识，以及什么是心理咨询，并通过心理咨询工具与她进行后续沟通和讨论。在之后多次咨询中，我更多采用精神分析、认知—行为、人本主义及存在主义等流派的理论和方法，对她的价值观、情绪表达模式、行为特征加以整合性治疗。同时，我引导她挖掘自身的资源，提高她的自我觉察能力，增强内在的能量，更好地去接纳并欣赏自己的过去和现在，为自己设计一个全新的未来。

经过三个月的心理治疗，她逐渐看到了人生的希望，看到了生活中的精彩，以及实现理想的那条路，更重要的是，她学会了有效面对创伤情结被触碰、情绪"汹涌来袭"的状况，学会了感恩父母为自己所做的一切。

专家点评

人们常常用"抑郁"描述生活经历中悲伤、痛苦、心情低落的感觉。它也是精神疾病症状的一个常用术语。然而，当事人自己和咨询师应该敏锐地觉察到，抑郁就像一个人的体温升高了，一定有发烧的原因。一个人抑郁、焦虑了，一定是由相应的生活事件所致，如平日里的挫折等。也与突发的重大心理创伤相关，包括丧失亲人、事故、重病、被强暴等。比如本案就是一个重大心理创伤事件，其伴随抑郁情绪的现象十分常见。由于耻辱感，受害者常会回避暴露所发生的事件。所以，在这种情况下，应该及时报警，用法律来维护自己的正当合法权益，同时，还需要进行有针对性的心理咨询和亲人的理解和安抚等。如果把受侵害后及时报警，用法律维护自己的正当合法权益看作"泄密"，那就会使创伤不能得到及时处理，加重受害者无助无奈的感受。法律援助和心理咨询的早期干预对提升受害者的信心、缓解其痛苦及减轻心理创伤的后续有着不可替代的力量。

针对这种情况，建议心理咨询师采用OH卡（欧卡——潜意识投射卡）与求助者进行深入的沟通。通过对OH卡图文的解释和感受，使求助者觉察自己，学习捕捉瞬间的内隐态度，识别它们的消极属性，然后用积极客观的语言加以调整。同时还可采用神经语言程序学的方法，使求助者觉察自己面对创伤时的情绪反应特点。

当英雄主义遇上完美主义

七月的酷暑并没有阻挡小钟前来求助的脚步。小钟是一名消防员，前几天的夜晚，他参加完救援任务之后，便开始失眠——超过二十四小时无法入睡。这是小钟参加工作以来从未发生过的现象。并且，他脑海里无时不在闪现救援现场的那个画面。于是，他主动求助领导，希望通过心理咨询让他摆脱现在的困扰，重新恢复往日的状态，继而能投入工作中去。

上午，他如约来到我的咨询室。我看他高高的个子，健硕的体形，但面色沉重，眼神黯淡，精神不佳。互相介绍认识后，我请他详细讲述目前的困境。于是，他便从前天夜晚的救援任务开始说起。

英雄救"美"

那日晚上十点多，消防队接到报警电话说某小区有人要跳楼，当小钟与其他消防员赶到现场时，李女士已经在自家卫生间窗外的一个狭窄的阳台上蹲着，做好了跳楼准备。小钟是救援队主要负责人，他安排好地面必要的安全保护措施后，便与队员分头从不同方位靠近李女士。但是，李女士的情绪特别激动，不让他们靠近，说再靠近就跳下去。

于是，消防队员们和李女士对话，她边哭边诉说着自己当"小三"的故事。同时，消防员们时不时和她对话让她保持理性，并通过李女士提供的信息安排"情夫"赶到现场来救人。

尽管"情夫"赶到了现场，但双方间的沟通却并未起到正向效果，反而使得李女士情绪更为激动。就这样，这种状况一直持续到深夜。

这时，小钟发现李女士暂时没有了哭闹声，便趁机一个箭步上去，拉住李女士的胳膊。人是拉住了，可因卫生间外空间狭小使得小钟无法使出全力把她拉上来。并且，情绪激动的李女士被拉住后不断挣扎，最终挣脱了小钟的胳臂选择了跳楼。好在，楼下已安排好了安全措施，李女士跳下去无生命危险，又被及时送往了医院。

无法入睡

任务结束后已是凌晨，小钟回到宿舍一直无法入睡，只要他闭上眼，脑海里就不停闪现李女士滑落他胳膊的画面。

"我无法入睡，只要一闭上眼睛就出现她的手从我手中滑落的那个画面。"他不止一次且满脸沉重地告诉我他的困境。小钟无法控制，因为，这是应激事件对他造成的"闪回现象"——必须及时处理，否则容易导致心理应激障碍。

他解释，如果没有去拉开窗户，被救助者可能就不会跳下去。并且，他还自责没有部署好周全的救助措施。小钟说，他从小就喜欢英雄，"蜘蛛侠"就是他的偶像，所以毫不犹豫地选择了消防员这一职业。

"我从工作到现在，从来没有失过手。但在这件事上，我无法原谅自己。"英雄主义和助人救人的自豪感让他非常热爱自己的工作，可这次失利对他的自信造成了打击。

因而我认为，及时的情绪处理和认知调整将对小钟日后更理性、专业地开展救助工作有着重要意义。同时对他而言，这一阶段不仅是心理韧性同时也是职业心理素质成长的一个重要契机。

英雄"复活"

与其说是闪回的画面让小钟无法入睡，不如说是深深的自责在作祟。

围绕着责任，我和他一起回顾了被救助者的言行和现场的情绪氛围——衡量个人责任的较好方法是建立"责任分布图"：先列出所有这个情景里的人和事情，画个圆圈，然后按照每个相关人、事需要负的责任大小，把这个圆圈分成几份，最后才画上自己的那一份，不然个人会把过多的责任背负在自己身上。

小钟为何如此自责？一方面，从小的英雄主义情结让他认为必须完成任务，救助他人。就这个情结，我和他探讨了真正的英雄主义话题。英雄主义是要救人，但必须明白人不是神，所以并不是每次都能如愿救人。

另一方面，"你永远无法叫醒一个装睡的人"。何况，情绪失控的李女士是在受到自己的"情夫""你怎么这么不听话"的激惹后选择了跳楼。责任划分法似乎让他稍稍释怀一点。

接下来，我们探讨了营救失败对他自信心的打击。他承认，自己是完美主义者，不能接受自己的失败。工作中他每次任务都完成得相当漂亮堪称完美，而这次是职业生涯中第一次不完美。其实，在特殊情境中，再专业的人沉浸在持久的（两到三个小时）情绪对抗中，也不免被对方的情绪左右自身的理性和准确度。更何况，世间本就不存在十全十美的人和事。当我们选择承认自己在此事上的不完美，借此看见自身成长的短处和弱项，反而能更好地为日后的工作增添保障。当然，这种完美主义的认知的调整并非一蹴而就。

知心课

之后，我建议他如果不放心，还可以去医院探望受伤的李女士，一则求得放心，二则可以缓解自己的自责内疚情绪。咨询结束时，他主动问我："老师，后面如果我还有什么不对劲的，还可以来咨询吗？""当然可以。"我笑着回答。

经历挫折，不断成长，如今的他又能精神抖擞地投入他热爱的工作中去了。

专家点评

人格是指个体在对人、对事、对己等方面的社会适应中行为上的内部倾向性和心理特征。完美主义人格特质的人，往往具有较强的责任感，严谨的框架和标准，要求自己具有一定的道德标准，尽善尽美、是非分明。而高危险工作人员如消防员、特警等常常会面临一些悲惨的场景，面对死亡的无能为力会让他们产生很强的自责情绪。但事实上，凡事不是绝对的，个体的能力也是有局限性的，追求完美的人痛苦的根源在于无法接纳个体的局限性。心理辅导过程中，通过责任划分法，确认整个事件的当事人的"责任分布图"，把责任在当事人、外围人、专业人之间以圆形比例区分后，个体开始看到自己不是应该负全责的那个人，避免让自己过度承担而掉进错误归责的陷阱里。同时修正因追求完美，无限度放大对自我能力的扩展，真正的英雄主义是承认自己有所能有所不能，而不是无所不能。这种无所不能的想法是来自于青春期还没有打破的全能自恋，一旦遭遇挫折就会跌入谷底，属于没有整合好的人格部分，会让个人绷得太紧，不利于自己身心健康发展，也不利于在面临一些特殊场景如突发应激事件中出色地发挥作用。

小贴士

心理应激障碍：也称为反应性精神障碍。主要指由外部环境因素的强烈刺激引起异常心理反应而导致的精神障碍。一般分为急性应激障碍和创伤后应激障碍。

急性应激障碍（ASD）是受到强烈刺激后立即发病，表现为表情呆滞、不言不语、意识模糊，或者表现出过度激烈的行为和语言，如"范进中举"一样，持续几天后症状逐步减轻。

创伤后应激障碍（PTSD）是指遭受或目睹了强烈刺激性事件之后较长一段时间才发生的与刺激性事件相关的异常心理反应。其最大的症状特点是"闪回"，即病理性地、不可控制地重复回想所经历的刺激性事件，不断重复体验强烈的内心痛苦。

心理应激障碍是重性的心理疾病，需要及时开展心理治疗。

224

独居老人的安定之路

一个人的生活

木阿姨已经快 80 岁了，老伴过世多年。木阿姨老伴在世的时候，对木阿姨照顾有加，大事小事都自己包揽，以至于木阿姨对老伴不管在情感上还是生活上都很依赖。

老伴去世后，木阿姨深感孤单无助，她渴望两个女儿能给予她关心和照顾，但是两个女儿出于各自的原因都不能够满足木阿姨的需求。因而木阿姨对女儿们心里多有埋怨，但是无力改变。她多方求助，希望能够解决她与女儿们的关系问题。然而，女儿们却与她更加疏远，这都使得木阿姨久久处于低落的情绪中，无法自拔。

木阿姨对我说，自己感到很孤独，觉得别人都嫌弃她。之前她做了多年的楼长，岁数大了，退下来之后，大家对她都变得冷漠了，对此木阿姨心里很不舒服。此外，木阿姨身体状况越来越差，生活自理能力也大不如从前，她特别需要有人能给她提供生活上的照顾。但是，即便经济条件不错，木阿姨还是不愿花钱请保姆。女儿们也多次劝她请个居家保姆，但是木阿姨总以不习惯家里有陌生人为由拒绝接受。

孤单寂寞冷

与木阿姨多次咨询后，我了解到木阿姨的老伴在世时，是她的精神寄托，生活上面也很照顾木阿姨。以至于老伴去世后，木阿姨情感上失去依托，孤独感挥之不去。

由于孤独，木阿姨渴望与人建立关系，但是因其在与老伴的相处过程中形成的全然接受对方付出的互动模式，导致其在与人交往过程中，仍然处于索取的惯性思维。一旦对方没有满足她的需求或期待，木阿姨的情绪就会受到影响，最终影响人际关系。

另外，木阿姨情感较敏感，倾向于过多消极解读他人的语言和行为，这同样会导致其情绪的波动。例如，木阿姨与两个女儿疏远的关系，成为了木阿姨的主要心病。

通常来说，人在晚年都特别需要儿女的关心和照顾，但是往往儿女年纪也不小了，还要操心自己的小辈，心有余而力不足。而像木阿姨那样，一直纠结

于女儿的不陪伴，不仅会拉远与女儿的距离，而且还会让自己处于怨恨的情绪中难以自拔。

一次咨询，木阿姨提到的一个细节引起了我的警惕。木阿姨抱怨自己家里的活不知道从何着手，衣服要不要洗，什么时候去晒衣服……之后又讲述了自己与邻居间发生的矛盾。

结合木阿姨无法做出选择的细节以及认知偏激的表现，我怀疑老人有患阿尔兹海默综合征的可能。由于阿姨处于独居的状态，日常虽会出去走动，与邻居朋友交际，但是认知障碍及身体机能退化增加了她患这种疾病的危险系数。

安定的晚年

木阿姨不仅有情绪问题，而且生活自理也存在风险，此外患阿尔兹海默综合征的可能进一步加重了阿姨的认知问题和独居生活危险系数。因此，情绪疏导是持续工作的重点，但是同样也要考虑到老人晚年生活的安定。

经过与木阿姨探讨她现在的自理能力以及如何能确保她的安全和生活的舒适度，我慢慢调整了木阿姨的认知，使她最终同意请保姆照顾自己——这让木阿姨的日常安全和陪护问题得到了有效的解决。

此外，木阿姨的情绪问题存在于：一方面，与女儿的关系，其应对措施主要以降低木阿姨对女儿的期待和要求，避免给她们带来更多的心理负担，多保持与女儿们的沟通为主；另一方面，木阿姨的情绪问题有可能与其患阿尔兹海默综合征有关，建议木阿姨去医院的专科门诊进行诊断，如果一旦确诊，要配合医院的相应治疗措施。

整个过程中，对木阿姨的情绪问题，我主要以疏导为主，并帮助她培养积极看待事物的理念，引导木阿姨从积极的角度出发，解读日常生活。经过一段时间的咨询，木阿姨的情绪问题有所缓解，女儿们也了解到母亲目前的身心状况，会定期通过视频或语音，与母亲保持联系，给老人家更多的精神支撑。

专家点评

由于生理老化、社会角色改变、社会交往减少以及心理机能变化等主客观原因，老年人经常会产生失落感、孤独感，也经常会有紧张害怕、孤独寂寞、无用沮丧以及抑郁焦虑的消极情绪体验。老年群体是需要照顾的一个群体，特别是当老年人陷入一些疾病、生活自理能力逐渐丧失的情况下，作为子女而言，理应安排好老年人的日常生活，所以争取到家庭成员对老年人的关注很重要。同时老年人也需要调整好心理状态，缓解负面情绪，心理咨询师通过认知疗法，帮助老人调整适应不良的思维模式，让老人学会从积极、正向的角度解读生活事件，学会宽容和理解，从而减轻负面思维带来的消极情绪反应。比如，子女平时也有自己的家庭、工作和生活的压力，一味指责只会消耗掉亲情，不利于解决问题，不是子女不关心老年人，而是需要发展一种良性的互动模式，直白地告诉子女自己想要什么，这样子女也能更好地把握老年人的需求。

画里画外

深度共情

我默默地坐在心理咨询站点走廊的长椅上，等待着一个结果——明明的抚养权终于转移给母亲方女士了。

明明现在上初二，我和他一起坐在长椅上，明明看上去很腼腆害羞。他一直弯着腰，手肘撑在大腿上，两只手半捂着有些长痘痘的脸，眼睛只盯着地面看，说话声音很小。我看着腼腆害羞的明明，不时地提出几个问题。通过一问一答，我很快就了解到明明目前的状况：他已经休学三个月，现在和妈妈住在一间租借的小屋里。明明每天打十五小时以上的游戏，日夜颠倒，吃外卖，不洗漱，也不出门。明明觉得自己这样挺好，不需要心理咨询。但妈妈非要他做心理咨询，他拗不过妈妈。

我先从明明妈妈这儿了解情况。她非常苦恼，不知道如何让重度抑郁的明明再回到学校。她认为必须找专业人士教育、辅导明明，于是她向妇联寻求帮助，现在看到明明和我聊得很好，她才放了心，约定了一周一次的咨询。

我和明明的接触开始了。最初的两个月，明明有问必答，都很简短。通过前十次咨询，我和明明的信任度渐渐地培养起来了。内向被动的明明，把封藏在内心十多年对爷爷奶奶高强度控制及暴力教导方式的愤怒，把对妈妈当年把自己留给爷爷奶奶后几乎很少来看自己的痛苦，对爸爸很少出现的冷漠失望，以及对小学老师同学的不接纳和嘲讽的恐惧，对自己无法自控说傻话做傻事的懊恼，还有初二后学习成绩大幅度下降的自责甚至贬低，都统统化作语言吐露了出来。

当我听到明明把过去的一切都说出来的时候，首先就用鼓励的目光注视着明明，默默地倾听着他发泄似的倾诉，不时地给予他深度共情，使明明感到被理解和被关注。统统倾诉完了，明明如释重负，感觉心里轻松了很多。

跨越迷茫

在第二阶段的咨询中，我一边调整着明明消极的认知，一边通过他喜欢的画画形式和他一起思考讨论人生。我用艺术疗法帮助明明矫治他的心理异常。

每周我们轮流出一个简单的命题，然后根据这个命题回家画一幅画。就这样，在十次命题绘画治疗中，我看到了一个对人生迷茫彷徨的少年，也看到明明对未来渐渐地产生了一些期待和希望。

七月中旬，学校传来好消息，教育部门通过了明明回学校读书的申请。校方还允许明明升到初三，不用留级。得知这个消息，明明有些激动，就和我说了很多休学前在学校的细节。我感到明明很在意老师同学对他的评价和说法。

他开始振作起来补习落下的功课。对此，我既高兴又担心，但我内心很清楚，明明的抑郁症状还没有得到本质上的改变。于是我建议明明，继续服用药物，以缓解注意力无法集中的困难。这样，药物跟上，咨询继续，之后学校里发生的一切，明明都会找我倾诉和探讨。

看到明明情绪不再隔离，还学着自己调控消极情绪，我真是替他高兴。我希望自己陪护明明平稳地走过初三中考，找到自己的兴趣爱好，踏踏实实地进入高中生涯。

专家点评

当今社会，青少年情绪障碍、网瘾、厌学、休学、自残自伤，甚至自杀的发生率越来越高，青少年心理健康的问题亟待社会关注。这不是单一因素导致的现象，而是因长期以来不断攀升的离婚率、不稳定的家庭结构、不当的家庭教养模式……这些在情感上不足以支持迅速变化成长中的孩子；学习压力大、节奏快，竞争激烈，青少年难以在学习过程中积累成就感、愉悦感、满足感；没有及时处理的不良的同学关系、和老师的关系导致社交的退缩；再加上一些猝不及防的突发事件让青少年来不及消化和成长。本案中，明明性格内向被动，从小父母离异，妈妈很少来关心自己，爸爸很少出现，情感上有被抛弃的感受；十多年来爷爷奶奶采取高强度控制及暴力教养的方式，使孩子的自我得不到充分发展；害怕小学时老师及同学对自己的不接纳和嘲讽，懊恼自己无法自控地说傻话做傻事，初二后学习成绩大幅度下滑……这么多的负面情绪和事件积压在孩子内心，终于把孩子压垮了。孩子的问题不是一朝一夕形成的，化解孩子的问题需要付出更多精力、更多的爱和足够的时间，把缺失的情感补上，让孩子感受到这个世界对他的接纳和爱，通过心理学技术疏通孩子内心没有成长好的卡点，帮助他走向本该有的光明未来。

小贴士

　　艺术疗法：或称为艺术治疗，是指心理咨询师用创造性的表达方式，让来访者通过非口语的表达及艺术创作的经验去探索个人的问题及潜能，从而使来访者提高自信，进行心理建设，提高环境适应能力。

　　艺术治疗基于两个基本原理：

　　1. 艺术即治疗：艺术治疗倾向于艺术本质。即使不揭示和解释潜意识（无意识的内心世界）中的意义，表达性艺术媒介本身以及这一创作过程也会达到心理疗愈的效果。

　　2. 艺术和心理治疗相结合：艺术是潜意识表达（无意识的内心世界）的窗口，治疗者可以通过解释艺术形象的象征意义和倾听创作者自己的解释来进行心理分析，进而通过心理咨询达到治疗的目的。

控制不住的担心

忧心忡忡的老张

老张是一位 68 岁的退休工人，在一次社区心理健康科普讲座结束后，他表示，自从老伴生病去世后，这一年来总是过得忧心忡忡，不是担心生什么严重疾病，就是担心自己的儿子或女儿在外是不是出意外……

平时，老张在家看电视没法安心看完一个节目，时常有坐立不安的感觉。早晨八点多就想着要赶紧准备中饭，但是老张还是觉得心中不能有事，有事就希望立马做好。

最近半年来，老张经常有头晕气短、腹痛胃胀、胸口发堵的感觉，睡眠也不太好，半夜容易惊醒，白天感觉疲惫、烦躁，去医院检查了几次，却没有大问题。

稍放松了几天，不过看了电视播出的疾病介绍后，他又开始担心自己多年的高血压会不会引发脑梗或心梗，想起今年年初原本身体特别好的老同事脑梗后不能吃饭，不能说话，只能躺在床上，每天靠引流生活，老张就特别紧张，忍不住担心自己的血压是否控制住了，每天早中晚都要量量血压，结果发现自己越紧张血压就越不稳定。

渐渐地，老张感觉生活越来越没有开心的时候，以前喜欢找人下下棋，听听音乐，现在也提不起兴趣去做。好在老张作为老党员，还会经常参加社区活动，听了很多次社区心理健康讲座后，老张觉得自己可能是太焦虑了，所以会出现这些身体反应和无法停止担心的状况。

重归轻松的世界

我从老张的这些症状来看：一年多来老张一直有过度担心身体健康、家人安全，遇事着急的焦虑情绪。身体上的种种不适感正是焦虑情绪引发的躯体反应，就像老张反复测量血压，紧张的情绪容易导致血压增高，而增高的血压又让老张变得更紧张，如此恶性循环，让老张的身体反应和焦虑担心的情绪始终互相影响，广泛性焦虑的状态越来越明显并加重。

老张通过咨询，把自己失去老伴后一年来的孤独寂寞和担心焦虑的情绪做了比较畅快的宣泄与表达，通过学习呼吸放松和身体扫描的行为训练，每天坚持早中晚练习，也达到了放松身体的效果。

随后，通过认识焦虑情绪和认知行为之间的相互影响，老张理解了一直担心无法轻松起来的心理原因——即因为老伴的离开，以及同事的脑梗这两件重要的事件刺激，让老张禁不住害怕自己会生重病，害怕生病的想法又激发了老张的紧张焦虑情绪，而焦虑情绪又让老张增加了对于自己身体的过度关注，如反复量血压的行为，而这一行为又增强了焦虑情绪和害怕的想法。

后来，我让老张通过减少关注身体，找老朋友下棋或出去旅游，在家听听音乐、养养花草的方式逐渐转移了注意力，让他改变了原先害怕得重病的想法，认识到担心未来不确定的事情是在浪费自己的时间，过好当下的生活才是珍惜生命之道。

经过三个多月的咨询和老张的自我调节之后，老张终于发现自己身体的不适感越来越少了，忍不住紧张担心的情绪也明显减少了，生活渐渐变得轻松安心了。

专家点评

随着社会的发展，长寿老人越来越多，老年人往往关注生理疾病，而对于心理问题的意识相对薄弱。在亲人、朋友生病死亡之后，老年人因挫折或创伤性的经历引发了内在的不安全感，出现了广泛性焦虑的负面情绪，影响到正常的生活功能。这是一种防御机制作用的结果，表现为对自己身心健康的过度关注，甚至有疑病的倾向，哪怕医生检查得出否定结论，仍无法消除内心对疾病的恐惧和疑虑，其结果是一次又一次地反复求证，以寻找"更好""更可靠"的论断和治疗；对家人安全特别担心，遇事着急、焦虑、不安，始终担心危险会来临，这是典型的老年人心理问题。本案的案主在听了多次社区心理健康讲座之后逐渐意识到自己所担心的身体问题可能和自己的焦虑情绪相关，在社区心理咨询师的疏导下，逐渐摆脱了焦虑担心的困扰。咨询师在咨询过程中运用倾听、陪伴的咨询技术，让老人尽情宣泄心中积压的负面情绪和消极想法，指导老人通过呼吸及身体扫描的方法，将身体放松下来，再通过认知行为治疗技术帮助老人调整行为和想法，从而让老人放下了焦虑担心，把注意力和生活的重心放在当下，该找老朋友下棋或出去旅游就去做，在家听听音乐、养养花草，重新找回了轻松平稳的情绪状态。老年人心理的问题要及时进行心理疏导。

特别爱干净的女生

洁癖少女

小展是一位高三女生，看上去中等身材，不胖不瘦，脸庞清秀，走进咨询室时低着头，两手插在口袋里，神情有些忧郁。

陪同过来咨询的妈妈表示，孩子用于洗头、洗澡、洗衣服的时间特别长，严重影响了学习时间，睡眠也有问题，晚上睡不着，早上起不来。小展表示自己从高二开始变得特别害怕脏，可能是因为有一次上课时，坐在自己后面的男生说自己身上有味道，还捂住鼻子并不停咳嗽，小展当时觉得特别难堪，不知道应该怎么做，回到家也不停地想到那个男生所说的话和所做的事，感觉又生气又羞愧。

后来，小展通过洗头洗澡洗衣服之后，感觉心情放松了一些，就逐渐演变成一次洗头洗澡需要一个多小时，衣服需要一件一件亲自洗，洗一次衣服经常花两小时的情况，她也感觉很浪费时间，但就是控制不住这样的行为，担心洗不干净，身体会有味道。

疫情发生后，小展爱干净的问题更严重了，到了学校需要用酒精棉球擦桌子，自己的东西不能被同学碰，如果不小心被同学碰过自己的书或本子，就要用湿巾纸擦，此外也不能和同学勾肩搭背一起走，如果同学让自己帮着拿一下她们的书包，那她回头就要马上洗手，因此和同学的关系也变得疏远了。看到周围同学或老师有咳嗽或捂住鼻子的动作，小展会特别紧张，不由自主地认为是自己身上的味道引发的。

根据小展和她妈妈的表述，我对小展的评估是担心自己身上有味道而出现的反复清洗的洁癖类强迫思维和强迫行为，来访者经常处于不想洗又不得不反复洗的内心冲突中，对于周围的脏特别敏感紧张，一年多来情绪上变得焦虑抑郁，生活上变得劳累，没有休息放松的时间，学习上也变得难以集中注意力，记忆力衰退，当面临考试或其他压力增大时，害怕脏和反复清洗的情况还会加重。

认知重构

为此，我拟定的咨询策略是：运用正念呼吸，帮助来访者学习接纳允许强迫思维和焦虑恐惧感受的存在，不向怕脏的想法屈服，以认知重构的技术，帮

助来访者挑战对于东西脏、自己脏的偏差认知，指导来访者用暴露和反应阻止技术，勇敢接触认为脏的东西，逐渐淡化对脏的恐惧。

咨询刚开始时，小展的父亲认为孩子没什么问题，这么怕脏是矫情，是为不想好好学习找借口，我经过与小展父母的多次交流，从心理问题、强迫思维和强迫行为的大脑神经科学、家庭和社会环境、个体性格因素等多方面进行科普教育，帮助他们认识强迫症的表现和形成原因，强迫症给孩子带来的精神痛苦和社会功能的损害，让父母逐渐增强了对于孩子目前心理症状的理解。

尤其是让父母认识到过去习惯性地挑剔孩子"这样不好、那样不好"，"夸大后果的严重性，悲观推测结果"，习惯性的"包办代替，事必躬亲"的教育方式，与孩子目前有些胆小依赖，凡事追求完美、确定感，不自信的性格特点是有很大关系的，这样的性格基础正是强迫症的根本性致病原因，外在的事件只是强迫症发生的导火线而已。

经过三个多月的咨询，小展怕脏的想法和反复清洗的行为有了明显改善，现在洗头洗澡的时间可以控制在四十分钟内，也能接受自己和家人的衣服一起放在洗衣机里清洗，不再害怕被同学碰自己的书本了，但对于和同学们手牵手一起走路还有些回避。

不过小展已经认识到自己性格中追求完美、胆小依赖的特质是导致强迫思维和强迫行为恶性循环的根本原因，对于正念呼吸、认知重构和暴露加反应阻止的治疗方法，她也已经基本掌握，并做好强迫思维和行为可能还会反复的心理准备。如今，她相信自己可以按照学习到的治疗技术自我调整，因此我们后面的咨询以一个月一次的频率协助小展巩固咨询成果。

 专家点评

随着大家对于心理健康意识的增强，社区居民对于心理问题、心理疾病的咨询意识显著增强，本案例就是一个典型的强迫性心理问题，主要表现为怕污染的强迫思维和反复清洗的强迫行为。咨询师通过正念呼吸帮助来访者不带评判地观察、不带恐惧地体验自己内心对于"脏"的想法和情绪体验，对于自己身上穿的衣服、别人碰过的自己的书本等不做被污染的假设，运用认知重构技术重新建构对于脏和污染的定义，帮助来访者逐步缓解内心的恐惧感，然后再通过暴露和反应阻止技术，让来访者勇敢接触学校里的课桌，被别人碰过的书本等，同时阻止自己对于它们产生自动化的反应。整个咨询过程中，来访者对于咨询师的信任，听从咨询师的建议勇敢挑战内心的害怕，用正念法训练自己有能力和恐惧对峙一段时间，不被害怕弄得团团转是咨询取得成效的关键。当然强迫思维和行为的反复性是很强的，性格因素是其中的根本原因，所以咨询师还需要长期跟踪来访者的心理行为状况，让来访者有信心坚持用所掌握的治疗方法不断调整自己的想法和行为，逐步完善自己的性格。

　　强迫症：是一种心理疾病，是一种以源于自我但又违反自我意愿而重复出现且缺乏现实意义的、不合情理的观念、情绪、意向或行为等症状为主，具有有意识的自我强迫和反强迫并存并且内心冲突激烈又无法克制无力摆脱的特点的神经症。

　　强迫症多起病于青春期或成年早期。强迫行为是指来访者自己认为没有意义但却无法克制的重复行为。比如：明知煤气已经关好，还要不断地去关，明知门已经锁上，还要不断重复地去检查是否锁好。强迫症患者内心非常焦虑和痛苦，但又无法自我摆脱。

小贴士

温柔与坚韧

美景下的惨烈车祸

晚上十点，心理援助热线铃声响起，电话另一端传来一个温柔有磁性的女声。"抱歉这么晚打扰你，我实在不知道该找谁说。"杨女士讲述了傍晚的遭遇，自己是一位摄影艺术家，下班路上她发现当天的落日异常壮观，立即抓拍下，并在路边坐下来用电脑修图。忽然，她瞥见一只四五个月大的棕色小狗，在兴奋地追着一辆车跑。就在这时，一辆右转的车辆却从小狗身上碾过。杨女士目睹了这一切。

当时太阳已经落山，她距离小狗大概五六米。杨女士费了很大劲儿才站起来，想过去查看小狗的状况，但被一位阿姨拦住了。阿姨说："不要看，你已经没办法了，不要看。"

回到家后，杨女士感到喉咙阵痛。她打电话给朋友，结果朋友们都在忙。给远在外地的父亲讲这件事，他说不要太在意，过段时间就好了。杨女士喉咙越来越痛，最后她拨通了心理援助热线。

伤痛使人更懂得珍惜

了解详细情况后，我马上对杨女士的情绪、身体状况等做了评估，确认她属于急性应激反应，其程度暂时无需去医院就诊。

我向杨女士解释了急性应激反应的原理，同时我指出，除了极端的遭遇外，很多人的早期经历中可能有相关的伤痛。如果因为这样的极端状况被诱发了的话，给人造成的挑战会更大一些。

听了这些，杨女士如释重负，不再觉得自己小题大做。同时回忆起来，这只出车祸小狗与自己以前收养的小狗样子很相似，尾巴附近都有一块白毛。那只小狗是自己救助的流浪狗，也是四五个月大小时开始养的，是和杨女士生活得最久的一只狗。它曾经住在外地父母家，房子意外失火，小狗半夜叫醒了父母，救了两位老人的命。父母和小狗都受了伤，但是万幸都不严重。杨女士回老家照顾两位老人的身体，小狗也一直陪伴着全家人。后来杨女士回来继续工作，把这只小狗带在身边，同时还陆续收养了 26 只流浪猫，大家在一起快乐地生活。

直到有一天回家，杨女士觉得小狗无精打采，当时她工作很忙没怎么注意，过了几个小时，她发现小狗明显生病了，送宠物医院时，却已经无法抢救了。原来，小狗是被邻居投了毒。即使杨女士回到家就送小狗前往宠物医院，抢救也依然来不及了。事后，杨女士没有与邻居吵闹，而是很快搬了家。

回忆起早年养的那只小狗，杨女士哽咽了。虽然她的理性一直明白自己无法像小狗救她父母一样去挽救它。可是感性上她仍责怪自己放了太多心思在工作上，从而忽略了小狗，怪自己为什么不早点发现小狗的异常，怪自己为什么没有早点发现邻居的真面目，怪自己为什么没有保护好小狗。

有时，当我们面对最爱的人和宠物时，总会希望自己能够保护他们，虽然明白自己不能控制一切外力，但还是会因为对方的受伤或死亡而自责内疚。这些内疚和自责是爱的另一种形式，它会伤人，但却经常和深情一起出现。我们无法让自己不去感受这些，这是真爱和喜悦的附属品。这一切都表明，深沉的爱是一件多么珍贵的"礼物"。

讨论到这里，杨女士表示自己的喉咙不那么痛了，感觉好了许多。目睹小狗车祸，她心痛它的悲惨遭遇，伤心自己与原来宠物的过往，这些都是它们美好生命给予自身感动的代价。柔软的内心和伤痛的经历，会让杨女士更加珍惜生活，会督促她思考怎么爱自己、怎么用更好的方法帮助他人与动物。

急性应激反应（ASD）是指由于暴露于具有极端威胁或恐怖性质的事件或情景而导致的短暂的情绪、躯体、认知或行为症状的发展。遭受创伤后立即发作，通常在一小时之内。一般在数天内或威胁状况消除后开始消退。症状往往历时短暂，病程不超过一个月，预后良好，可完全缓解。除了极端的遭遇外，很多人的早期经历可能有相关的伤痛。本案案主曾经养过的小狗救过自己的父母，小狗后来又和自己生活在一起，但因为邻居投毒，小狗去世了。虽然理性上一直明白自己救不了它，但案主内心里一直有一个声音责怪自己没有保护好小狗，处在深深的内疚中，随着时间的推移，这种负疚的情绪埋在了潜意识里。案主亲身经历"小狗惨遭车祸去世"事件，强烈的视觉画面，让案主感受到内心的冲击。另一方面，这也勾起了案主内心埋藏已久的自责，激起了潜意识里未完事件的记忆，认为自己无力保护弱小的生命，自己没有尽到责任，没有表达和处理的情绪最终通过喉咙疼痛的躯体反应来体现，出现了急性应激反应。通过心理疏导，案主看到了自己躯体反应的背后是对曾经没有处理完的事件的强烈负面情绪，形成了对生命新的认知：生命无常且脆弱，需要被温柔以待，珍惜、热爱自己的生命，做一个内心坚韧的人，同时在有能力的范围之内，去帮助他人和小动物，并学会接受自己的局限性。

专家点评

希望在关爱中点燃

全职宝妈的烦恼

蒋女士已婚，她本有一份不错的工作，也可算事业有成。但孩子一出生，蒋女士有些手忙脚乱，老公经常要出差，工作繁忙，没有那么多时间照顾孩子和处理家庭事务，自己的父母和公婆身体又欠佳，只能偶尔过来帮忙，于是她和丈夫商量等休完产假就辞职，在家照顾孩子。

得到了丈夫的同意后，她便放弃了自己热爱的工作，做了全职太太。

坐完月子后，家人的重心都放在了孩子身上，蒋女士觉得家人对她的照顾和关怀少了。她开始对自己的存在价值产生了怀疑，甚至觉得自己只是一个生孩子的工具，并且正因孩子的牵绊，让自己无法做喜欢的事情，于是就闷闷不乐，甚至经常对自己对家人对周围的邻居不满。前几天她嫌邻居家声音太响，非常愤怒，居然去敲了邻居的门，吓得邻居不敢开门并选择了报警。

针对蒋女士的情况，我和居委干部专门进行了一次座谈研究，讨论帮助她克服产后抑郁的方法。我总结了相关心理学知识和在工作中磨炼出来的丰富的实务经验，以此来应对这类问题。

点燃希望

对产后抑郁症人群来说，家人的关爱是非常重要的一环。我请居委干部先联系了蒋女士的家属，叮嘱他们平时要多注意她的情绪变化，多与她交流，尽量鼓励她倾诉心里的想法，生活上也需对她多加关心、照顾，特别是她的丈夫，应多给她安慰、关爱，空闲时也多带妻儿出去游玩，以增进家庭感情。

此外，治疗抑郁症的方法会因抑郁症的程度不同而有所差异，我安排蒋女士做心理测评，发现她抑郁的程度属于轻度，而且是内心需求得不到关注，加之身体疲劳而引起的。听到家人想让蒋女士用药物治疗抑郁症的想法后，我建议他们先不要轻易就医强化病情，更不要轻易辅以药物治疗。

在我真诚的说明下，家人肯定了我的建议，但希望我能介入疏导、咨询。此后三次，我上门对蒋女士进行心理疏导，引导她慢慢打开心结，之后引导她走出家门，到街道心理服务站来咨询。三个月后，蒋女士心情开朗了许多，我再鼓励她多参加社会活动。社区居委干部对蒋女士的家庭情况也多留了点心，经常主动与她联系，问问近况，还相互加了微信。

只要小区里有妇女活动、育儿知识讲座、暑假亲子活动、文艺活动等，我都会邀请她共同参与。起初，蒋女士不愿意和外人多说话，在持续的关心互动下，如今若在小区遇上，她会主动交谈，逐渐向社区工作人员敞开心扉。随着时间的推移，笑容和优雅又回到了蒋女士的身上。

专家点评

　　产后抑郁症是一种比较特殊的心理疾病，是指产妇在分娩后出现的抑郁障碍，生物因素如内分泌、遗传等，个体因素如产妇人格特征，还有社会因素如分娩前心理准备不足、产后适应不良、产后早期心绪不良、睡眠不足、照顾婴儿过于疲劳、夫妻关系不和、缺乏社会支持、家庭经济状况、分娩时医务人员态度、婴儿性别和健康状况等，均与产后抑郁症的发生密切相关。患者最突出的症状是持久的情绪低落，表现为表情阴郁、无精打采、困倦、易流泪和哭泣。患者常用"郁郁寡欢""凄凉""沉闷""空虚""孤独""与他人好像隔了一堵墙"之类的词语来描述自己的心情，经常感到心情压抑、郁闷，常因小事大发脾气。

　　其实，一个家庭要迎接一个新生命，做母亲的往往会付出很多，牺牲很大。因此，要加强围生期保健，利用孕妇学校等多种渠道普及有关妊娠、分娩常识，减轻孕妇对妊娠、分娩的紧张、恐惧心情，完善自我保健。与此同时，家人则要密切观察，帮助孕妇进行心理疏导，对有产后情绪异常等高危因素的妇女，给予更多关心，及早进行检查诊治，做好心理疏导。作为丈夫此时一定要多关爱宝妈，多承担点家庭事务，担起家庭的重任。本案例的宝妈就是产后抑郁的典型例子，咨询师根据个体状况，一边疏导、介入，一边引导家庭系统进行有效支持，最终帮助宝妈走出了心灵困境，度过了这段特殊时期。

一场心灵对话

"请帮帮我"

电话响起，一位女士的声音从电话那头传来，她的语气有些着急与担忧，并称自己为阿斯伯格症患者。我耐心地回应了她，没有让她觉察出自己与旁人有何不同，并热情地鼓励她讲述所面对的困境。

这位女士受到鼓舞后，开始将自己的故事娓娓道来。她自称姓林，目前正在读博士，阿斯伯格症对她最大的困扰是无法正常和舒缓地进行社交。通过些许沟通，她此刻的情绪明显比刚才平稳了很多，并能清晰地讲述自身问题。随即，我问起她有关病情治疗的情况。林女士表示，她一直进行着规律的治疗，且有固定的咨询师提供长期咨询服务，给了她许多帮助。

然而，因为疫情的关系，她无法与咨询师继续见面，并从疫情开始时一直在家独自面对。同时，学校即将开学，林女士感到非常焦虑和紧张，因而拨通了热线，想要寻求帮助。

感觉好多了

了解到这里，我感觉林女士对自身情况非常了解。因此，我并没有围绕她阿斯伯格症的部分展开，而是关注她自身情绪，询问可以给她什么帮助。

在和她进行交流的过程中，我感觉她情绪比较平稳，初步判断她面临的现实压力不大，并打算和她讨论现实情形和情绪反应的适配性。接下来的咨询中，我对林女士进行了情绪评估。

她说："其实，导师和同学都比较熟悉，刚开学也不会有太多学习任务，只是因为疫情的原因，自己的治疗、生活和学习被打乱，故而情绪非常紧张。"我尝试着问她，开学后是否会与她的咨询师恢复见面，或者进行线上咨询。她回答，由于长时间未联系，有些不好意思。对此，我鼓励她试一试，林女士也表示会努力尝试。

整个通话过程中，林女士的情绪得到了有效支撑，且慢慢变得舒缓。她不仅澄清了自身所需面对的现实压力，且紧张的情绪得到了有效释放。同时，我也进一步尝试帮助她解决无法进行心理咨询的困难。这一切，不仅让重新进入社交和治疗模式的林女士的焦虑感得到有效缓解，而且有助于她解决症状所带来的社交和沟通障碍。

　　本案例中，案主对自己的状态非常了解，社会功能未受损，也有定期持续的治疗，因而咨询师主要采用支持性心理技术。支持性心理治疗的狭义定义是一种基于心理动力学理论，利用诸如建议、劝告和鼓励等方式来对心理严重受损的患者进行治疗的方式。咨询师的目标是维护或提升案主的自尊感，尽可能减少症状反复，以最大限度地提高案主的适应力，协助案主在其先天的人格、天赋与生活环境基础上，保持或重建有可能达到的最高水平。

疫情下的连线

疫情来袭

2020 年春节之前，喜欢旅游的孙阿姨与小姐妹相约到外地旅行，其间多次乘坐了火车、大巴，还在酒店居住、用餐。因受疫情影响，大家担心继续在外地会有感染的风险，所以早早结束了旅行，在年前回到上海。

回来的时候，家人非常庆幸孙阿姨在武汉封城和各地防控疫情愈加紧张之前归来。短暂的庆幸之后，由于全国疫情的扩散和多地发生疫情的现状，以及受新冠病毒潜伏期长达二十一天的说法影响，孙阿姨开始高度关注自己旅行的线路、经过的区域是否有疫情发生，在看到那些地区也有疫情的新闻之后，孙阿姨彻底不淡定了。

她开始整天担忧自己是否会感染，看电视新闻每天的疫情播报成为孙阿姨的必修课，睡觉不再安稳，夜间醒来就胡思乱想，之前吃饭好、睡得香的日子一去不复返。她白天精神萎靡不振，昏昏欲睡，勉强自己吃点饭，还与家人分餐分碗，食量锐减。

在居住上，她也按照电视上宣传的一些隔离要求，与家人分房居住。孙阿姨在家里戴着口罩，不敢靠近女儿和孩子，不敢正面对着他们说话。除此之外，她每天数次测量体温，非常仔细地感觉自己有没有要咳嗽的迹象。受到她的影响，全家人生活秩序都被打乱了，人人陷入一种莫名的恐慌之中。

回归正常生活

女儿担心母亲这样的恐慌状态持续下去身体会出问题，希望通过我的介入来缓解母亲的焦虑情绪。咨询电话接通，孙阿姨就迫不及待地将自己的情况和担忧向我全盘托出，秉承心理咨询耐心倾听原则，我非常耐心地听孙阿姨叙说完毕，对她的焦虑情绪和行为表示了理解。

焦虑是指，担心即将发生的事件会出现最坏的结局，时刻等待不幸的到来所表现出的消极心态。第一次的热线咨询，我通过问答的方式让孙阿姨对自身健康情况进行自我测评，健康状况良好的自评让孙阿姨得到少许安慰。我耐心地倾听，让孙阿姨将疫情以来的焦虑、紧张情绪全部宣泄出来。在随后几天的沟通中，我与她分享焦虑与重视的区别，普及学习疫情防控知识，引发她自己对传染性疾病的认真思考，同时告诉她消除焦虑的方法。通过数次的心理疏导，孙阿姨自觉心里宽松舒服很多，各种躯体症状开始改善。

对于孙阿姨并非担心自身健康，而是害怕会影响家人健康的问题，我与孙阿姨女儿进行了电话沟通，取得了她对妈妈的理解。

在我的耐心疏导以及家人的理解与陪伴下，孙阿姨终于走出了由疫情引发的恐慌焦虑情绪，调整好了心态，逐步回归到正常的生活状态中。

一场疫情考验着整个社会，对于本案的案主而言，从外地急匆匆赶回家，产生了强烈的焦虑情绪。焦虑是因为对未来不确定，从而产生失控感，带来了担心和紧张，甚至害怕和恐惧。在危险面前，恐慌担心紧张是有好处的，会让我们去关注危险本身，并采取一定的自我保护措施，但持续时间不能太长，一到两周后，由疫情引发的恐慌应该慢慢消退，如果持续的时间变长，就会对个体的心理和生理带来不良影响。这时，及时的心理疏导就显得非常重要，一方面需要对案主的焦虑情绪表示接纳和理解，找到"担心传染给家人"的焦虑源头，另一方面通过确认案主的身体状况，与感染者的身体状况进行澄清对比，普及疫情防控知识，从而降低案主的焦虑情绪。

专家点评

焦虑情绪：是人类非常常见和典型的负面情绪之一，主要表现为心里感觉到紧张不安、担忧害怕。人们在某些特定情景下产生焦虑情绪是一种正常的心理反应，如：即将考试、参加比赛或身处险境等情况。但有一种焦虑情绪是心理问题，临床称为"期待性焦虑"，指高度担心即将发生的事件会出现最坏的结局，因而时刻处于等待不幸到来的消极心态之中。其主要的特点不是期待积极的结果，而是认为最坏的结果即将发生，以至于终日烦躁不安而难以自拔。

小贴士

在悠悠岁月中安住

无法直视的焦虑

王伯伯和林阿姨都是知青，退休后回到上海养老，老两口一直恩恩爱爱，亲密得如同一人。

林阿姨性格比较活泼，喜欢参加社区活动，而王伯伯以前是经理，做事认真踏实，为人随和，和职工们关系也很好，退休后喜欢在家里看看电视，养养花。他们的儿子从名牌大学毕业后在一家外企工作，收入很不错。一家人生活得很幸福。

但是最近，王伯伯感觉很焦虑，总有大难临头的恐惧，只要林阿姨参加社区活动晚一点回家，他就感觉很害怕，觉得坐立不安，总怕有什么事要发生，但又说不清自己怕什么。看到家里的东西放乱了，也忍不住要发火，只有妻子和儿子按时按点到家，大家开开心心，一切井井有条，才感到安心些。

在社区医生的推荐下，王伯伯去上海市精神卫生中心就诊，医生诊断为有轻度的焦虑，开了一些抗焦虑的药给王伯伯。服药后，王伯伯感觉好些，但心里的那块石头还是放不下，总觉得心事重重，脸上笑容很少。林阿姨很担心，参加社区活动时，和居委的老师聊起此事，居委老师就推荐他们到街道心理服务站找我聊聊。

于是，林阿姨陪着王伯伯来到了咨询室。王伯伯对我还是很信任的，很快就打开了话匣子，滔滔不绝地谈论起自己心理焦虑的痛苦，特别是谈到自己最焦虑时，心慌气短，像是要面对死亡。

我通过耐心地倾听和适时的共情，引导王伯伯把这些焦虑恐惧的感觉都表达出来。接下来，我询问他近期家里发生了什么事情，王伯伯回忆说是有一次常规体检，发现身体里有个小小的血管瘤，他很害怕，担心了好久，后来医生说没有关系，是比较常见的现象，然后去复查拍片时，又发现其他部位有极小的结石，王伯伯紧张极了，接着又是忙着检查，又是找医生询问病情，结果也是说没事，虚惊一场。

"花开花落"的自然规律

但王伯伯在此期间，将病情想象得很可怕，甚至想到自己躺在病床上，很痛苦地接受治疗，甚至可能死在医院里，花了很多钱，家里一贫如洗……

经过这次体检风波后，王伯伯开始出现前面说的焦虑症状。王伯伯还回忆起几年前，在参加朋友的葬礼回来的路上，也突然出现过濒死的焦虑恐惧感受，心里面难受极了，当时好一会儿才缓过气来。

通过这些回忆，王伯伯觉察到可能是自己对死亡的恐惧导致了焦虑症状的发生。于是，我在认知上引导王伯伯进行调整，首先请王伯伯观想自然界花开花落的自然规律，人类同样也遵循着这个生老病死的规律，死亡是每个人必经的回家之路。王伯伯也详细回忆了其父亲安然离世的平静，当直面死亡的真相，叙述完父亲安然过世这个过程后，王伯伯也平静从容了许多。

接下来，我陪着王伯伯一起回忆他一生的经历，虽然经历了上山下乡的动荡和辛苦，但自己踏踏实实，为人坦荡，诚恳待人，家庭幸福，平平安安到了晚年，正值国家昌盛繁荣，养老无忧，通过这次抗疫成功，他更深切地感受到了国家强盛后的平安和幸福。

在关注这些积极正向的力量后，王伯伯长长舒了一口气，心定了很多。最后，我给王伯伯介绍中医身心合一的理念，普及良好的心态是身体健康的前提，身体的疾病往往是心理问题在身体层面的反映，所以调节好心态，身体自然就会健康。我还教王伯伯学习了正念呼吸，每当焦虑时，用呼吸将自己带回到当下，不胡思乱想。并鼓励王伯伯学习一些传统的养生方法，和林阿姨一起多参加社会活动，增加生活的乐趣。最后，王伯伯和林阿姨带着释然的表情离开了。

专家点评

焦虑是一种不愉快的、痛苦的情绪状态，同时伴有躯体方面的不舒服体验。而焦虑症就是一组以焦虑症状为主要临床表现的情绪障碍，往往包含三组症状：一是躯体症状，患者紧张的同时往往会伴有自主神经功能亢进的表现，像心慌、气短、口干、出汗、颤抖、面色潮红等，有时还会有濒死感，心里面难受极了，觉得自己就要死掉了，严重时还会有失控感；二是情绪症状，患者感觉自己处于一种紧张不安、提心吊胆、恐惧害怕的内心体验中，有些人可能会明确说出害怕的对象，也有些人可能说不清楚究竟在害怕什么；三是神经运动性不安，表现为坐立不安、心神不定、小动作增多、注意力无法集中、自己也不知道为什么如此惶恐不安。本案例的主人公表现出的是典型焦虑状态，咨询师运用倾听共情引导来访者觉察内心对死亡的恐惧，并通过直面死亡，调整认知，减轻来访者对死亡的焦虑，调整心态，正确看待死亡，享受晚年生活。

折翼天使

包扎"伤口"

现在的小炎生活在离异重组家庭，跟母亲生活，继父和母亲关系不错，对她也比较好。形成对比的是，生父有赌博、打架等不良行为，目前在服刑，估计三年后会出狱。但是小炎内心却不希望父亲出狱。

之前与生父生活在一起的时候，她每天提心吊胆。因为父亲有家暴倾向，经常殴打自己和母亲，使得小炎从小心里就害怕父亲，甚至对男性都有种恐惧感。

尽管有着混乱的家庭，但在初中时，小炎学习成绩优秀，凭自己的能力考进了当地的重点高中，为此全家都很为她骄傲。然而到了高中，小炎却遭到校园霸凌，导致她情绪失控，开始通过药物治疗。

校园霸凌对小炎来说是沉重的打击，同学的诋毁、攻击、嘲笑、欺负等一系列行为，导致她情绪失控后无法正常上学，后续又没有及时就医和找到相关渠道解决问题，所以病情严重并发展到需要服药的阶段。

慢慢地，她发现自己抑郁的情绪越来越严重，不想和人沟通，遇到任何事情都无法处理，睡眠质量不好，整天有些浑浑噩噩。因而希望通过心理咨询缓解抑郁，回归社会。

"伤口"修复

局促不安的身体里住着一个慌张的灵魂，在心理辅导的过程中，我需要让小炎放松下来。催眠治疗后，小炎感觉非常好，睡眠质量开始有所提升。继而，我鼓励小炎用晒太阳及运动的方法去感受温暖和多巴胺释放后的愉悦感。在十次咨询后，她愿意独自一人下楼去小区走走，和父母一起去超市，睡眠也有所改善，并愿意和小伙伴一起简单地聊天。于是，我给小炎布置了三个作业：每天坚持晒太阳，找到自我感觉温暖的地方；每天运动十分钟；记录自己做的每一个梦。

一段时间过去运动模式形成后，小炎似乎慢慢地找到了让自身放松的办法。进而，我再从她记录的梦境中分析潜意识部分，并逐步使她开始建立自信：例如，梦境从开始的凌乱到有具体的事件，到有清新的场景，到温和的环境。

当小炎的情绪越来越稳定之后，我转换了治疗方法。我开始用 EFT 情绪治疗让她自我对话、自我觉察、自我探索、自我成长。

个案结束两月后，小炎给了我一个反馈，她已经去上海市精神卫生中心复诊，根据情况，她开始减少药量，同时开始有了正常的社交，并去参加了动漫展，还开始了一段恋情。她还提到，自身的感知能力在不断提高。渐渐地，她能够重新回归到正常生活中，重新感受生活的温暖了。

专家点评

2020 年 10 月 17 日，《未成年人保护法》把校园欺凌加入修正案里，从立法层面明确校园欺凌是政府、社会、学校、家庭共同需要干预的重要事项。从世界范围看，校园欺凌并非局部案例。在家长日常的溺爱纵容或关爱缺失、学校教育中的"分数中心"导向、游戏中暴力信息的泛滥成灾、社会转型期多元价值观等多种因素影响下，一些学生在社会化过程中出现沟通障碍，导致其在社会交往中容易形成自卑、怯懦、孤僻或者骄横、偏执等不良倾向，这些学生容易引发校园欺凌行为，成为欺凌者或被欺凌者。要解决校园霸凌问题，一方面要倡导健康的人际交往，鼓励友善的校园文化环境，另一方面发现校园欺凌要积极地介入和干预。未成年人在遭受校园欺凌后，会降低对周围人的信任度，时常处在警觉防御的状态，身体和情绪里形成创伤性的记忆，自我价值感降低，社交困难，同时还伴发相关的身心障碍问题。在对遭受校园欺凌的对象进行心理辅导时，需要将锁紧、冻僵的身体解锁、解冻，通过放松改善睡眠，提高注意力、记忆力。在此基础上，修复个体对事件的错误认知，明确告知未成年人，遭遇校园欺凌不是"你"的错，必要的时候，引导其宣泄内心被压抑的愤怒、委屈，给予情感上的支持。同时，还要帮助未成年人重新建立自信心，引导其客观地看待自己，接纳自我，认可自我，并在行为层面上，引导未成年人走出舒适圈，尝试与人交往，获得现实性的体验。

走不出的"14岁"

无法打开的心结

六月的一天，张女士的丈夫通过微信，为张女士预约了心理咨询服务。

张女士第一次单独与我交谈时，情绪非常激动，语言组织混乱，言语含糊，身体颤抖。我可以强烈体会到张女士愤怒、痛苦的情感，眼泪几乎贯穿了整个咨询过程。当时虽未了解事件全貌，但我仍感受到了激烈情绪背后，有一个生命力在呐喊。而正是这生命力，在此后帮助张女士自己走进了新的人生阶段。

张女士45岁，和丈夫结婚二十年，已有一个快读大学的女儿。一切看起来是如此平静美好。可是在两年前，张女士经上海市精神卫生中心确诊为双相情感障碍，一直在服药，而她头痛的毛病，至今已持续近三十年。张女士的丈夫反映，张女士情绪波动大，易怒易激惹，常常因一些小事发作；而且常把人往坏处想，逃避与同事的交往，认为同事看不起自己，只是因为利益才和自己接近。

其实，当一个人表现出明显的情绪不稳定的时候，我们看到的表面原因，往往只是冰山一角。当心结未打开、有太多情感"未完成"时，一个人往往会重复着走相同的路，像"地缚灵"似的，困在当时，无法前行。虽然年龄增长了，但时间却仿佛停留在了那时那地。

而张女士的人生，就停留在了14岁。张女士幼年时，父母在城市工作，无力同时照顾两个孩子，故将张女士交给老家的亲戚抚养，而将弟弟带在身边。因此，张女士对父母的"抛弃"印象极深。青春期时，遭遇同乡侵犯，传开后，学校中议论纷纷，当时张女士非常痛苦，又无法转学。告诉母亲之后，母亲虽然心疼，但更多的是打骂。张女士自此开始有抑郁情绪。虽然自己已过不惑之年，母亲前几年已去世，但在梦中仍不断梦见母亲抛弃自己、责骂自己，自己也无法完全投入"妻子"和"母亲"的角色中。

原生家庭的痛

在张女士幼年原生家庭中，亲情缺失，造成了张女士敏感的情感体验和强烈的不安全感，多年后谈及亲生父母仍抑制不住地落泪。这样的经历，使张女士渴望亲情、关爱和尊重，并不断想得到肯定。

但在与女儿沟通和相处时，张女士复制了自己和父母相处的模式，常常冷漠相对不联系或吵架。虽然心中有爱和关心，也"说不出口"，极少能表达出来。

而在张女士成长过程中，青春期的遭遇引起的强烈的羞耻感长年伴随着张女士，并常有闪回。当时的事件没有得到及时适合的处理，创伤的感受渗透到没能力自行消化的张女士的主观解释、行为模式和认知模式中。当这些与张女士幼年的经历合并时，就造成了目前时而情绪低落，时而易激惹、发作性暴怒的双相情感障碍症状。

在咨询最初，我工作的重点是时间线和重大事件的整理、延迟暴露和再加工。在整个咨询过程中，我常常被张女士强大的接受能力和强有力的生命力而打动。从一开始由我引导，到后来张女士自主地做出诸多积极改变，改变之快令我也为之惊叹敬服。

由于张女士痛苦积压多年，与人诉说时，常常得不到充分的理解和适合的反馈，因此叙述时会跳跃讲述不同的创伤事件，脑中痛苦纷繁无序涌出，导致一件事情的情绪还没有充分发泄完，就进入了另一件事，如此循环往复，没有一件事能够得到解决，没有一种情绪能完全释放，并且会给人以"思维奔逸"的印象。而实际上，当张女士平静下来，描述相当清晰，且能够接受他人的意见，不会固执己见。

因此，我与张女士两人"并肩战斗"，一起整理张女士生命中的时间线，理清思路、找出真正有重大影响的事件。当回忆到该事件时，充分体验此时此刻的情绪和情感反应，充分暴露并把情绪完全发泄完后，再重新进行解读和再加工。

再爱我一次

对咨询结果起到关键作用的，是在第六次咨询时，我采用的空椅子技术。张女士幼年与母亲的关系和相处方式，使张女士一直有被抛弃的感觉，至今梦中仍在重复着被母亲指责的情景。

我采用空椅子技术让张女士和母亲对话，张女士顿时柔软了下来。张女士感到母亲是爱自己的，并回想起和母亲的温馨点滴。由于张女士身体一直处在紧缩的状态，我请张女士尝试放松身体，张开双臂，体验开放的、温暖的、拥抱的感觉。

张女士一开始不适应，后来再度落泪。此后，张女士的梦中，妈妈再也没

有骂过她，反而是在关心保护她。在这次咨询后，张女士柔软了下来，放下了"防御和攻击"的沟通状态，并在后几次的咨询中，不断告诉我，她开始重新建立的各种社交关系。生活态度有了自主的积极的转变。

当张女士对过去渐渐开始接纳，不再过度指责自己时，我们开始了下一阶段的任务——和张女士一起，感知"真正的现在"，以便更好地适应现实。我们一起讨论和发现例外事件、发现认知当中的偏差，改变错误信念（别人瞧不起我，接近我就是为了利益），并且帮助张女士区分他人的评价和真正自我。加强自我的概念，减少因他人评价而引起的强烈情绪波动和逃避行为。

除此之外，通过改变身体语言、日常的冥想放松训练，聚焦此时此地，也令张女士能更长时间地处在较放松的状态中。在第十次咨询时，张女士头痛状况出现次数开始明显减少。

新的开始

在咨询的后期，我为张女士一家安排了一次家庭咨询。其间张女士与丈夫及女儿相互吐露关心。女儿表示自己其实很爱妈妈，主动拥抱了张女士。这让张女士非常感动。

同时，我叮嘱张女士及其家人，即使经心理疏导后，感到有所好转，也不能自行断药，一定要遵医嘱。心理疏导不能代替精神科医生的诊断和用药，只是辅助的手段之一。张女士虽然遭受了很多重大伤害，但是内心力量依然非常强大，令人敬佩。

咨询后，张女士的外观有明显的改变：从一开始的神思散乱，到第七次咨询时，给人以精力充沛、眼前一亮的印象。和丈夫的相处变融洽，和女儿的交流增加。第六次咨询开始，不再使用自我贬低的词语。第十次时，头痛状况开始缓解，甚至有时不出现。咨询正式结束半年后，张女士表示至今情绪平稳，感觉自己"能扛事了"，头痛没有再出现。

虽然仍有遗憾、虽然仍有痛苦，且遗憾和痛苦，并不会因为心理咨询而消失或从此以后不再出现，但我们仍有能力、有资格以更坚韧的态度，拥有更美好的人生。

张女士终于度过了她的"14岁"，步入新的人生旅程。

　　心理学研究表明，一个人在早期成长经历中，面对极端痛苦事件的回应会有几个步骤：外化——把情绪和不安向外释放，表现为问题行为（常常是极度的焦躁不安、过度活跃、挑衅或者行为涣散）；内化——停止对情绪进行躯体化，从而把痛苦指向内心，表现为抑郁、焦虑、恐惧，随着时间的推移这些情绪经常破坏儿童的人格发展，导致缺乏胜任感，有时甚至是补偿性的夸大或者自负；转化与平衡——大多数痛苦的儿童主要通过外化或内化作为其应对方式，然而对他们来说，是在痛苦内化和行为外化间不停地来回转化，直到症状和人格扭曲之间获得相对稳定和平衡。本案案主张女士小时候遭遇被父母"抛弃"、受到侵害得不到保护，最终形成情绪障碍与关系障碍：在躁郁的双相情绪中来回切换，无法形成稳定的、安全的、可信任的关系模式，在家庭里做不好妻子也做不好母亲，处于爱无力、爱匮乏的状态。从这个角度讲，家庭教育中，一个安全、支持、稳定、有爱的抚养环境对孩子的一生至关重要。通过心理咨询工作，咨询师帮助张女士修复创伤事件留下的身体和情绪记忆，并修正对自我的认知，重新建构积极、客观、正向的自我概念，认可自己、接纳自己，为人生开启一幅新的画卷，走出受困的 14 岁。

走出抑郁　拥抱阳光

服药十年

1989 年是丹霞最难忘的一年。因为父母需要照顾，她作为特困户里最后一批知青回到了上海，此时已经没有了顶替政策，她带着两个儿子开启了熟悉而又陌生的上海生活。

由于先生在新疆的一次意外中先她而去，父母也都退休，上海里里外外的生活都需要她亲力亲为。对于劳作，丹霞早已习以为常，无论是两个儿子的学习和生活，或者是二老的照顾，她都无怨无悔。

天有不测风云，人有旦夕祸福。人生最痛苦的事，就是亲人的离去。父亲和妹妹相继离去，丹霞心理支撑的大树终于倒下，她不知该何去何从。

2005 年春夏之际，她走进了社区咨询室，讲述了她人生不平凡的心路历程，此时已经离她患抑郁整整十年。

她说，十年来除了生活，除了陪伴儿子，除了按时服药，想得最多的就是生活为什么这样对我？为什么命运对我如此不公平？她继续说，大脑里一个个为什么，让我感到越来越不开心，越来越难受，以前的我不是这样的，这不是我要的生活。她越说越激动，我总觉得心里有一个声音在对我说，外面阳光很灿烂，来吧，让我们一起拥抱阳光。

丹霞继续讲述她的故事。她说："十年服药期间，我也做过许多的努力，也尝试走出去，但收效甚微，很希望得到帮助。我一定要走出来，一定可以的。"

听完丹霞的故事，看到丹霞眼中坚定的目光，我被感动了。一个坚强的中国女性，在丧失亲人后如此毅然决然打理好家庭，又带着自己的疾病煎熬，不断和自身做斗争，已经不是常人所能承受的。

于是，我肯定了她的所有做法，和她交流了她感兴趣的事情，探讨了十年药物可能有的副作用以及对策。第一次咨询就愉快地结束了。

药物减量

过了半个月，丹霞第二次来到咨询室，落座后她请我给她拍几张照片。咨询室虽不大，但在不同衣服、背景、光线和角度切换下，留下了丹霞灿烂的笑容。

接着我们进入正题。丹霞说，上次咨询后心情非常好，已经好久没有人陪她这样聊天了。而且她去上海市精神卫生中心配药，医生看到她笑了，说她气色也有所好转，问她这是怎么回事。

当我听到丹霞把好心情带到了医生那里，医生破例给她一次性配了一个月的药，免去了她来回路程的折腾时，我从内心为她高兴。

高兴的同时，我问丹霞，是否喜欢去社区学校或老年大学参加合适的课程？那里可以边学习边认识更多爱好学习的朋友。她边听边惊奇地问我："真的有吗？在哪里？"

我回答，可以去居委了解，每个街道都有一个针对老年人学习的社区学校。

通过二次咨询，我慢慢打开了丹霞的视野，让她看到自己走出抑郁是有希望的。特别是医生对她的肯定，更让她有了信心。

一个月后丹霞第三次走进咨询室，那时候已经是盛夏，这次她带来了更为振奋人心的事情。她告诉我："配药时医生说我恢复得很好，药物可以减量。"十年来医生第一次对她这样说，当时她激动不已。

我对丹霞说："第一次来咨询室，你的身体有点浮肿的，第二次来已经有了改善，而这次来我发现你瘦了，更精神了，走路也轻了。"

我接着她的话题，天气热，外出学习不适宜，可以先在家里学习起来。譬如喜欢拍照，就用手机在家里尝试不同角度拍摄。还可以针对健忘，把每天需要做的事做成计划，晚上简单写几句作为日记记录。夏天在家里煲汤喝，也是不错的选择……

咨询在愉悦的笑声中结束，丹霞带着满满的希望回家了。

五年时光

陪伴总是那么短暂，但就是这样一个个短暂的时光，慢慢改变着丹霞的内心世界，改变着她对这个世界的看法，让她不断挖掘世界的美好，觉察自己身体的变化。

之后的几年，由于咨询来回路途的关系，我们改成了电话或线上咨询。

她不仅参加了社区学校，还参与了居委组织的活动。不仅学会了摄影，还会进行简单相册的制作；不仅学习唱歌，还给社区报投稿；不仅参与楼道建设，还为社区党建出谋划策；不仅和一起学习的学员出去活动，还自己组织好朋友小范围活动，也组织以前农场连队中的上海知青的活动等。

知心课

　　当然，在特定季节，身体还会有反应，她会主动和我联系，我们一起想办法找到可能。思想有波动时会钻牛角尖，她意识到后第一时间问我该怎么办。

　　因为彼此的信任，因为彼此的接纳，她跨出了坚定有力而充满希望的步伐。就在国庆节到来之际，她自豪地对我说："我现在就想到外面走走看看，一有机会儿子就带我到处转转。我想轻松地生活，有些东西该放下的自己可以放下了，不再像以前一样固执。我也想明白了许多，不生气，少计较，多微笑，慢生活。自己对身体的觉察敏感度高了，在医生指导下，药物控制到最小剂量。最开心的事情是，为了保护我的关节，儿子帮我换了电梯房……"

　　作为心理咨询师，整整五年多的陪伴，说长不长，说短也不短。从最初的担心，到希望的出现；从短期目标的制定，到尝试实践的落地。小步往前走，终于曙光闪现，阳光灿烂。

　　此时此刻，我想到了一句话：带着感恩前行。

　　感恩即是前行航标灯，更是前行的动力。

专家点评

　　抑郁症是一种主要表现为情绪低落，兴趣减低，悲观，思维迟缓，缺乏主动性，饮食、睡眠差的心理疾病。患者的中枢神经系统神经递质失衡。抑郁症的自杀率极高，几乎高达15%，是一种危害人类身心健康的常见病，已经成为仅次于癌症的第二大疾病。抑郁症的发病有很多原因，包括遗传因素、社会心理因素以及患者的个性特征等。本案案主对自己要求高、个性好强，生活中遭遇了一连串的重大变故，内心失衡，又长期处于压力的不良应激处境中，最终导致抑郁发作。除了药物干预，对抑郁症治疗，心理辅导必不可少。在心理辅导过程中，应创造一个无条件接纳的环境，不评判、不讲道理，加上足够的陪伴、倾听，增加患者与现实世界、人际温情的感受度，提供情绪释放的通道。一方面，引导患者接纳心理生病的事实，比如得抑郁症并不是一件羞耻的事情，完全可以活在当下，带着症状前行；另一方面，引导患者看到自身的资源优势。正如本案案主，在丧失亲人后如此毅然决然打理好家庭，又带着自己的疾病煎熬，不断和自身做斗争，已经不是常人所能承受的，这类患者的康复需要足够的时间和耐心，也需要得到社会的广泛关注和正确对待。

后　记

为回顾总结上海市长宁区多年来社会心理服务体系建设探索创新成果，中共上海市长宁区委政法委员会、上海市长宁区社会心理服务促进会研究决定编辑出版本书。

本书的编写是集体智慧和力量的结晶，编委会精心策划，社会心理专家傅安球、沈勇强、张海燕、郝宁、林颖悉心指导，上海市白玉兰开心家园家庭服务社、上海梦晓心理辅导支持中心、上海长宁刘博士阳光心理咨询中心、上海华阳社区归去桃花源心理辅导中心、上海弘语教育信息咨询有限公司、上海心灵伙伴览育信息技术有限公司、上海北辰软件股份有限公司、上海长宁区周家桥街道优乐意公益发展中心广泛收集案例素材，上海人民出版社给予了大力支持，在本书出版之际，向参与本书编写工作的各级领导和社会各界表示衷心感谢！

因编者能力经验所限，敬请广大读者批评指正。

编委会

图书在版编目(CIP)数据

知心课:予你翻越峻岭的力量/长安宁编.—上
海:上海人民出版社,2021
ISBN 978 - 7 - 208 - 17136 - 7

Ⅰ.①知⋯　Ⅱ.①长⋯　Ⅲ.①心理学-通俗读物
Ⅳ.①B84 - 49

中国版本图书馆 CIP 数据核字(2021)第 091939 号

责任编辑　张晓玲　伍安洁
封面设计　孙　康

知心课
——予你翻越峻岭的力量
长安宁 编

出　　版　上海人民出版社
　　　　　(200001　上海福建中路 193 号)
发　　行　上海人民出版社发行中心
印　　刷　上海商务联西印刷有限公司
开　　本　720×1000　1/16
印　　张　16.5
插　　页　2
字　　数　279,000
版　　次　2021 年 6 月第 1 版
印　　次　2021 年 6 月第 1 次印刷
ISBN 978 - 7 - 208 - 17136 - 7/B・1561
定　　价　68.00 元